MANICURE CLASSROOM

美甲知识课堂

光疗美甲技术解析

Dion 编著

人 民 邮 电 出 版 社

北 京

图书在版编目（CIP）数据

美甲知识课堂 : 光疗美甲技术解析 / Dion编著. --
北京 : 人民邮电出版社, 2020.8(2024.2重印)
ISBN 978-7-115 53601-3

Ⅰ. ①美… Ⅱ. ①D… Ⅲ. ①美甲－基本知识 Ⅳ.
①TS974.15

中国版本图书馆CIP数据核字(2020)第045802号

内 容 提 要

本书主要讲解光疗美甲的知识，从光疗美甲工具到各种款式的美甲的制作，以及专业的指甲矫形处理方法等都有详细的讲解。本书可以帮助读者掌握光疗美甲知识，提升光疗美甲技能。

本书附赠光疗美甲视频教程，教程中展示的都是当下流行的美甲款式的制作方法，便于读者更加直观地学习。

本书适合广大光疗美甲爱好者和想提升光疗美甲技能的美甲师阅读，也可以作为各美甲培训机构的参考资料。

◆ 编　　著　Dion
　责任编辑　张玉兰
　责任印制　马振武
◆ 人民邮电出版社出版发行　　北京市丰台区成寿寺路 11 号
　邮编　100164　　电子邮件　315@ptpress.com.cn
　网址　https://www.ptpress.com.cn
　北京九天鸿程印刷有限责任公司印刷
◆ 开本：787×1092　1/16
　印张：10　　　　　2020 年 8 月第 1 版
　字数：258 千字　　　2024 年 2 月北京第 12 次印刷

定价：89.00 元

读者服务热线：(010)81055410　印装质量热线：(010)81055316
反盗版热线：(010)81055315
广告经营许可证：京东市监广登字 20170147 号

前　言

我前后大概用了两年的时间完成这本书的编写。在写这篇前言的时候，Dion Nail Art 美甲工作室已经开设了十年，由纯美甲门店发展成为如今的综合美甲项目工作室。

无论是接待顾客、教学，还是开发个人品牌光疗美甲产品，都能从中看出我对美甲的热忱与执着。美甲所用的材料既细小、多样，又时尚、精致，美甲师就是让它们和谐地结合在一起的工匠。我经常从众多的光疗色胶中选出几种自己喜欢的，将其与精致、优美的饰品组合在一起，从而设计出独特的美甲作品。设计美甲作品时，手工绘制的每一条线都是独一无二的，即使是同一个美甲师再次制作同一款式的美甲作品，也很难做到一模一样。虽然美甲设计过程稍显繁复，但这个过程会使美甲师的心情慢慢沉静下来，享受美甲的乐趣。

曾经，我有一个梦想，就是建立一个积极向上的、以技术研发为核心的美甲工作室，在提供优质服务的同时，坚持自己的风格，不随波逐流，让我们对美甲的热情感染每一位顾客，感染我们的学生和我们身边的朋友。既然选择将美甲作为自己的终身事业，就必须把它做得有灵魂、有灵性。而今，我从事美甲职业已有十年，依然觉得其乐无穷，还在不断地学习与创新。从事美甲职业的十年并不是一帆风顺的，但一路走来我觉得很过瘾。因为我不是一个人在努力，我还有一群志同道合的小伙伴在风雨同行、相互守护。感谢我的顾客和学生，感谢他们一直以来对我的认可和鼓励，这是我前进路上最大的动力。

亲爱的读者朋友们，若是你选择美甲作为自己的事业，也许一开始时你身边的亲戚朋友会表示不理解，甚至质疑和反对。但请相信，只要你坚持下去，保持对美甲事业的热情，不断地努力学习，终将得到回报。

Dion

2019 年 12 月

目　录

01
了解指甲

1.1 指甲概述

指甲的主要成分是角蛋白，因此适当补充蛋白质有助于指甲生长。营养不良、疾病、意外伤害、细菌感染或欠缺保养等会阻碍指甲的生长。健康的指甲是向前生长的，呈灰白色或淡黄色，半透明，光滑亮泽，富有弹性。

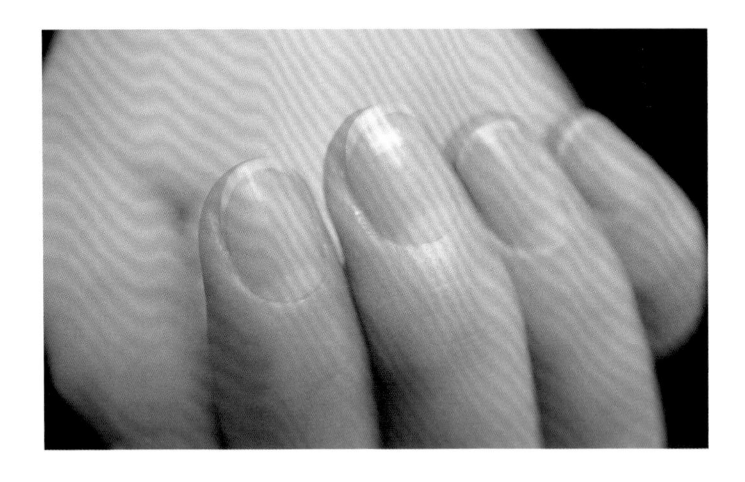

成人指甲的生长速度为平均每天生长约 0.1 mm。就季节而言，指甲夏季比冬季长得快；就年龄而言，小孩的指甲比成年人的指甲长得快；就个人而言，中指的指甲长得最快，其次为食指、小指、无名指，拇指的指甲长得最慢。此外，经常活动双手的人，如打字员和钢琴师等，其指甲的生长速度会比一般人快。亚洲人指甲的平均厚度为 0.35 mm，欧美人的指甲则更厚一些。脚指甲比手指甲厚，而且较硬，它的生长速度比手指甲慢。指甲的含水量为 7%~18%，有韧性。指甲的硬度大概为莫氏硬度 2.5。

提示

内在改善：多吃水果、坚果、动物肝脏、花生酱、花椰菜、蛋黄等。

外在改善：将橄榄油加热至合适的温度，将指尖浸入橄榄油约 15 min，再按摩 5 min 就可以了。

1.2 指甲的作用与结构

想要成为美甲师，必须先了解指甲的作用与结构。

1. 指甲的作用

指甲是一种半透明的角质薄片，是指端皮肤的附属物，具有保护手指和脚趾的功能。

2. 指甲的结构

指甲前缘：也称甲尖，是指甲面从甲床分离的部分。由于其下方没有支撑，缺乏水分及油分，所以容易裂开。

指芯：是指甲尖下的薄层皮肤。

甲床：支撑指甲皮肤的组织，与指甲紧密相连，为指甲提供水分。其中血管密布，使指甲呈粉红色。

甲后缘：是指指甲后方伸入皮肤的边缘部分。皮肤组织在指甲板处并没有停止生长，这形成的皮肤褶能保护新长出来的指甲板。

指皮：也称死皮，是围绕在指甲根部周围较硬的表皮。正常的外皮是柔软的，位于指甲前缘及周围。

甲基：位于指甲根部，含有毛细血管、淋巴管和神经，是指甲生长的源泉。

甲根：位于指甲根部，在甲基的前面，极为薄软，其作用类似于农作物的根茎。

游离缘：也称微笑线，是甲体与甲床游离的边缘线。

甲体：是甲床的一部分，含有许多神经、淋巴及血管。甲体的健康决定着指甲的生长。

甲沟：是指甲板与两侧皮肤形成的凹槽。

甲弧影：也称半月区，位于指甲根部白色呈半月形的地方。

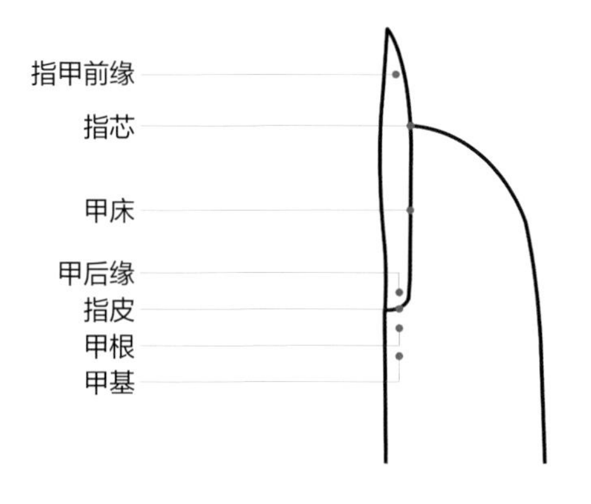

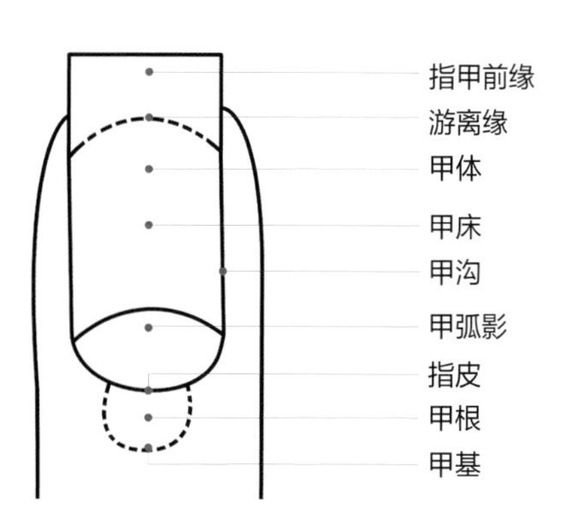

1.3 指甲的颜色与健康

指甲像皮肤一样，能显示出人体的健康状况。健康的指甲呈浅粉红色，含水量较高，且结实、富有弹性，表面呈平滑的弧形，没有斑点、凹洞或楞纹。如果指甲色泽异常，应密切注意其成因及解决方法。

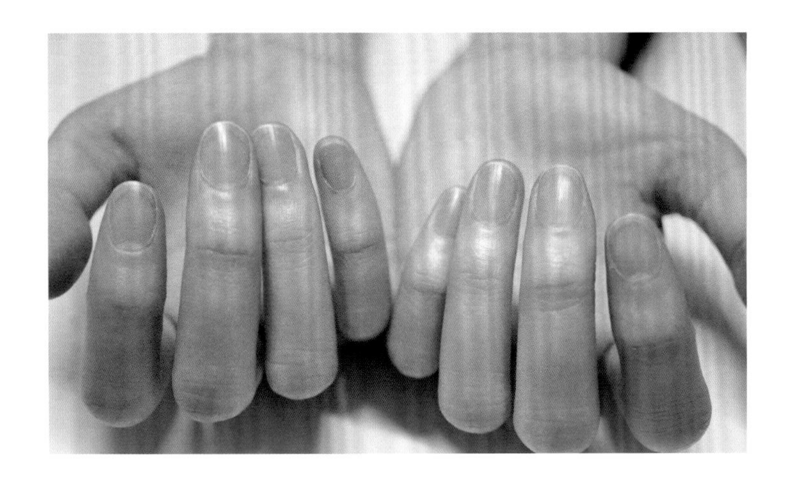

指甲呈黑色通常是由真菌寄生引起的，亦有可能是因为体内缺乏维生素 B_{12}，或接触过照片显影剂、含汞的药膏、染发剂等。指甲呈棕色通常是因患了慢性甲沟炎，一般是由细菌和真菌混合感染引起的。长期接触治疗面疱的药膏或使用含有氧化剂的指甲油可导致指甲呈红棕色。指甲呈绿色是因其受到了细菌感染。指甲呈黄色是因为受烟油熏染、接触染发剂、接触治疗鳞癣的含汞药膏等，或人体患有淋巴系统疾病。指甲呈白色通常是由缺乏蛋白质引起的，也可能是因人体患有肝脏或肾脏疾病。

1.4 常见失调类指甲及病变

美甲师应具有迅速辨识各种异变指甲的能力，并能判断出哪些是可由美甲师处理的。如果能确定异变指甲产生的原因，美甲师便能根据情况预先评估处理后的效果，并与顾客沟通，降低风险。如果问题严重，建议交由专业医师治疗。

正常的指甲会不断生长，但不会自然脱落。唯有感染、受伤或罹患疾病时，指甲才会脱落。大多数异变指甲是由缺乏对指甲的爱护造成的。也有不少人高估了指甲的自我修复能力。虽然指甲坚硬、柔韧，但还是会受到外界的侵蚀，感染严重时甚至会伤及手指皮肤。不过，经过修整与护理，情况大多能够得以改善。切记，如果指甲有肉眼可见的感染或病变，务必拒绝对其进行修整或护理。指甲脱落时，如果甲体未受损害，则会有新的指甲长出；如果甲床或甲体受到损伤但不是特别严重，那么新的指甲仍会长出，但所需时间会长一些。指甲可由有经验的专业美甲师处理并予以矫正，以避免新长的指甲出现畸形变异。下面介绍几种常见的失调类指甲及病变。

1. 指甲根部外皮过长

美甲师可用软化剂、热毛巾或乳霜润饰并软化外皮，然后用磨砂条以打圈的方式将表皮磨薄，再仔细将过多的外皮剪去。建议每天去掉一部分外皮，坚持一周。

顾客也可以自行在家处理。沐浴后进行护理，用柔软的毛巾轻柔地将外皮向后推挤，多用润手霜充分涂抹患处，并适度按摩。

2. 蓝色的指甲

指甲呈蓝色，表示顾客的心脏机能或血液循环系统不健全，无法根治。可通过按摩促进血液循环，使情况得以改善。

3. 过薄的指甲

过薄的指甲往往呈白色且极为脆弱易断，指尖呈弯曲状。美甲师应小心，避免对指甲施加压力。涂修护性质的护甲油可提高指甲的坚硬度。每晚在指甲上涂抹润手霜，可促进指甲表面水分的吸收，从而减少指甲断裂的情况发生。

4. 过脆的指甲

指甲过脆表现为指甲缺乏光泽，较薄，容易折断，成因一般是遗传疾病或指甲缺乏角质。

应避免将指甲浸入热水中，且每晚应在指甲上涂抹润手霜，以增强指甲的韧性。美甲师应小心，避免对指甲施加压力。

5. 甲下出血

甲下出血通常表现为接近指尖的位置出现血丝，大多是由外力撞击造成的。患有肝病或受旋毛虫感染也会引致甲下出血。

6. 波纹指甲

波纹指甲一般是由疾病引起的，如牛皮癣等，身体恢复健康后症状即会自行消失。

7. 因啮咬而破损的指甲

大多数指甲变形是由顾客喜欢啮咬指甲及缺乏保养造成的。如果他们能定期修剪指甲，细心修整甲根上的外皮，一段时间后可矫正。

8. 长有倒刺的指甲

美甲师处理不当，产生微细的隐藏伤口，产生倒刺。同时，皮肤干燥也会形成倒刺。手部外皮未能保持湿润，或接触刺激性强的清洁剂也会产生倒刺。

最佳的处理方法：剪去翘起的外皮，然后涂抹润手霜。若问题严重，外皮裂开处受感染而发炎，须用含有杀菌剂的肥皂泡沫液浸泡指甲或敷上抗生素药剂。

9. 肥厚的指甲

肥厚的指甲多见于脚指甲。

外在因素：鞋子过紧。

内在因素：细菌感染或体内疾病。

10. 松离的指甲

外在因素：指甲受到猛烈撞击或持续性敲击。有人喜欢以拇指推掀其他手指的指甲，这样也会造成指甲松脱。

内在因素：经常接触四环霉素等药剂等。处理指甲时所用的油液等引起过敏也会引发指甲松脱。

11. 破裂的指甲

外在因素：长期接触刺激性强的清洁剂、除漆剂及显影剂等化学产品，或长期使用劣质的甲油或甲液。

内在因素：关节疾病（如关节炎）会造成指甲破裂。如果除了指甲破裂外，顾客的皮肤干燥，头发干枯，则表示顾客可能患有血液循环功能障碍，可用毛巾热敷，以减轻症状。

12. 羹匙形指甲

羹匙形指甲是指指甲中央下陷，指甲形态为匙状。此类指甲常见于女性，多由缺乏铁质所致。

13. 甲沟炎

甲沟炎是指甲沟因感染而发炎，多见于拇指或食指。手指如在有微细伤口的情况下长时间浸泡于水中，受酵母类微生物的侵袭而发红、肿胀、发脓及疼痛。

美甲师应拒绝处理患有甲沟炎的指甲，并建议顾客尽快就医。

提示

美甲服务经常会有直接的肌肤接触，所以顾客对美甲店的卫生要求越来越高，以避免自己在接受美甲服务时交叉感染病毒。此外，美甲是一种面对面的服务，因此除了要注意美甲店的环境清洁外，美甲工具的卫生及美甲师的个人卫生也不容忽视，美甲师需要树立非常强烈的卫生消毒意识。

02 美甲必备工具和护理知识

2.1 基本工具

美甲用到的基本工具有很多，每种工具都有其独特的作用。工具准备得越齐全，工作越得心应手，顾客越能感受到美甲师的专业。

2.1.1 修剪工具

美甲用修剪工具一般用来修正指甲的外观。

1. 指甲剪

分类：指甲剪有大小之分。按前端的形状又可分为平头指甲剪和斜面指甲剪两种。

使用方法：洗净双手之后，先用平头指甲剪将指甲剪至所需的长度。如果指甲两侧的甲沟太深，且指甲往甲沟方向长，应用斜面指甲剪修剪指甲两侧。

注意事项：剪指甲时，不管是用平头指甲剪还是用斜面指甲剪，都不可剪太深。如果经常把指甲剪得较深，甲床会变得越来越短，这样会影响指甲的美观。在修剪方形指甲时，不要剪去指甲前端的两个角。

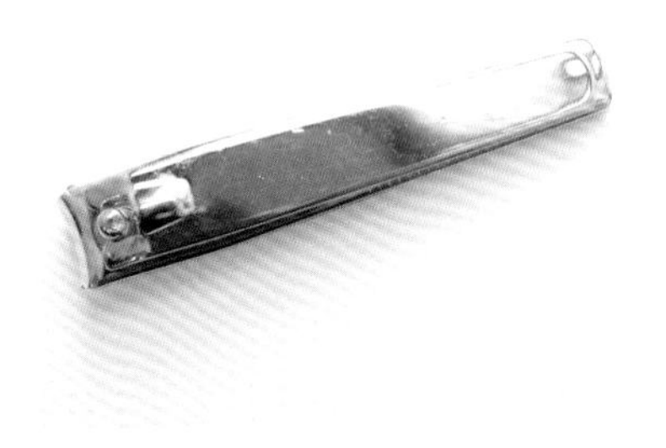

2. 推皮棒

分类：推皮棒分为木推棒、钢推棒和推皮砂棒，其中钢推棒最常用。

使用方法：专业美容店多使用钢推棒，用椭圆扁头的一面将指甲边缘的死皮轻轻推动，使边缘呈圆弧状。

注意事项：推指皮时，应轻柔用力，不可用力过猛，以免损伤甲基，影响指甲生长。

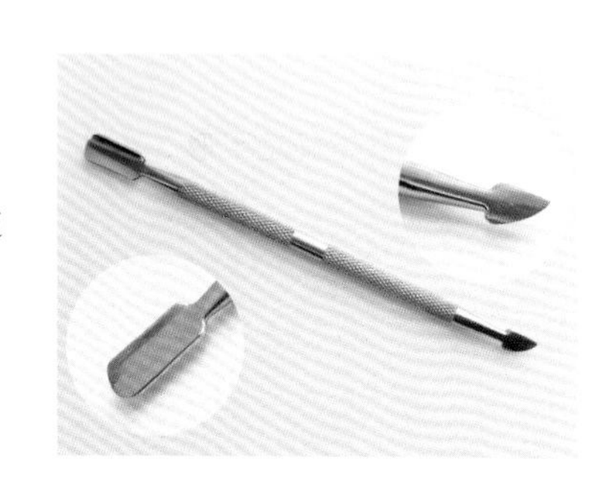

3. 指皮钳

分类：指皮钳一般都是用不锈钢材料制成的，分为剪刀型指皮钳（弯的指皮剪刀）和钳子型指皮钳。

使用方法：用指皮钳剪去刚推完的死皮和肉刺，使手指显得美观，甲床更显修长。

注意事项：使用指皮钳时，应直接剪断死皮或肉刺，不可拉扯，且不可剪得太深，以免损伤指皮。

2.1.2 打磨工具

随着时代的进步，人们对美甲的要求越来越高，美甲的打磨工具也更加多样化。而今，以打磨机为主的打磨操作，可以更高效地达到修形效果。

1. 海绵锉

海绵锉质地细密，可用于修整甲面。

海绵锉正反面可有不同型号的砂粒，常见的是 100 目和 180 目。100 目的砂粒比较粗，主要用于光疗甲的抛磨；180 目的砂粒比较细，主要用于抛磨自然甲。

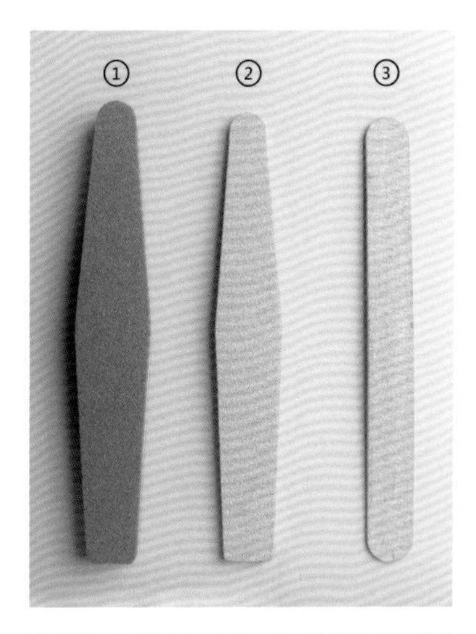

①海绵锉　②磨砂条（厚）③磨砂条（薄）

2. 磨砂条

磨砂条有多种形状，方便美甲师根据不同的使用习惯来选择。磨砂条的作用类似于打磨机中的磨砂圈，常见的型号有 80 目、100 目、120 目、160 目、180 目和 240 目。型号越靠后代表砂的颗粒越细，摩擦力越小。粗砂主要用于打磨修形，细砂用于对指甲表面进行细磨。

提示

打磨：削薄指甲，达到修形的效果。

刻磨：力度最小、最细致的一种指甲打磨手法。

抛磨：用抛光海绵打磨甲面。

修磨：用海绵锉修正甲形。

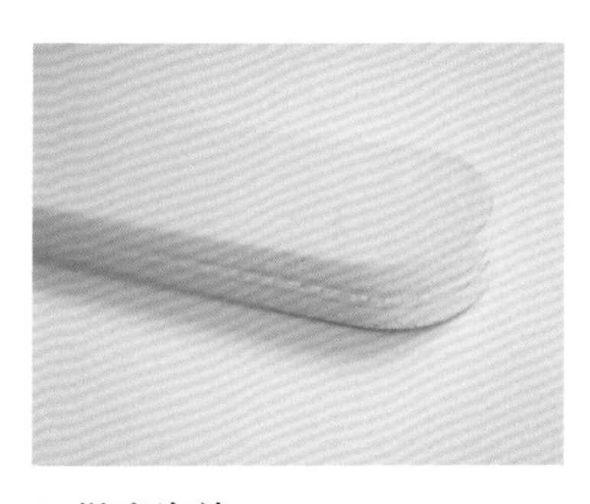

3. 抛光海绵

用于给指甲打磨抛光。抛光时要始终沿一个方向进行，切忌来回打磨。抛光海绵用后必须更换。

4. 指甲砂锉

指甲砂锉仅用于打磨天然指甲。

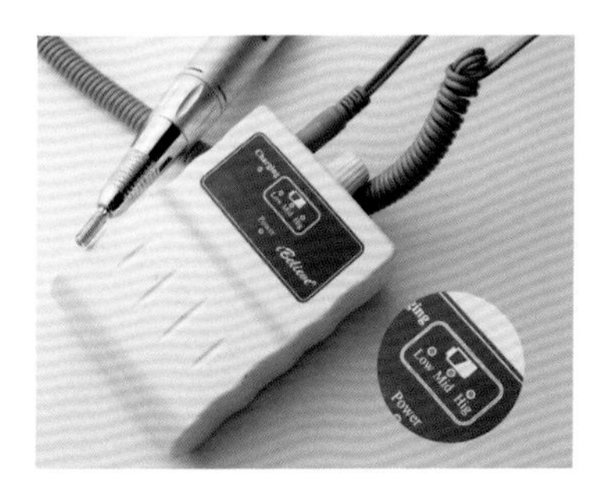

5. 电动打磨机

电动打磨机是光疗美甲最常用的打磨工具。详细介绍见 3.2.3 小节。

2.1.3 辅助工具

在美甲工作中,恰如其分地使用辅助工具可以使操作更到位。

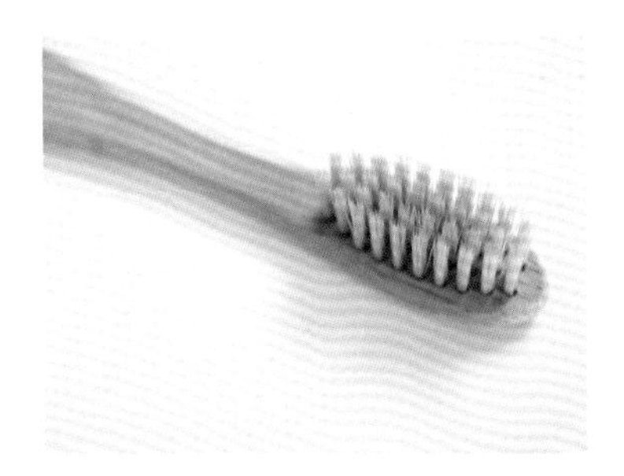

1. 塑料或鬃毛刷

手部护理时，用于清洁指甲。

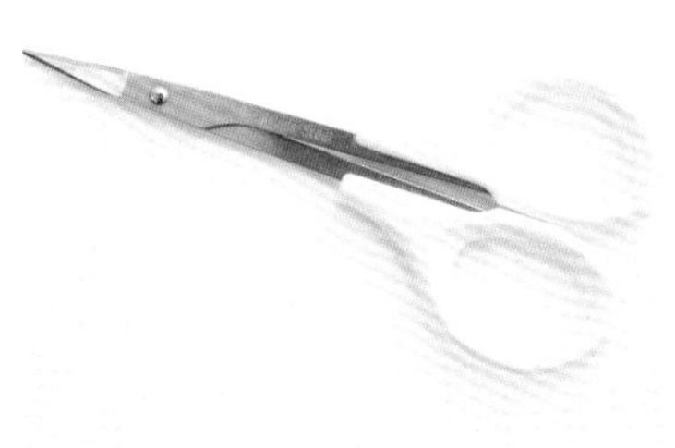

2. 剪刀

用于裁剪纤维制品，如尼龙、丝绸和玻璃纤维等。

3. 小镊子

用于夹持指甲片、钻石，或夹住指甲皮，以便修剪。

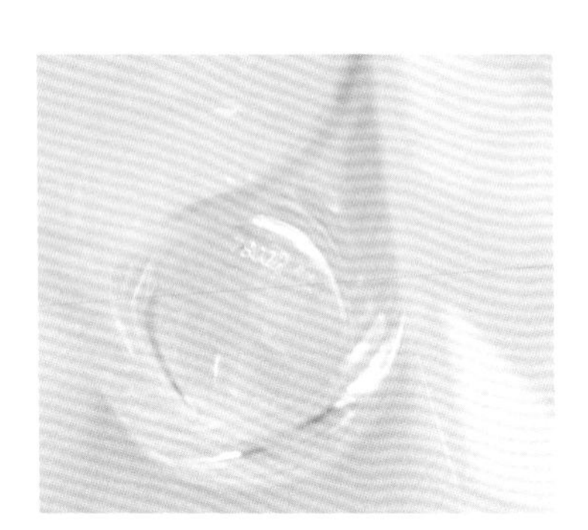

4. 消毒杯

盛放消毒剂，对工具进行消毒。

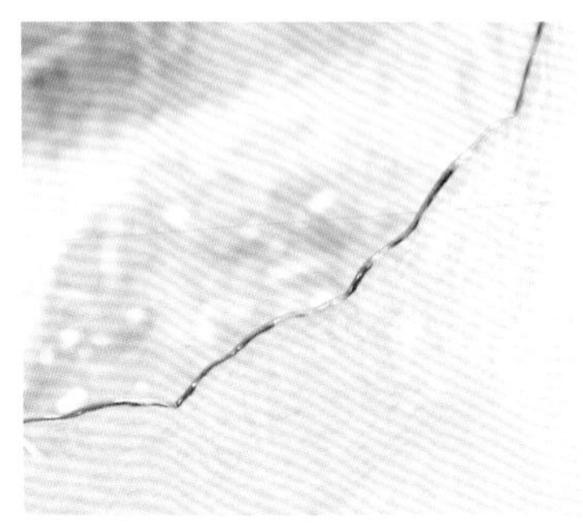

5. 泡手碗

专业泡手碗应该是一只手的形状，将手放在上面正好与碗的形状相吻合。泡手碗里不可放入凉水和太热的水。

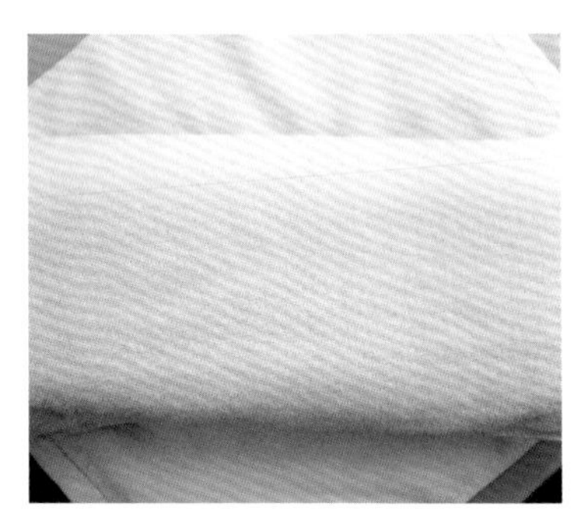

6. 毛巾

准备好消过毒的毛巾，用于擦净双手。

2.1.4 美甲工具的消毒要求

指甲缝里很容易藏污纳垢，所以要用粉尘刷或棉片将指甲缝清理干净，再用酒精等消毒剂进行消毒。注意消毒过后，一定不能马上用手指触碰指甲，务必给甲面留出一段等待干燥的时间。除了需要对指甲进行消毒外，美甲工具在每次使用前也必须进行消毒。美甲店通常可使用的消毒方法有物理消毒法和化学消毒法，美甲师可视情况选用最合适的方法。

1. 物理消毒法

紫外线消毒法

紫外线消毒法使用的是紫外线灯。经紫外线灯照射 20 min 即完成消毒。消毒对象事先必须抹干，适用于木制类的修甲工具。

煮沸法

煮沸法最简单，而且效果最好。将洁净的水持续煮沸，将消毒对象浸入水中，可达到理想的消毒效果。此方法对病原菌、葡萄球菌及结核杆菌有效，适用于不锈钢类工具，如修甲用的剪刀等。

蒸汽法

用超过 80 ℃的高温蒸汽毛巾覆盖在需要消毒的美甲用品上，静待 10 min 以上即可杀灭细菌。

2. 化学消毒法

乙醇法

乙醇即酒精，是用途最广泛的消毒药水。可将工具放于 60%~80% 的乙醇水溶液中，浸泡 10 min 以上。适用于手部消毒或刀刃等工具消毒。

氯化物法

氯化物从前常用于漂白、防腐或除臭，有独特的气味，现在一般用次氯酸钠水溶液消毒。次氯酸钠水溶液俗称 84 消毒液。可把消毒对象浸泡在稀释过的 84 消毒液（1000 mL 水里放 2~5 mL 84 消毒液）中，放置 10~30 min。这种消毒法不适用于金属制品。

逆性肥皂液法

逆性肥皂液用途广泛，即使在酸性环境下也能使用。浸泡在 1% 的逆性肥皂水溶液内 10 min 以上便可有效消毒。

葡萄糖酸洗必泰法

葡萄糖酸洗必泰能杀灭病原微生物，但对结核菌和病毒无效。可在 1% 葡萄糖酸洗必泰制剂水溶液中浸泡 10 min 以上，或在 0.05% 葡萄糖酸洗必泰中浸泡 10 min 以上。

两性界面活性剂法

两性界面活性剂对化脓性细菌有较强的杀灭作用。只需在 1% 两性界面活性剂水溶液内浸泡 10 min 以上便可有效杀菌。它无色无味，对人体无害，可用性强。

3. 根据消毒对象的材料选用特定的消毒方法

使用稀释消毒液时，一定要使用量杯，以确保达到精确的浓度；如果不按比例稀释，效果便会不明显。美甲店的卫生情况取决于美甲师是否具备卫生知识。如果不按照规范处理相关工具和用品，就无法为顾客提供优质的服务。

如果接触过肉眼可辨识的脏污，或用普通消毒剂无法清除的脏污，应使用肥皂在流动清水下清洗手部 15 s，对指尖进行消毒。一旦指甲上或美甲材料中沾上杂质，可能就会导致异常情况。

金属类工具

日常：用洗涤剂洗净，用干净的毛巾或棉片拭干，用 75% 的酒精擦拭消毒。放入消毒柜进行杀菌处理更好，消毒之后放入专用器皿内进行储存保管。

如遇沾有血液的情况，美甲师应避免触碰顾客的伤口及血液，且应更换用具。将被污染的工具用洗涤剂洗净后，用 75% 的酒精浸泡消毒，擦净后放入消毒柜进行杀菌处理，放入专用器皿内进行储存保管。

非金属类工具（毛巾、布料等）

日常：用洗涤剂洗净，放于阳光充足的通风处晾干，也可以使用烘干机烘干。晾干后，放在固定干净的地方保管。如遇布料沾有血液的情况，布料上的血液无法完全被清除，因而必须丢弃。

消毒器皿和设备保养

日常：定期擦拭干净，分类整理，放置在固定区域，检查配件是否完好等。

2.2 美甲产品

在美甲工作中，美甲产品也是十分重要的。针对不同的操作，所用的美甲产品也会不同。

2.2.1 清洁消毒产品

一次性纸巾、棉球、75% 的酒精、止血巾等都是必不可少的清洁消毒产品。

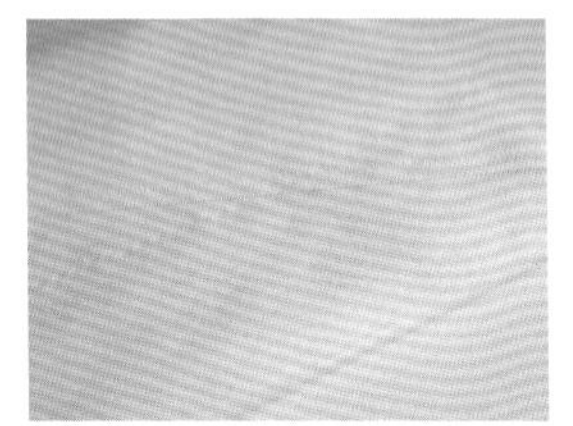

1. 一次性纸巾

一般为厨房用纸巾，可代替毛巾进行清洁，一次性使用。

2. 棉球

比较常用的是脱脂棉，一般蘸取酒精用来消毒。

3.75% 的酒精

具有医用消毒作用，可给顾客和美甲师的双手及所用工具消毒。

4. 止血巾

美甲过程中若操作不慎令顾客破皮出血，可消毒后用止血巾止血。

2.2.2 护肤护甲产品

护肤护甲产品包括底油、护手霜、指甲精华、指皮软化剂和指缘油等。

1. 底油

在指甲抛光后上底油。根据顾客的指甲质地来选择底油。如果顾客的指甲较软，可用加钙油。

2. 护手霜

可以使手部皮肤保持润泽舒适，减少老化角质层的产生。干燥肤质的顾客建议多进行日常护理。

3. 指甲精华

能使天然指甲更坚固，可在足部护理中代替底油。

4. **指皮软化剂**

一种乳白色的液体，可软化指甲周边的死皮，尤其适合指皮较硬的顾客。注意，不要将指皮软化剂涂在甲面上。如果指皮软化剂在甲面上的停留时间过长，会导致指甲被软化。

5. **指缘油**

在整套美甲完成时使用，能滋润指皮，使其柔软、舒适。

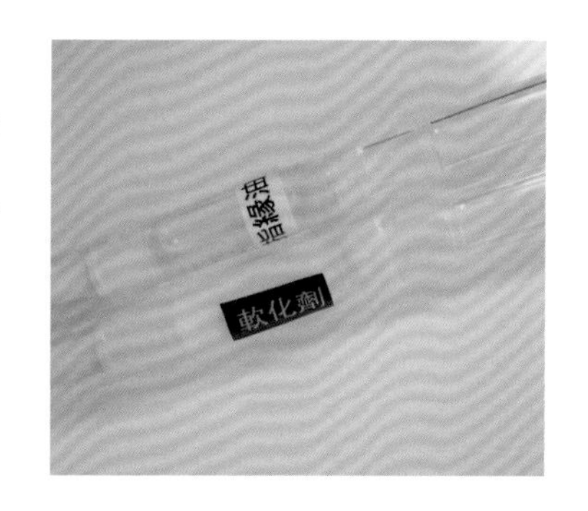

2.2.3 修饰辅助产品

美甲专业设备除了必需的工作台、椅子、储物柜、灯等用品外，还有垫枕和桔木棒等。

1. **垫枕**

用于托垫顾客的前臂，使其更舒适，同时方便美甲师操作。

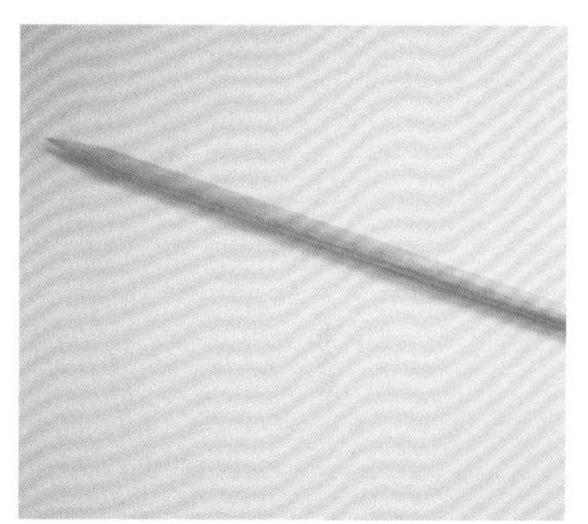

2. **桔木棒**

尖端包裹棉球，用于清洁指甲的边缘。

2.2.4 美甲产品选色建议

不同的色彩给人以不同的感觉，那么，如何驾驭色彩并将其应用于指尖呢？下面为大家介绍一些美甲产品的选色知识。

1. **根据季节或节日选择色彩或元素**

春季和夏季：植物，蓝天，大地系，粉系。

秋季和冬季：优雅，缤纷，高贵。

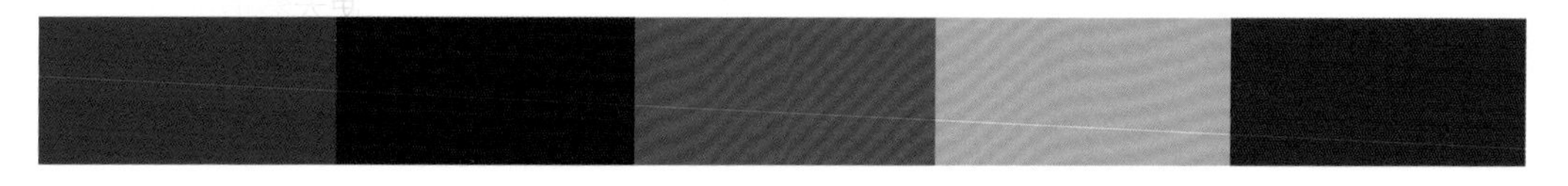

节日：如新年的红色和金色。

2. 根据顾客的年龄选择颜色

年龄偏大：较浓艳的颜色，闪烁缤纷的颜色，高贵的颜色。

偏年轻：清新、活泼可人的颜色。

3. 根据不同的风格选择颜色

可爱、温柔、明朗（浅色调）：粉嫩的红色、浅蓝色、浅紫色、淡黄色，还有常见的甜品色。

活泼、流行、积极（鲜明色调和艳丽色调）：荧光色、亚麻色、彩虹色、太阳色、格子花色、橙色。

放松、舒适、安心感（冷色调、暖色调）：天空色、云朵色、青草色、海洋色、海岸色、森林色、纺织品的颜色、果实色。

干练、高贵、优雅（中间色调的同色系）：蓝绿色、灰棕色、金色、紫色、奶茶色、酒红色、巧克力色。

自然、田园、森林系（大地色系）：棕色、绿色、干枯玫瑰色、陶土色、树木色、山脉色。

复古、稳重、有时代感：蓝色、胭脂色、土黄色、草色、紫色、深蓝色、红褐色。

异国风情、民族风、豪迈：大地色系、各种深色调、杧果黄色、沙漠黄色、孔雀石绿色、棕色。

悬念、杂技、神秘：各种灰色调、灰绿色、灰蓝色、橄榄金色、杏仁色、凤凰红色、极光色、宝石蓝色。

简约、现代、中性：黑色、白色、灰色、摩卡黄色、象牙白色、香槟金色、珍珠白色、暗绿色。

2.3 护理基础知识

美甲护理包括手部护理和脚部护理。护理的目的是让皮肤更健康、柔软。

2.3.1 手部护理

手也被称为人的第二张脸，进行手部护理可以滋润手部肌肤，提升人的气质。

1. 手部护理简述

手部护理的主要操作是按摩，按摩是手部护理中最令人放松的环节。年龄的增长和工作生活中的不良习惯等因素都可能导致手部皮肤出现不同程度的衰老。适当的按摩可以放松肌肉，促进血液循环，滋养皮肤，缓解疲劳，并且使手和手腕更加灵活。常用的手法是涂上按摩乳后，用轻擦、点压等技法进行按摩。

护理工具：毛巾、保鲜膜、护手电热套、磨砂膏、按摩乳、手膜、手霜等。

护理流程

① 将美甲师和顾客的双手洗净并消毒，擦净。

② 取适量磨砂膏，以打圈的方式涂抹于顾客的双手上，注意手指之间也要涂抹。磨砂膏的作用是去除角质。

③ 清洗磨砂膏，洗净双手。

④ 均匀涂抹按摩乳，以打圈的方式按摩，力度要适中。由于指根部向指尖方向按摩，点压指甲根部和手指侧面。

⑤ 进行拉筋、按压穴位、旋转手腕、整体拉伸、放松手指等操作。

⑥ 擦净双手，涂上手膜并包裹保鲜膜，套上电热手套，烘烤 10~15 min。

⑦ 清洁并擦净双手后涂上手霜，按摩至吸收。

2. 手部护理示例

前期准备

对顾客和美甲师的双手进行清洁和消毒，用去角质产品去除顾客指甲周围的死皮。

01

美甲师将按摩乳液挤在手心部位。

02

将乳液轻轻推开，用手心为乳液加温。

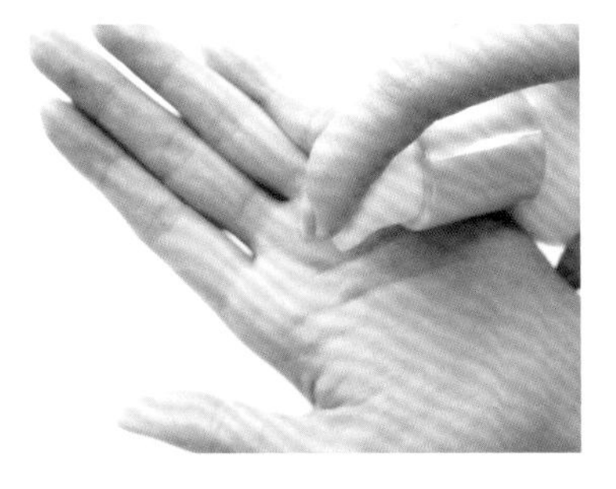

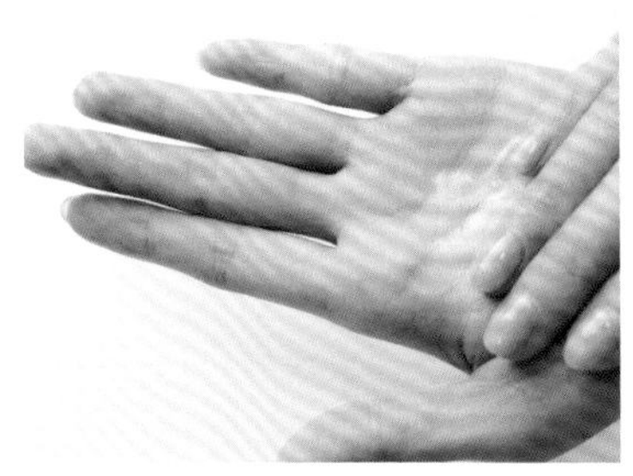

03

将乳液涂在顾客的手背上，然后对手部进行轻触按摩。

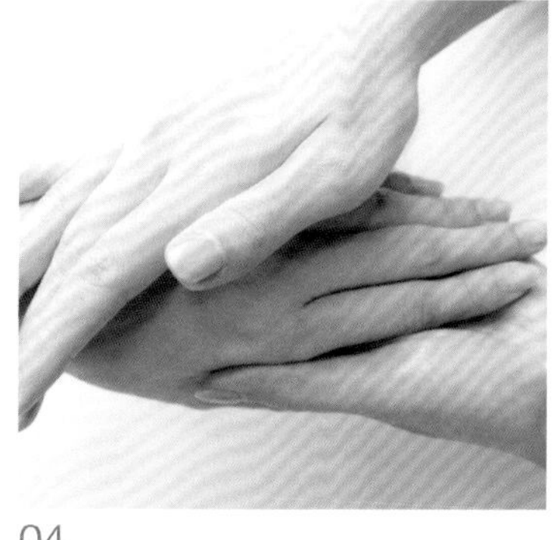

04

用右手在顾客的手腕附近进行画圈式按摩。

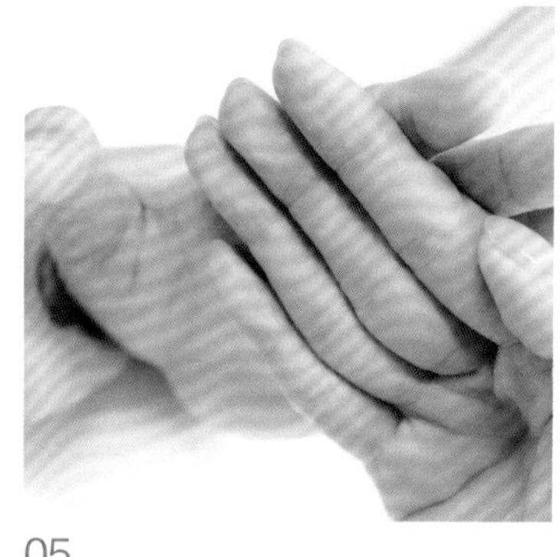

05

右手手背向上，以滑压的方式对顾客的手掌进行按摩。

06

将双手拇指放在顾客的手腕位置，并向下施压。

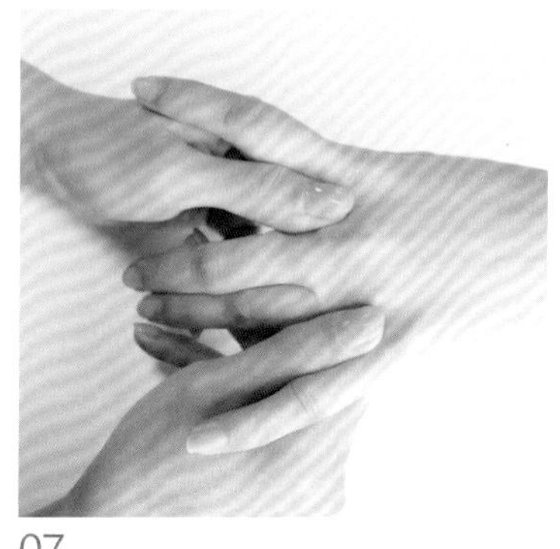

07

用双手的大拇指按压顾客手指间的部位。

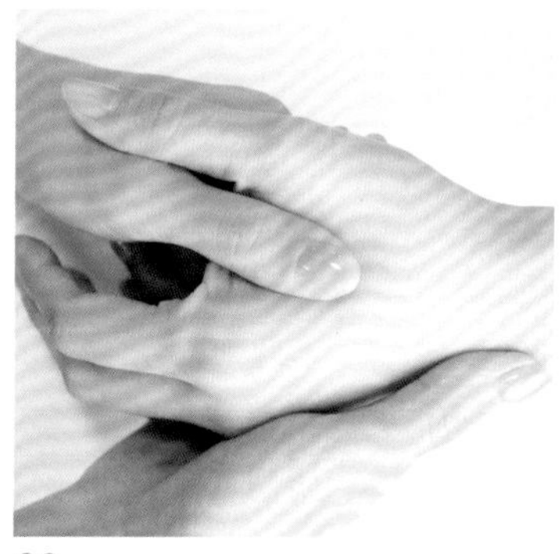

08

用大拇指压住顾客的虎口，进行拉筋操作。

09

从手指根部向指尖滑压，放松手部关节。

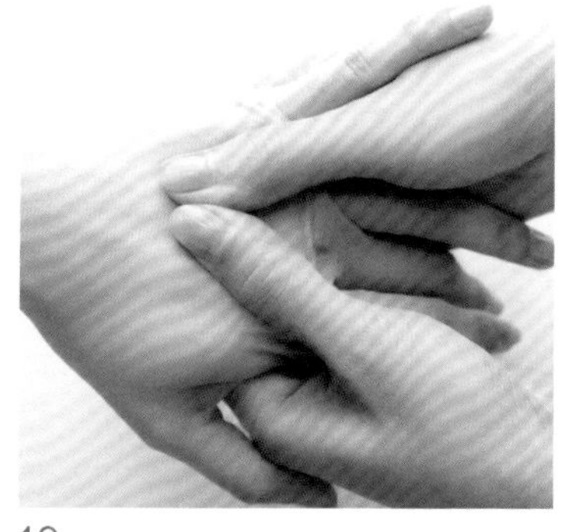

10

用大拇指在手背上左右转圈施压。

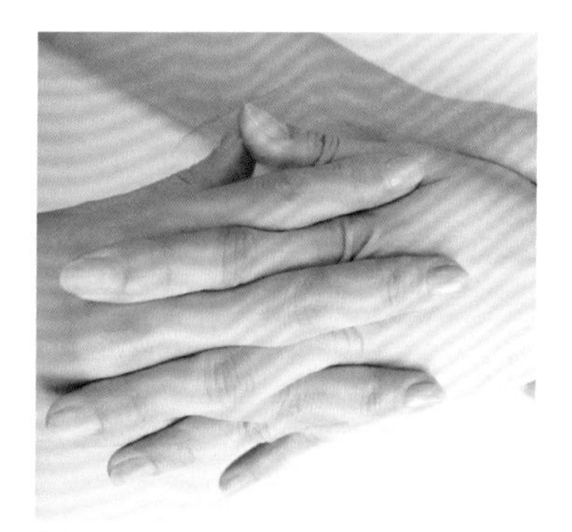

11

用一只手从下方支撑住顾客的手腕，另一只手与顾客的手指交握，并进行内转。

12

压住大拇指和小指的根部，进行打圈式按摩。

13

将顾客的手掌扶稳，并向上推。

14

用滑压的手法按摩指尖。

15

用指关节按压顾客的手掌中心。

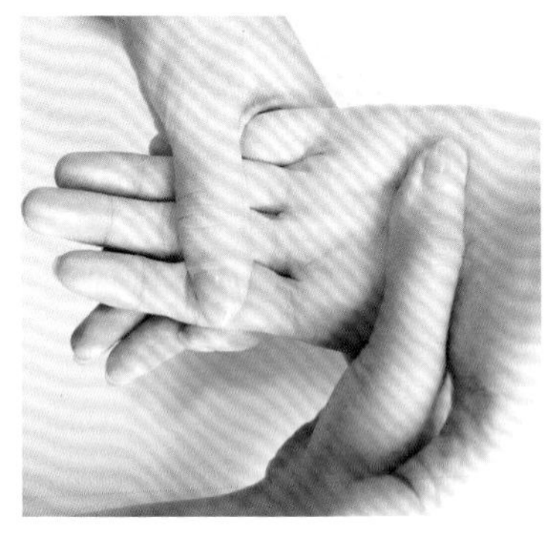

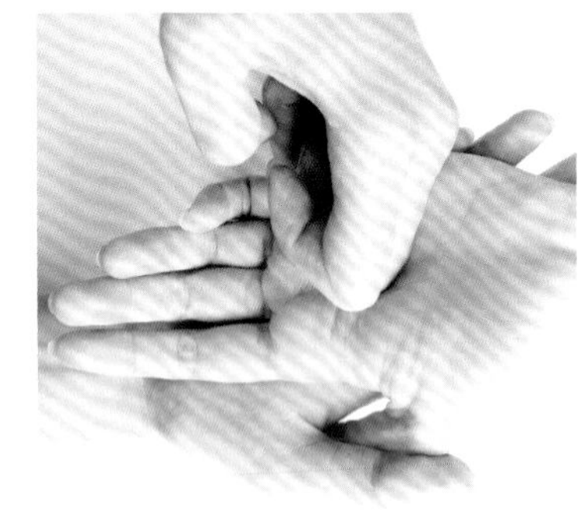

提示

① 为顾客抹手膜，并包裹保鲜膜。

② 将顾客的双手放进已预热 3 min 的护手电热套，静待 10~20 min。护手电热套对于手部的保养十分有效，使用时要考虑温度与季节。护手电热套服务适用于对发脆、破裂指甲的护理，以及干裂、缺乏滋润的手部皮肤的护理，见效快。

③ 擦干双手，涂抹手霜，按摩至吸收。

2.3.2 脚部护理

脚是人体的重要组成部分，脚部护理对于脚部健康十分有益。

1. 脚部护理简述

脚部护理的主要操作是按摩。按摩的目的是消除疲劳，恢复体力，松弛肌肉与神经，滋养肌肤，减缓皮肤老化，以及加速血液循环和新陈代谢。

护理工具：毛巾、保鲜膜、护脚电热套、去角质啫喱、按摩乳、足膜、脚霜等。

护理流程

① 将美甲师的双手和顾客的双脚洗净并消毒，擦净。

② 用去角质啫喱，以打圈的方式涂抹于顾客双脚上和脚趾之间，以去除角质。

③ 清洁并擦净双脚。

④ 均匀涂抹按摩乳，从脚背轻推至脚腕。以打圈的方式按摩脚踝、趾根至趾尖。

⑤ 放松脚趾，按压穴位，放松关节、脚踝和整个脚掌。

⑥ 涂上足膜，包裹保鲜膜，套上护脚电热套，热敷 10~15 min。

⑦ 清洁并擦净双脚，涂上脚霜，按摩至吸收。

2. 脚部护理示例

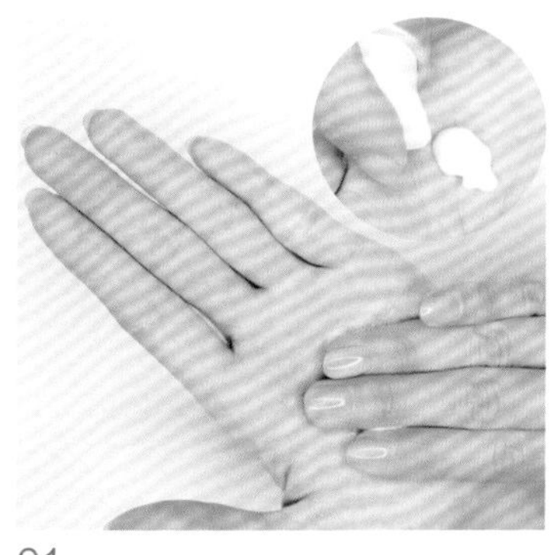

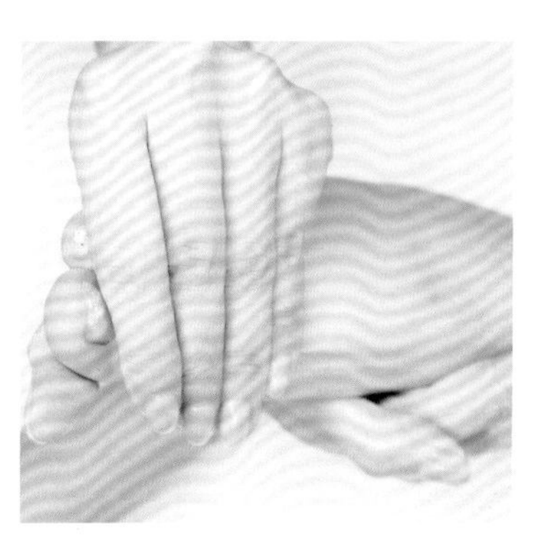

01

取护脚乳液，采用轻擦式按摩手法按摩脚部，使乳液充分吸收。美甲师所施力度不可太大，建议用手掌处理较大范围的按摩，用手指处理较小范围的按摩。按摩后，将脚放置于舒适处。

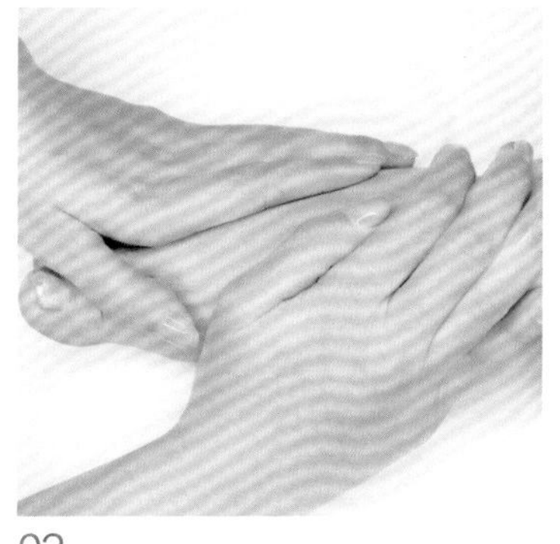
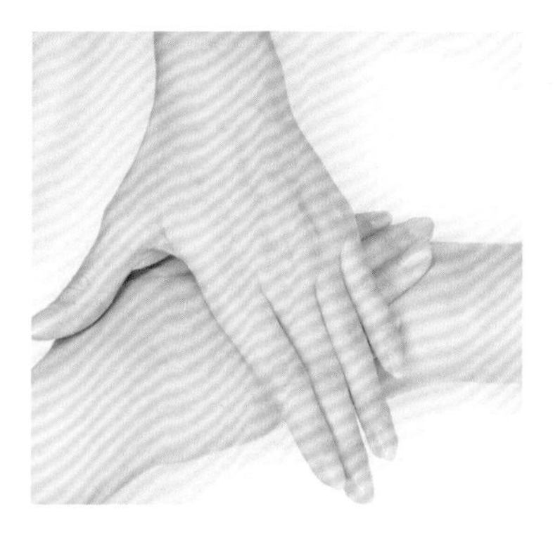
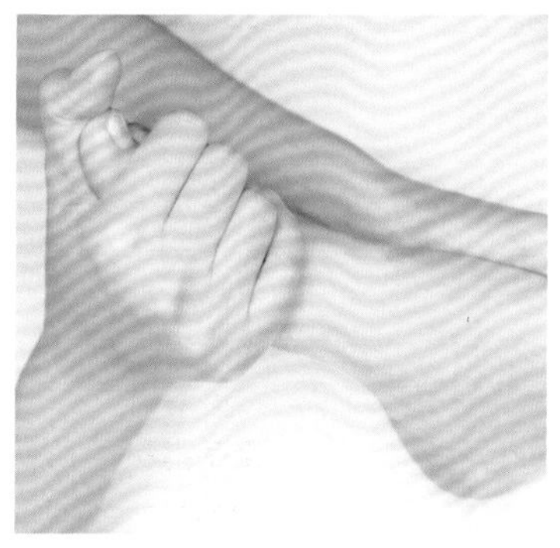

02

用一只手扶着脚踝处，另一只手扶着脚趾，分别向前后左右拉、压。放松关节与脚踝，以顺时针及逆时针方向各扭转数圈。

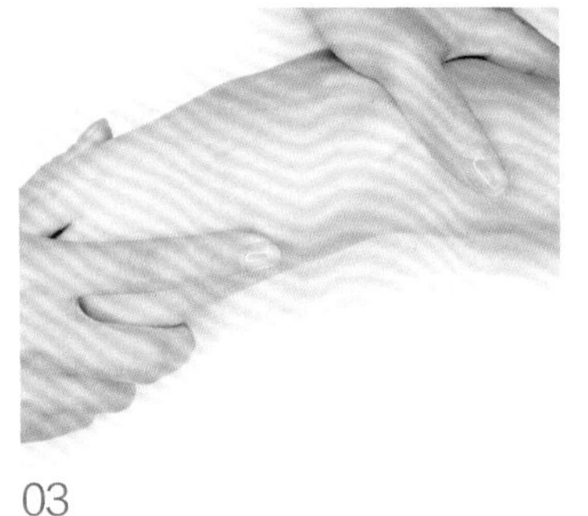
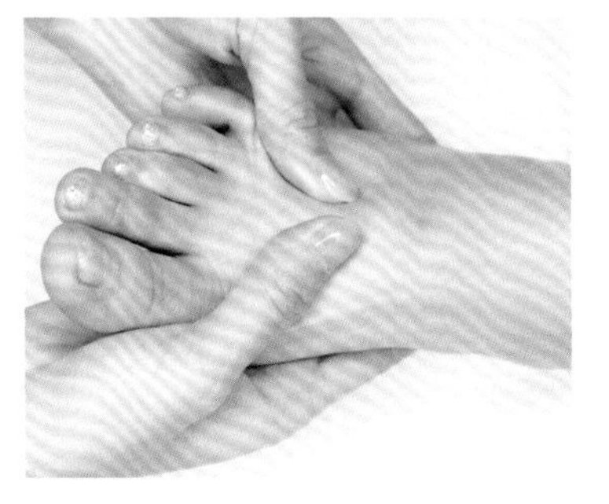
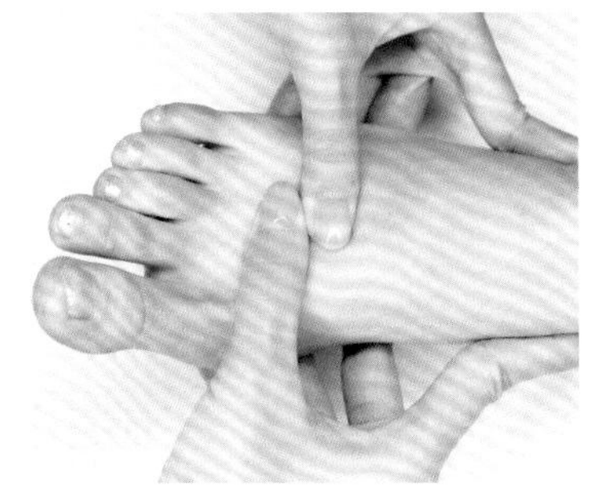

03

继续进行扭转，并用手指按摩。

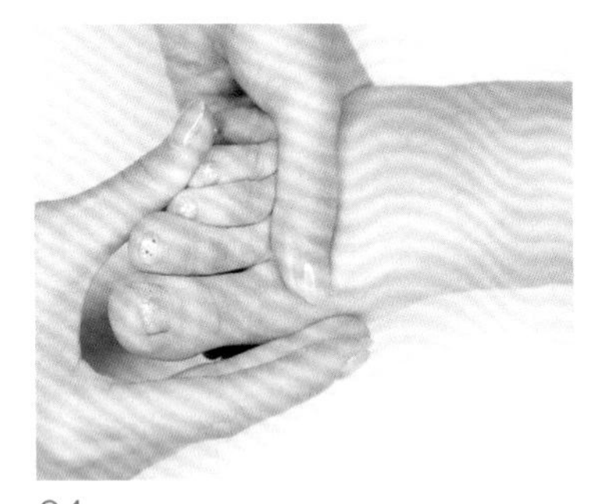
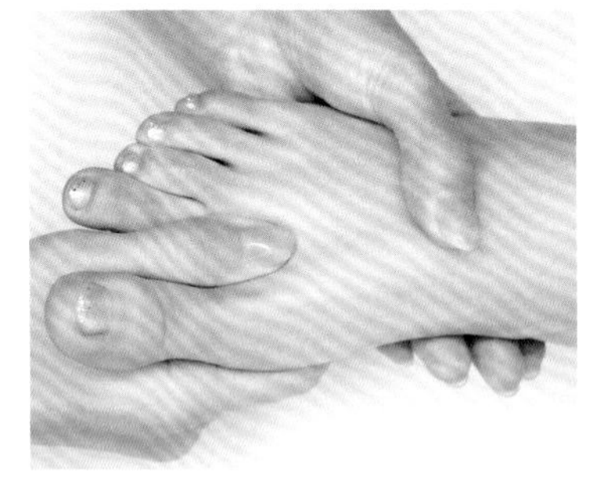
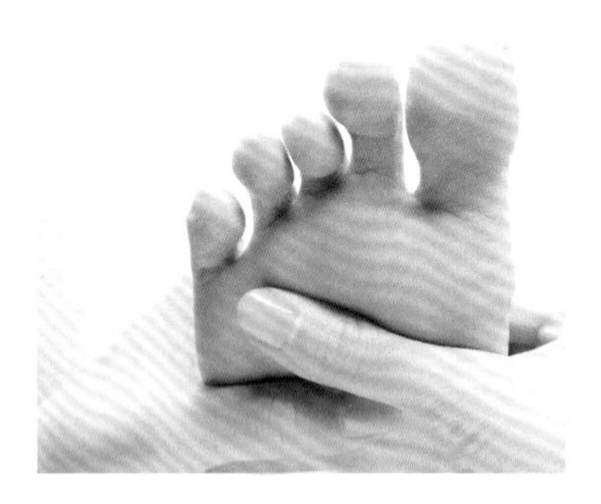

04

采用压揉法按摩脚部。

05

用一只手握着脚趾，另一只手轻轻握拳，用指关节从下至上轻刮脚底。

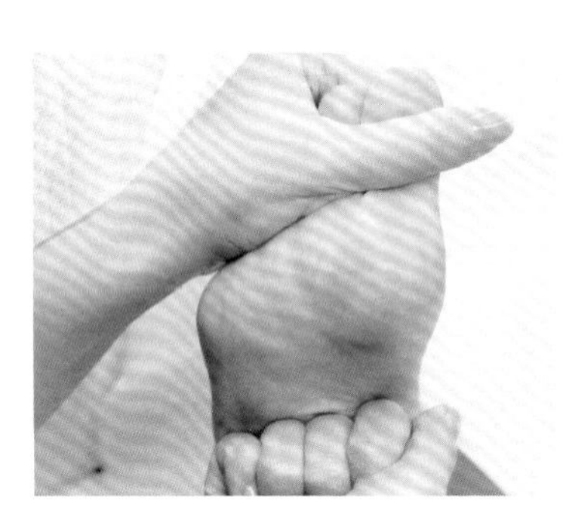

提示

① 若顾客的手部或脚部皮肤有磨伤、擦伤、刀伤、脓肿或病变，美甲师切勿为他们按摩。

② 应使用乳霜、按摩油或乳液，以保持脚部柔软，并使按摩动作更加自然、流畅。

③ 为避免刮伤顾客的皮肤，美甲师应将自己的指甲修磨至平整、光滑，手腕及手指应具有弹性， 手掌必须保持温暖、干爽。

④ 轻擦式按摩是用手指和手掌在肌肤上以连续绕圈的方式进行轻柔、缓慢、有规律的按摩。

⑤ 扭转关节与脚踝是为了使关节保持弹性，避免僵硬和老化。拉、压脚趾的目的是使脚趾的肌肉和神经放松，以及促进血液循环。

⑥ 压揉法是指先施以较重力度的指压，然后以较轻的力度揉按给予穴位或经络较强的刺激，从而促进血液循环，松弛神经，令皮肤松软。

03

光疗美甲基础知识

3.1 常见美甲甲形

常见的甲形有 3 种：方圆甲形、椭圆甲形和梯形甲形。

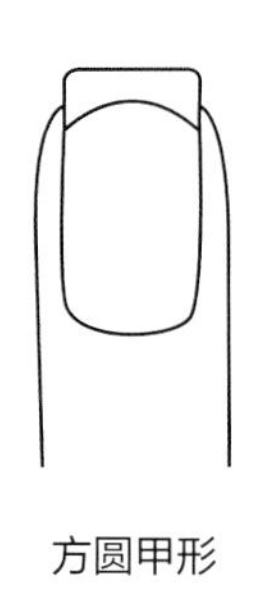
方圆甲形

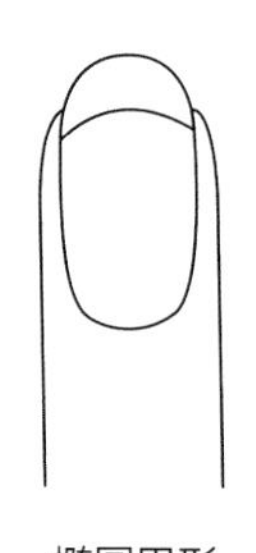
椭圆甲形

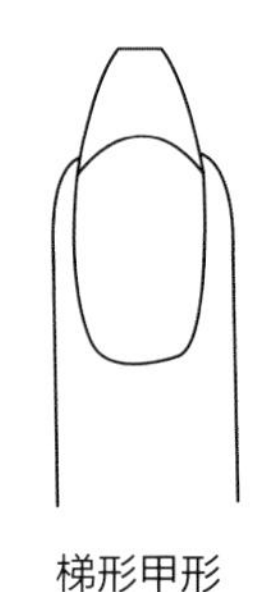
梯形甲形

3.1.1 方圆甲形 修剪方法

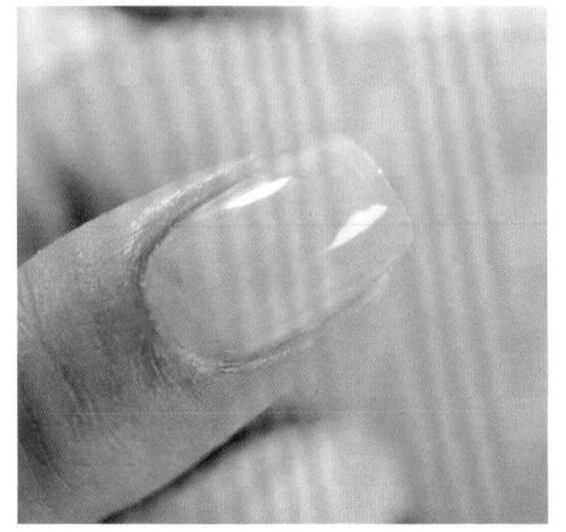
适合人群：甲床比较平直的人群。

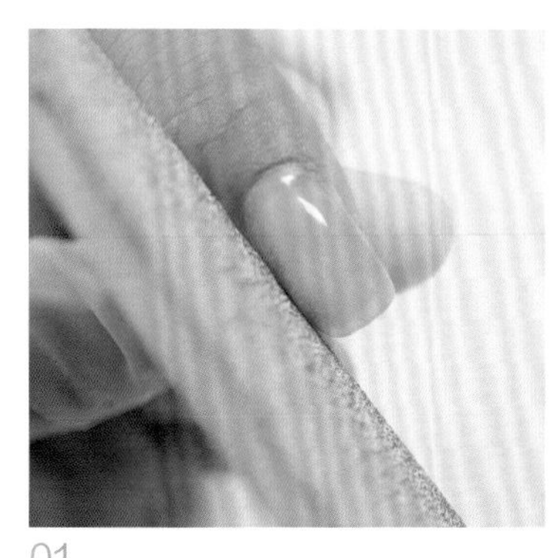
01
从指甲一侧向中间水平打磨。

02
从指甲另一侧向中间水平打磨。

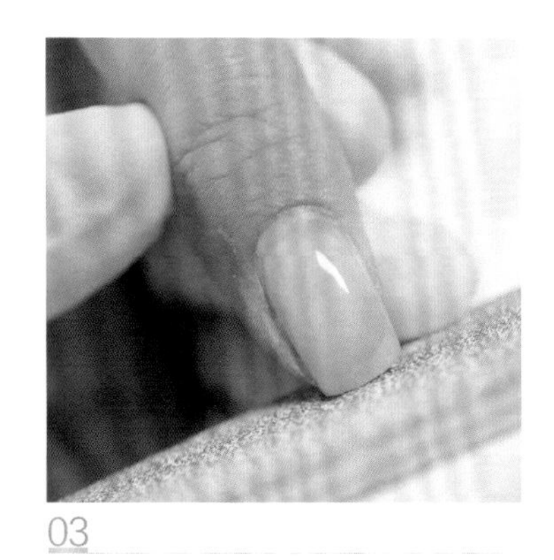
03
仔细将甲尖磨平，使之与两侧呈 90° 角。

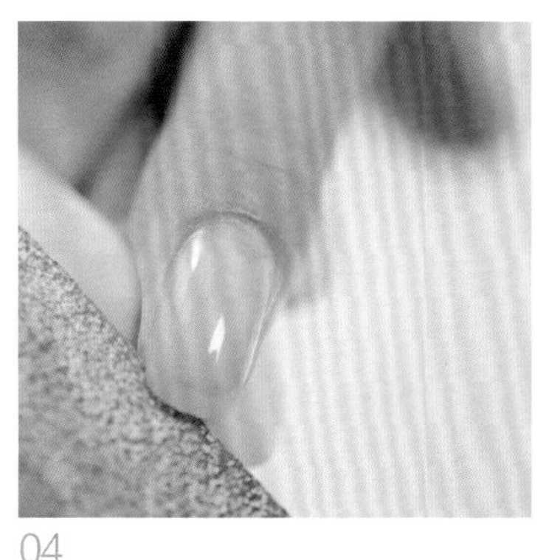
04
轻轻磨去左边的尖角。

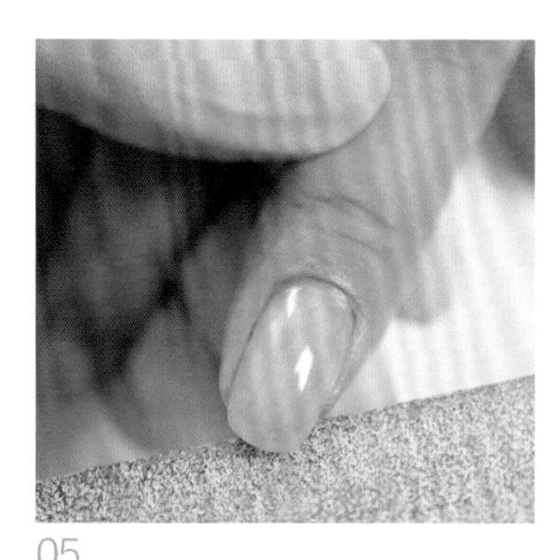
05
轻轻磨去右边的尖角。

3.1.2 椭圆甲形 修剪方法

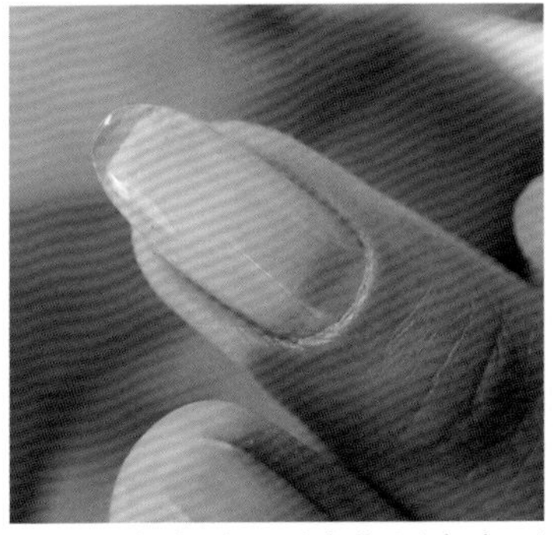

适合人群：适合指甲宽窄不同、甲形不同的人群。

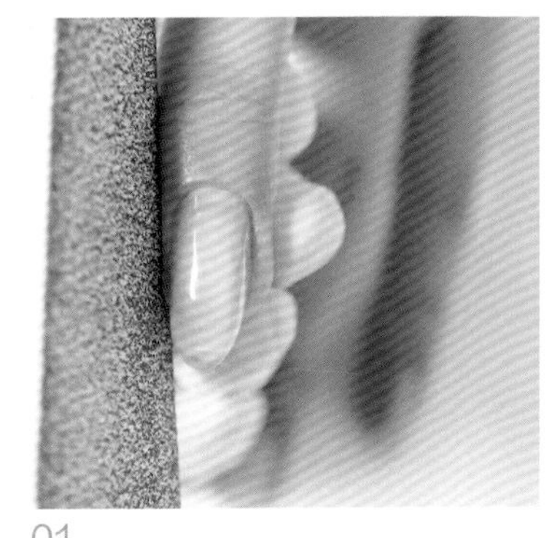

01

从左侧向中间打磨指甲前缘左侧。

02

将磨砂条由左往右倾斜 15°，继续打磨。

03

再由左向右倾斜 15°，继续打磨。

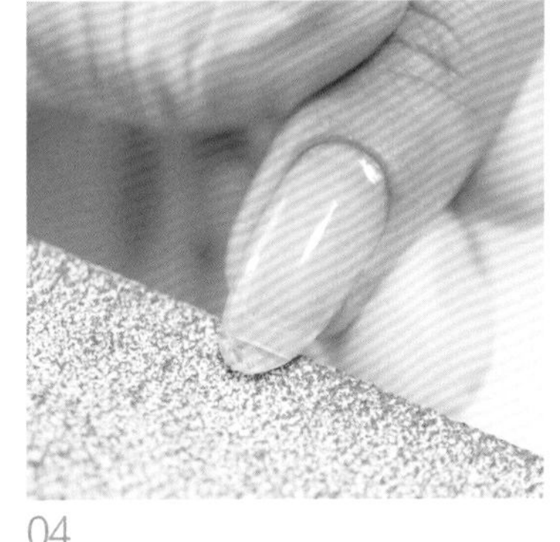

04

用磨砂条轻磨指甲尖端，使左侧的指尖呈弧线。

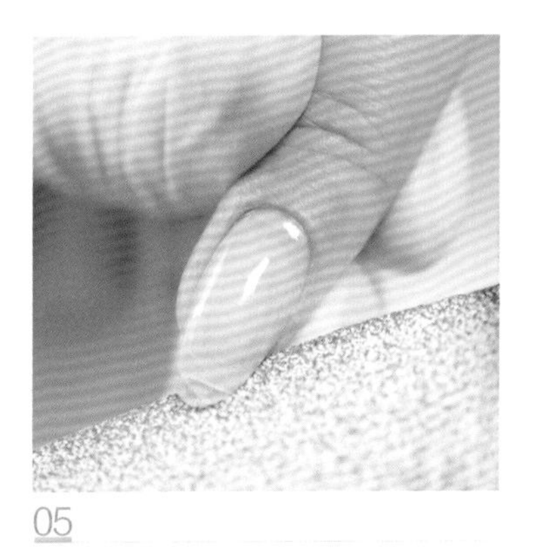

05

将磨砂条向右侧倾斜 30°，继续打磨指甲前缘右侧。

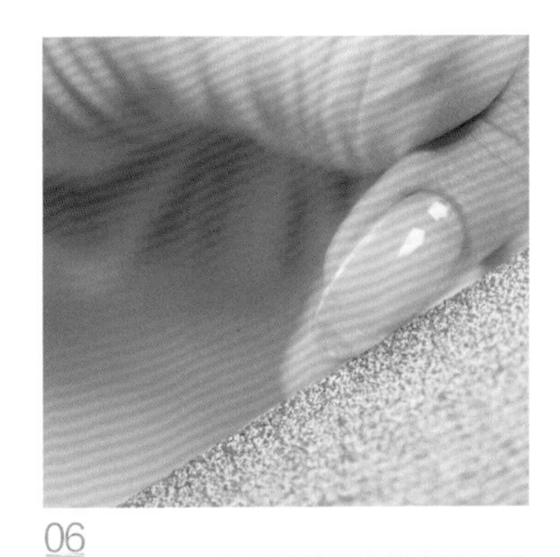

06

使磨砂条与甲面的右侧呈 15° 角，继续打磨。

07

用磨砂条衡量一下指甲左右两侧是否平行。注意两侧的指甲边应保持直线状态，仅使指甲前端呈圆弧状。

3.1.3 梯形甲形 修剪方法

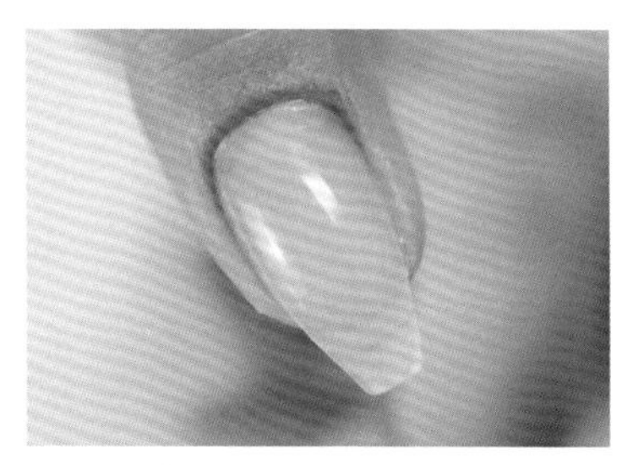

适合人群：指甲较长的人群。

01

将磨砂条置于指甲前缘左侧分离点处，向内倾斜打磨。

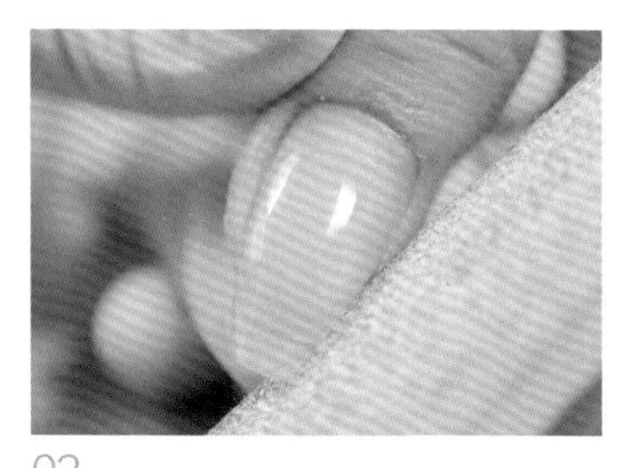

02

将磨砂条置于指甲前缘右侧分离点处，向内倾斜打磨。

03

将甲尖磨平，注意两边要对称。

3.2 认识光疗甲

制作光疗甲，即用光疗灯照射光疗胶，直至光疗胶凝固。

光疗胶又称光效凝固胶，其主要成分是一种通过紫外线引发固化的丙烯酸树脂齐聚体。它利用紫外线将天然树脂聚合于真甲表面，是水晶甲的换代产品。光疗甲的优点是透明度高，光泽度好，自然轻巧，韧性好，无刺激性气味，不易变黄，不易折断，保持时间长。它不但不会损伤真甲，而且能增强真甲的韧性，只要每2~3 周进行一次指甲修补，便可持续拥有优美的甲形。

3.2.1 光疗胶的分类

光疗胶按功能作用可以分为光疗类基础用胶和光疗类颜色用胶。

1. 光疗类基础用胶

光疗类基础用胶可分为光疗黏合胶、美甲模型胶和光疗封层胶。市面上有很多光疗胶，不同产品的配方、密度、硬度、使用厚度和照灯时间等都不一样。

光疗黏合胶：它是制作光疗甲时附着于自然甲上的一种黏性树脂基础胶，主要用于使自然甲与光凝材料紧密黏合在一起。光疗黏合胶包括底胶和接合剂。

美甲模型胶：功能胶、造型胶、加固胶和延长胶统称美甲模型胶。在制作光疗甲时，美甲模型胶是用来塑造指甲形状的基础胶。其操作对技术的要求相对较高，在涂刷时一定要注意技巧，涂刷不均匀会造成指甲表面凹凸不平，影响后面的打磨塑形工作及指甲的美观。以 Dion Nail Art 透明光疗胶为例，从形态上讲，光疗胶的流动性分为 3 个等级， NO.1 流动最快（偏水质），NO.3 流动最慢（偏固质）。流动性小的胶可以用于延长指甲以及粘贴大型饰品，而流动性大的胶则可以在打造款式时用于淡化色胶等。购买时可以考虑款式的特性，选择不同流动性的产品进行配合。

光疗封层胶：它是光疗甲制作过程中最后一步使用的一种树脂胶。它的作用是密封和保护光疗甲，使甲面持久光亮。市面上的光疗封层胶性能不一，所需照灯时间并不相同。例如，Dion Nail Art 系列光疗胶超亮封层，照灯时间一般为 40~50 s，甲面效果光亮持久。封层可分为免洗封层和可擦洗封层。使用免洗封层，在照灯时间足够的情况下，指甲表面没有浮胶，光泽亮丽、干爽。使用可擦洗封层，在照灯时间足够的情况下，还需要用啫喱水或者 95% 的酒精擦洗甲面。擦洗之后，指甲同样光泽亮丽、干爽。

2. 光疗类颜色用胶

光疗类颜色用胶即通常所说的彩色树脂胶或彩油胶。现在市面上的光疗类颜色用胶品种非常多。光疗类颜色用胶因黏稠度较低，所以韧性比光疗类基础用胶要弱。通常光疗类颜色用胶只能附着于中层胶之上，不建议用来做指甲延长。

3.2.2 不同光疗胶与水晶甲的对比

如今，市面上的 4 种常用美甲产品经常被混淆，即水晶甲、不可卸光疗硬胶、可卸光疗胶和芭比胶。其中，水晶甲是自然凝固的，而其他 3 种都需要通过 UV/LED 灯照干。因它们的特性不同，所以都有着各自独特的作用，不过有的时候也会混合运用。虽然手法或者产品可以通用（除了某些品牌的产品需要配套使用），但可能出现某些产品不兼容或者照灯时间拿捏不好的情况，这都需要美甲师根据经验来应变。每个地区的文化不同，需求也不同，美甲师寻找一种适合自己的手法很重要。顾客需要延长指甲或进行指甲矫形的时候，选择使用不可卸光疗硬胶或者水晶甲更合适，因为其硬度较高，更容易固形。

1. 水晶甲

物料介绍：水晶液和水晶粉混合后，通过技术定型，在室温下凝固而成。其因为密度高、坚固耐用，被用在了美甲中，可用于为指甲矫形或修补断甲。后来主要用于美化指甲。

持久度：约 20 天修补一次，时间间隔不宜太长。

做法：以专用的水晶笔将适当分量的水晶液和水晶粉混合，涂在已打磨好的真甲上，在室温下待其凝固。

缺点：①水晶液本身容易挥发，有一股浓烈的刺激性气味。②水晶甲本身硬度非常高，故每次修补时都需要用钻机来打磨，操作不当就容易伤到真甲甲面。③由于水晶物料会快速凝固，因此美甲师需要掌握调配的比例，技术要求相当高。如若操作不当，会导致水晶甲不够坚固，容易渗入水分，进而滋生细菌。总体而言，水晶甲在制作技巧上会有一定难度，但通过严格的手法练习，可以很好地避免上述情况。

优点：①可以塑造出很多立体造型。②指甲短的人用水晶甲延长，完成后的效果仿真度极高，且矫形效果佳。

甲艺：可做各式各样的立体图案。

难易度：难度大，建议由经验丰富的美甲师操作。

2. 不可卸光疗硬胶

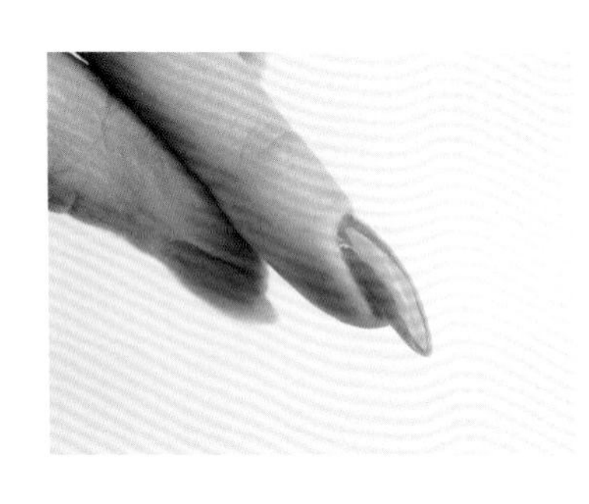

物料介绍：不可卸光疗硬胶主要由低聚物、水晶酯、光引发剂和一些特定的色素构成。其特点是密度低，黏性较强（质量有保障的不可卸光疗硬胶不会通过添加甲醛等物质去增加黏性），有弹性，耐刮擦。同时，不可卸光疗硬胶具有美观性和强修补性，可用于补甲、延长和矫形。

持久度：3~4 个星期修补一次。

做法：将不可卸光疗硬胶的物料预先混合好，选定颜色，涂在打磨好的真甲上，经 UV/LED 灯固化。

缺点：①严格的不可卸光疗硬胶美甲标准要求做出优美的弧度，且必须要遵循严格而专业的流程。②若不可卸光疗胶操作不当（如出界或没有包边），会导致起翘或缺损。③由于不可卸光疗硬胶感光性强，如果胶体太厚，在照 UV 灯时会令人感到灼热不适，美甲师需要提前告知顾客。④不可卸光疗硬胶可以做部分立体造型，但可做的造型种类不如水晶甲多。

优点：①几乎没有刺激性气味。②操作步骤比水晶甲简单，时间更有弹性，在没有照灯的情况下不会凝固。③做延长甲时较容易控制。不可卸光疗硬胶的硬度适中，用打磨机卸除不费劲。操作得当的物理性卸甲更能保护指甲。④颜色选择非常多，浓度高，持久。

甲艺：可做出不同的平面款式（花朵、渐变、晕染、线条、彩绘等）；可做部分立体造型。

难易度：难度较大，建议由有美甲经验的人操作。

3. 可卸光疗胶

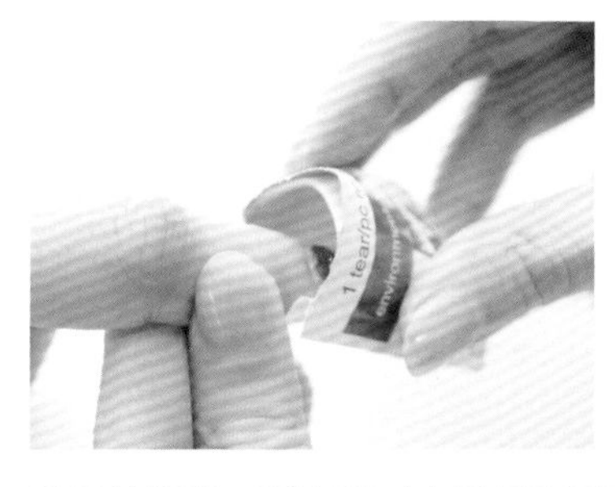

物料介绍：可卸光疗胶主要由低聚物、丙烯酸盐、单体和光引发剂构成。其弹性较强，透薄，颜色饱和度高，主要用于美化外观。

持久度：2~3 个星期翻新一次。

做法：可卸光疗胶的做法与不可卸光疗硬胶的做法相差不大，有时可以混合应用。涂在真甲上，用 UV 灯固化，应涂得较薄。

缺点：①可卸光疗胶的气味比水晶甲小，比不可卸光疗硬胶大。②质地较薄，硬度相对水晶甲和不可卸光疗硬胶来说较低，不适合做矫形。③若操作不当（如出界或没有包边），会导致起翘或缺损。若进行化学性卸甲，操作不当会伤及皮肤。

优点：不需要使用打磨机进行卸甲，用卸甲水浸泡即可；韧性强，虽然不厚但可以有效抗冲击。

甲艺：可在指甲上打造平面彩绘或喷花甲艺。

难易度：难度一般，建议由有美甲经验的人操作。

4. 芭比胶

物料介绍：芭比胶也称甲油胶，其成分与可卸光疗胶相差不大，只是改良了包装，储存在配有扫头的玻璃樽内。它的使用方法与指甲油一样，不用再另外使用貂毛笔。

持久度：2~3 个星期翻新一次。

做法：预先混合好颜色，涂于甲面上，经由 UV/LED 灯固化，凝固时间短，效果自然。

缺点：①质地轻薄，颜色的饱和度比不可卸光疗硬胶和可卸光疗胶都要低。②刷头能操作的范围小，需要用笔刷来做出不同的款式。③不适用于延长和矫形，因为它太薄，不够坚固。④若进行化学性卸甲，操作不当会伤及皮肤。

优点：操作简单，专业性要求不高，美甲速度快，照灯时间大大缩短。

甲艺：以单色美甲为主，可用笔刷进行简单的甲艺表现。

难易度：难度较小，建议由有经验的美甲师操作，想自学的人也相对容易上手。

	水晶甲	不可卸光疗硬胶	可卸光疗胶	芭比胶
硬度	▲▲▲▲	▲▲▲	▲▲	▲
弹性	▲	▲▲	▲▲▲▲	▲▲▲
厚度	▲▲	▲▲▲	▲▲	▲
易磨程度	▲▲▲▲	▲▲	▲	▲
持久性	▲▲▲	▲▲▲	▲▲▲	▲
矫形能力	▲▲▲▲	▲▲▲	▲▲	▲
成本	▲▲	▲▲▲	▲▲▲▲	▲
光亮度	▲▲▲	▲▲▲	▲▲▲	▲▲
操作难度（技术含量）	▲▲▲▲	▲▲▲	▲▲	▲

3.2.3 认识美甲打磨机

美甲打磨机有多种用途，是美甲必备的工具。下面简单介绍一下美甲打磨机的构成和用途。

1. 美甲打磨机的构成

手柄

弹簧夹头： 用于夹取操作用的磨头。

粉尘排放口： 用于排出操作过程中产生的粉尘，避免其进入手柄内部。

磨头装置阀： 在替换磨头时使用。只要轻轻一转，就可以轻松地更换需要使用的磨头。

自动冷却风扇： 藏于磨头装置阀内部，可以降低机器运转时产生的热量，延长美甲打磨机的使用寿命。

手柄连接线： 有直线和曲卷线等类别。

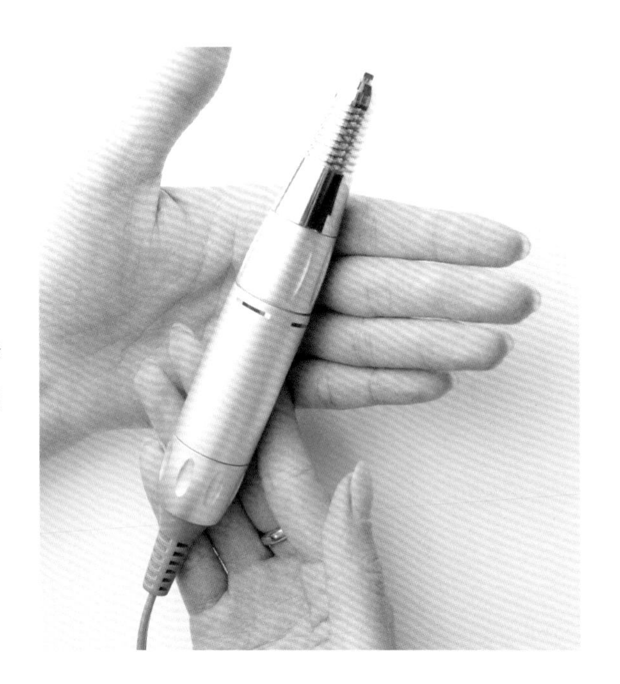

电源线插入口和电池余量显示灯

电源开关和转速调节按钮： 打开开关后，美甲打磨机就会开始转动，可通过转动按钮来调节转速的大小。

正反方向调节开关： 用于调整磨头的转动方向。

手柄连接线插入口： 连接手柄的接口。

AC 电源线插入口： 连接电源的接口。

电池余量显示灯： 显示电池的剩余电量，显示为低（Low）、中（Mid）、高（Hig）三档。

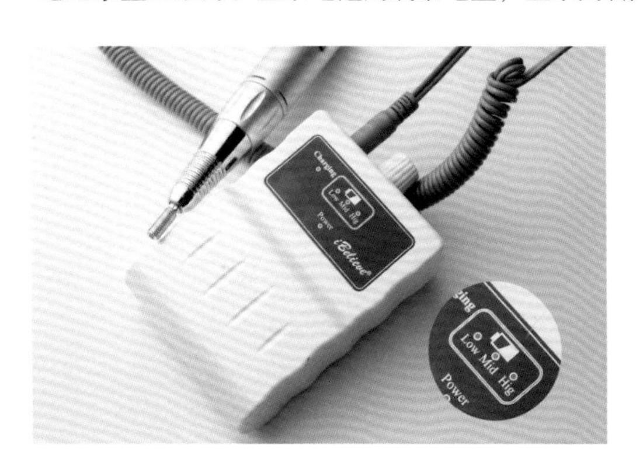

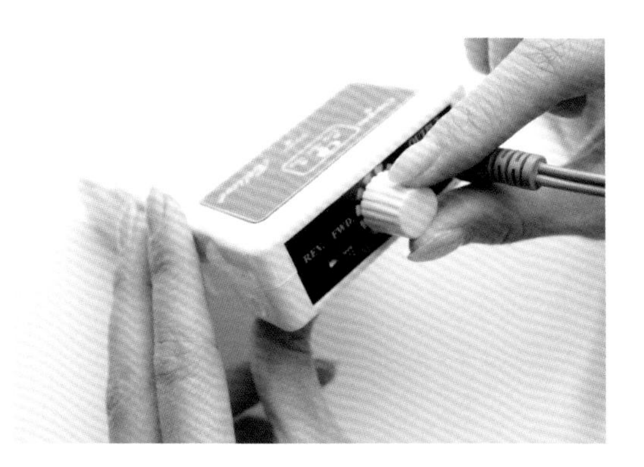

提示

不同生产厂商生产的美甲打磨机各个部位的名称会有差异，但是基本功能是一样的。

2. 美甲打磨机的日常检查

美甲打磨机如果每天使用，日积月累，内部的零部件会有所损耗，会出现打磨时有异常音、轴心精度降低、打磨机发热、振动强烈等情况。擅自拆开美甲打磨机引起的故障是不在保修范围内的，会产生高额的维修费用，所以当出现以上情况时，建议拿到正规的销售店铺或是生产厂家进行保养。

万一不小心掉落或发生碰撞，需要先确认磨头是否有弯曲、损坏等异常状况；然后加大转速，确认调节器在最低转速时的声音和振动等是否有异常。如果有异常情况，应立即切断电源，将其拿到销售店铺或是生产厂家进行维修。

3. 美甲打磨机的作用

美甲打磨机可用于修整皮肤，去除死皮和粉尘；可用于卸除饰品，去除指甲边缘的残留物；可用于打磨指甲表面，去除角质；还可用于刻磨指甲，调整指甲的厚度，打磨甲面上翘起的部分，调整指甲的弧度。

3.2.4 认识光疗灯

较常见的光疗灯有 LED 灯和 UV 灯。

LED 灯：有害紫外线含量少，对皮肤来说比较安全。LED 灯产生的紫外线波长相对集中，一般是 390~410 nm。

UV 灯：纯 UV 灯会产生波长在 300 nm 以下的紫外线，对皮肤有害。

过去，光疗胶都只用 UV 灯固化，现今有部分品牌的产品只有 UV 灯才能照干，所以有必要保留带 UV 功能的灯机，而不建议用单纯的 LED 功能灯机。现今常用的是 CCFL（Cold Cathode Fluorescent Lamp，冷阴极荧光灯管）。CCFL 可以做光疗，也可用于烘干芭比胶，而且烘干的速度比较快。只要熟悉产品的特性并且能适当运用灯机，是不会对人体造成伤害的。

提示

一些人习惯先做手部护理再做光疗美甲。实际上，去角质后皮肤会变薄，因而若没有涂防晒直接照光疗灯，更易导致皮肤老化。短期照光疗灯虽然无害，但也要注意手部护理和保养。建议先做光疗美甲，再进行手部护理。

3.2.5 光疗美甲的操作及日常保护知识

在光疗美甲的操作过程中，有一些经常会遇到的问题，下面分析一下这些问题产生的原因以及具体的处理方法。

1. 光疗美甲操作过程中的常见问题

问题 1：用 95% 的酒精或啫喱水涂抹指甲时，大量光疗胶被抹掉怎么办?

原因：①光疗胶涂得太薄，或光疗灯的功率低而照不干；②使用了有质量问题的 LED/UV 灯。

处理方法：先用95%的酒精或啫喱水抹净甲面，然后用180号海绵锉轻轻打磨甲面，使其平整。扫净粉末，然后涂上光疗胶。光疗胶不要涂得太薄，要涂均匀。选用所用光疗胶品牌指定或认可的LED/UV灯，定期更换灯管。

问题2：长时间照灯后，为什么色胶的面层已变硬，内部却仍然是软的？

原因：色胶涂得过厚，导致紫外光不能穿透面层，内层无法硬化。

处理方法：用95%的酒精或啫喱水抹去色胶，或直接用打磨机卸除色胶，然后重新涂一层较薄的色胶。

问题3：为什么会出现坑纹？

原因：色胶或光疗胶涂得过薄或涂得不均匀。

处理方法：先用95%的酒精或啫喱水抹净甲面，然后用180号磨砂条轻轻打磨甲面，扫除粉末，再涂上色胶或光疗胶。注意，色胶或光疗胶不要涂得太薄，要涂得均匀。

问题4：甲边太厚怎么处理？

原因：①涂光疗胶时，所用力度过大或过小；②涂光疗胶时，笔刷的操作角度不正确；③包边时使用了过多的胶。

处理方法：先用95%的酒精或啫喱水抹净甲面，然后用180号磨砂条或打磨机砂圈轻轻打磨甲面，扫除粉末，再涂上光疗胶。涂光疗胶的时候谨记，笔刷要轻力平放，由指甲后缘向指甲前缘涂。

问题5：甲面凹凸不平怎么处理？

原因：①光疗胶涂抹不均匀；②在光疗胶还未达到自然均匀的状态时便急于照灯。

处理方法：先用95%的酒精或啫喱水抹净甲面，然后用180号磨砂条或打磨机砂圈轻轻打磨甲面，扫除粉末，再涂上光疗胶。在照灯前，要注意观察光疗胶是否均匀。

问题6：指甲后缘的光疗胶太厚怎么办？

原因：光疗胶用量过多导致光疗胶堆积在指甲后缘。

处理方法：先用95%的酒精或啫喱水抹净甲面，然后用打磨机砂圈以最小转速轻轻打磨甲面和指甲后缘，使其平整，扫除粉末，随后再涂上光疗胶。在给指甲后缘涂抹光疗胶的时候要注意，笔刷与甲面大概呈45°角。

问题7：光疗胶照灯后，沾上了毛屑或粉末怎么处理？

原因：①工作环境不够整洁；②没有用棉球抹净；③没有使用足够的啫喱水。

处理方法：先用95%的酒精或啫喱水抹净甲面，然后用180号海绵锉轻轻打磨甲面，以清除黏着的尘垢。接着扫除粉末。如果部分光疗胶被磨掉，可再涂上适量的光疗胶。整个美甲过程应使工作环境保持整洁。

问题 8：光疗胶沾到指甲两侧的皮肤上怎么处理？

原因：①笔刷使用不当；②涂光疗胶时没有把指甲两侧的皮肤拉开。

处理方法：用笔刷时力度要轻，避免压迫笔刷而导致光疗胶出界。涂光疗胶时，要把指甲两侧的皮肤拉开。要先清除沾到皮肤上的光疗胶再照灯，否则一定会出现翘边现象。在照灯前，可用桔木棒刮走沾在皮肤上的光疗胶。如果照灯后才发现，则可以用专用打磨头轻轻磨掉。

问题 9：光疗胶收缩及由甲边向上移怎么处理？

原因：①封边的光疗胶涂得太薄；②甲片上有水分或油；③一次涂了多个指甲。

处理方法：先用 95% 的酒精或啫喱水抹净甲面，然后用 180 号海绵锉轻轻打磨甲面，扫除粉末，随后涂上光疗胶。建议逐个指甲进行操作，用足量的光疗胶包边。如果遇上潮湿的天气或极油的甲质，可采用实时抹涂法。

问题 10：照灯时，色胶起皱怎么处理？

原因：色胶涂得太厚。

处理方法：用 95% 的酒精或啫喱水抹去没干透的色胶，用打磨机去除残余部分。扫除粉末，重新涂上一层比较薄的色胶。涂黑色的色胶时，这种情况尤其常见。

问题 11：珍珠色或金属色的色胶产生很多条纹怎么处理？

原因：①色胶涂抹得不均匀；②色胶还未达到自然均匀的状态时便急于照灯。

处理方法：用 95% 的酒精或啫喱水抹去没干透的色胶，用打磨机去除残余部分。扫除粉末，用毛质较柔软的圆形笔涂一层色胶，待色胶自然均匀后再照灯。

问题 12：光疗胶于 4 周内翘边怎么处理？

翘边分为前缘起翘和后缘起翘两种情况。

前缘起翘的原因：①刻磨甲面不到位；②光疗胶涂得太薄；③包边不到位；④指甲内卷且未经矫形处理等。

处理方法：卸除原本的光疗胶，重新刻磨指甲，按光疗美甲的正确步骤涂光疗胶，每个步骤都需要包边到位。如果是内卷指甲，建议顾客将甲形修整为椭圆形（可去掉内卷的两个角）。

后缘起翘的原因：刻磨甲面不到位，光疗产品涂出界，前置处理不到位，指甲后缘光疗胶涂得过厚等。

处理方法：卸除原有的光疗胶，做好前置处理，使指甲后缘呈完整的圆弧形。重新按光疗美甲的正确步骤涂光疗胶，注意每个步骤都不能出界。指甲后缘的光疗胶取量可以稍微少一点。

2. 光疗美甲的日常护理

（1）建议不要直接用手指甲来开启瓶盖或拉开发夹。

（2）做家务事时，应戴上塑胶手套，避免指甲被磨损，更要避免产生反甲的危险。

（3）当发现指甲边缘起翘时，不要自行剥落色胶，这样会伤到指甲。最好尽快到美甲店卸除美甲，以免指甲缝隙中进水，导致细菌滋生。

（4）平时多用护手霜滋润双手，使手部肌肤更加细腻，尤其是在冬季。

（5）如果有抽烟的习惯，指甲可能会因抽烟而变色，可用柠檬进行调理。

（6）海滩、温泉等湿气较重之处会缩短光疗甲的寿命。

（7）指甲的生长周期在 4 周左右，因此建议 4 周换一次光疗甲，这样能起到对指甲的矫形的作用，且能使指甲保持健康状态。

（8）指甲从皮肤分离点长出的部分占指甲总长度的 1/2 时，指甲的受压情况就已经非常严重了，应尽量避免这种情况。

（9）尽量改掉咬、撕手指甲的不良习惯。

3.3 光疗甲的卸除与单色做法

美甲入门必须先了解光疗甲的卸除与单色做法。光疗甲卸除后能保持指甲健康，将单色做到极致说明美甲入门了。

3.3.1 芭比胶的卸除与单色做法

芭比胶的卸除比较简单。单色光疗美甲完成后，甲面干净、无残留。建议顾客完成美甲后涂上护手霜，进行手部护理 。

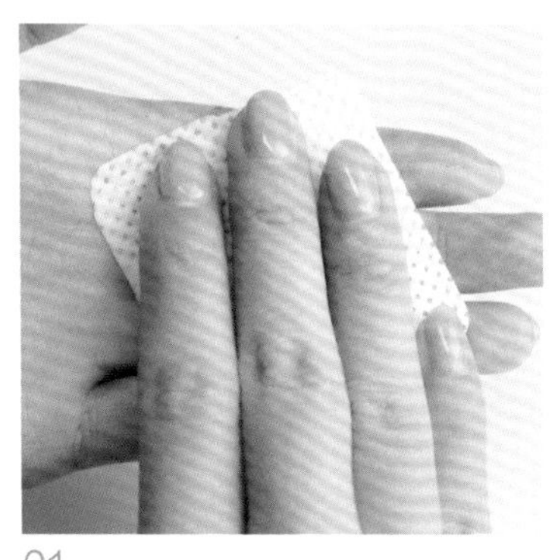

01

用棉片蘸取 75% 的酒精，为美甲师及顾客的双手消毒。

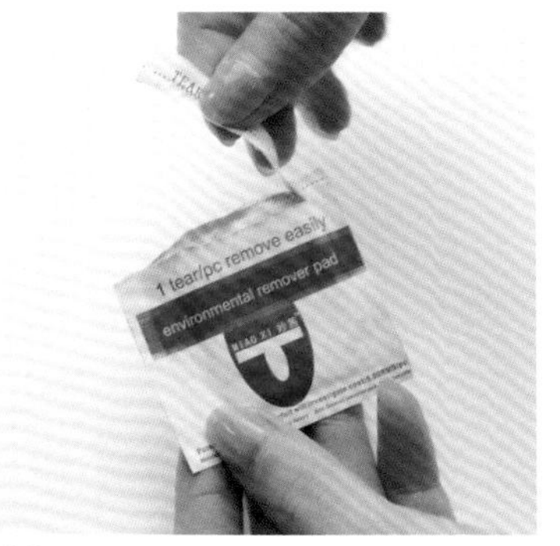

02

打开含丙酮或水晶甲去除剂的卸甲包，撕开卸甲包一边的透明胶膜（内有黏性）。

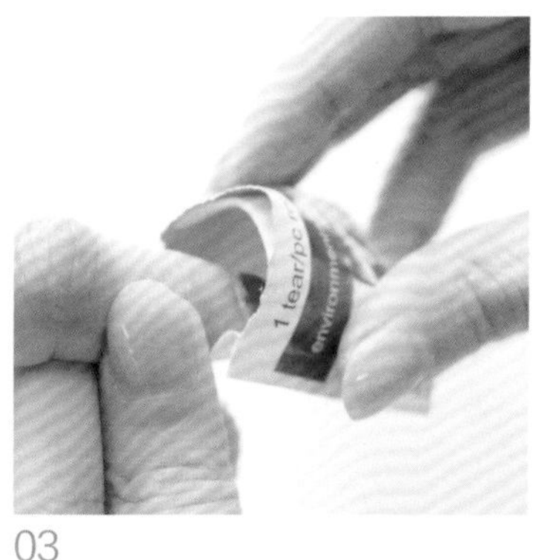

03

将手指套入卸甲包，含有药水的棉片置于指甲一侧。

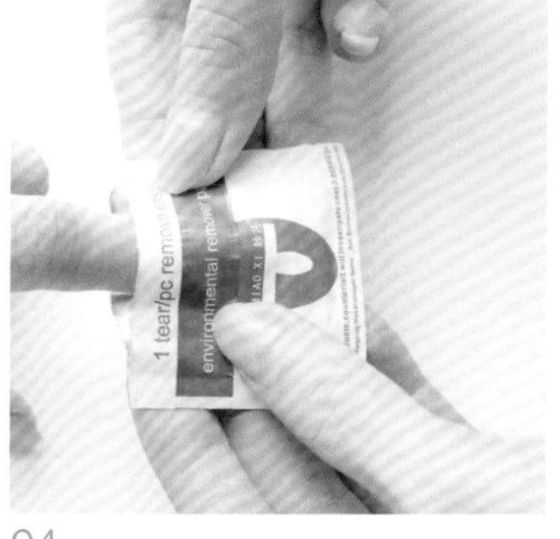

04

使棉片贴在甲面上。

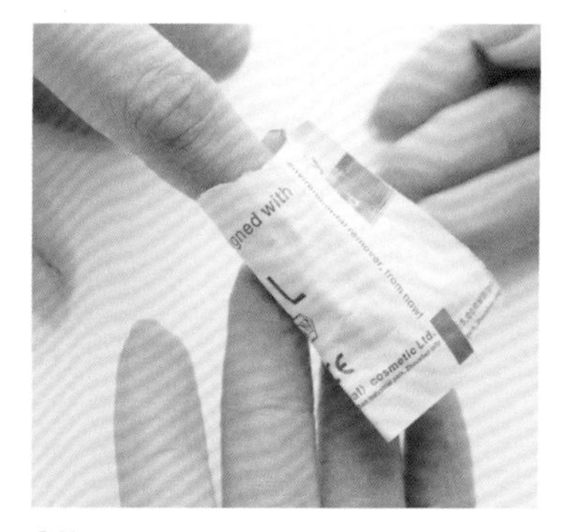

05

将左右两边的黏性贴纸贴紧，等待 15 min。可以用热风机加快化学反应，以加快卸甲速度。

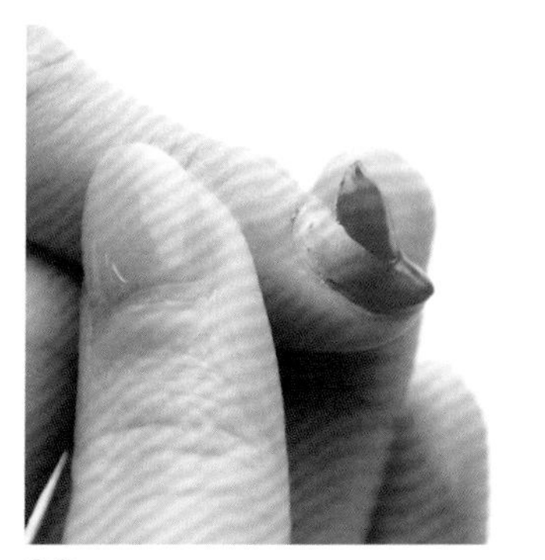

06

光疗材料发生膨胀，将其剥落，使之脱离指甲表面。

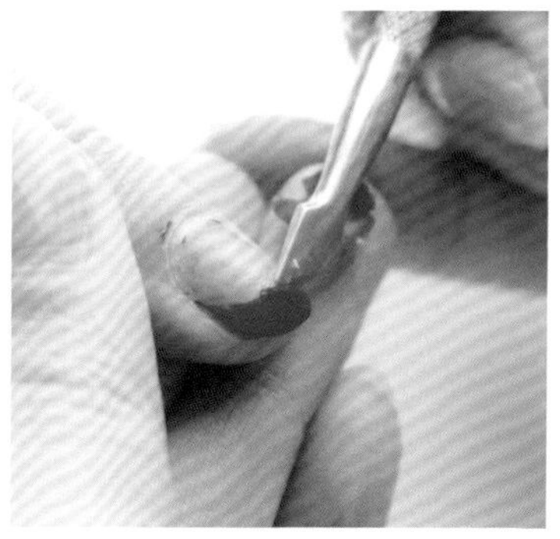

07

用钢推棒轻轻地将剩余的光疗材料推除。注意推的时候力道要轻，否则会损伤甲面。

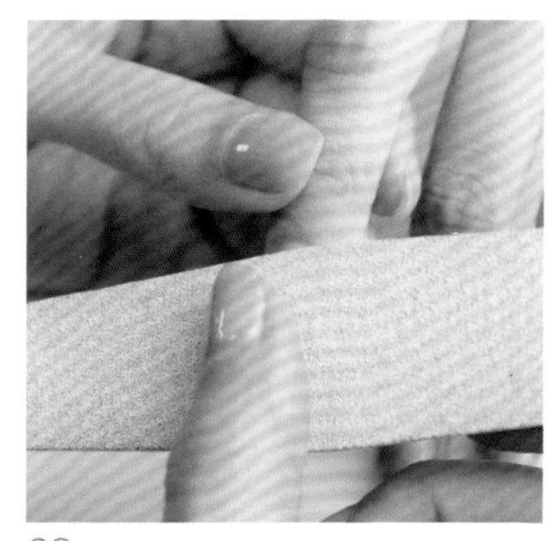

08

用海绵锉轻轻磨去残余的光疗材料。

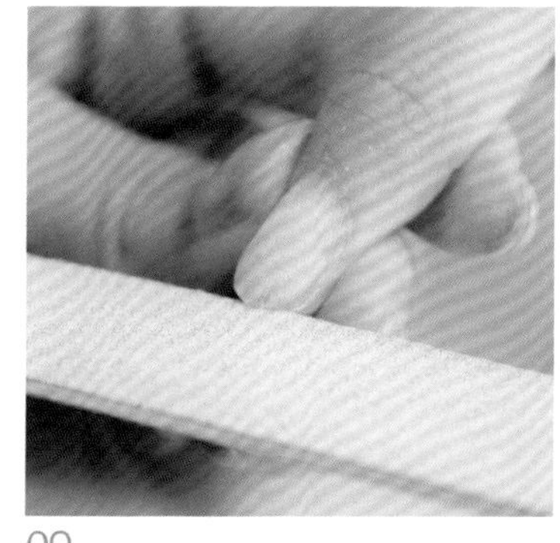

09

用磨砂条打磨、修整甲形。

10

用指皮钳剪去死皮，光疗甲即完美卸除。

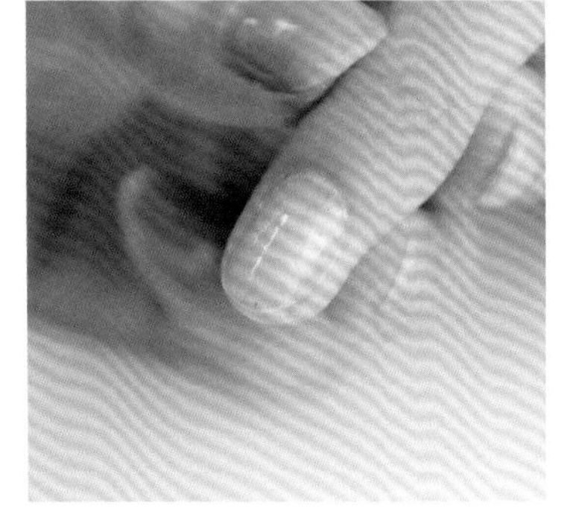

11

在真甲表面涂上一层薄薄的底胶（接合剂）。然后照灯约 30 s 使其固化。上底胶可以抚平刻磨产生的凹凸不平的痕迹。

12

将笔刷倾斜 45°，把笔刷上 1/5 的光疗胶带到指甲后缘处。

13

将刷头轻压在甲面上，推到距指甲后缘 0.5 mm 的位置，轻轻向指甲前缘扫涂，颜色要均匀。

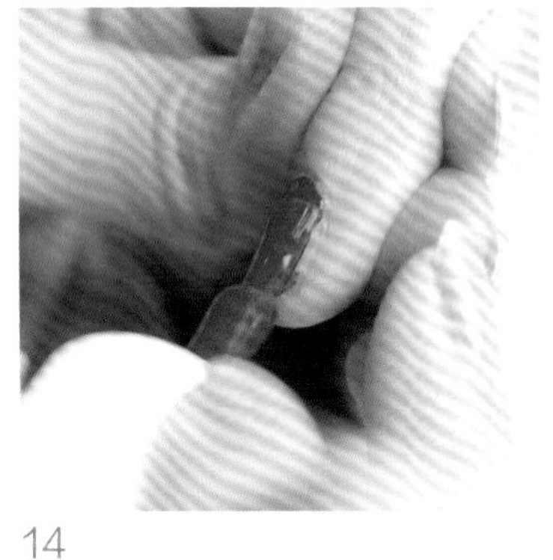

14

往指甲左右两边涂抹光疗胶，最好逐根手指处理，这样比较容易控制。

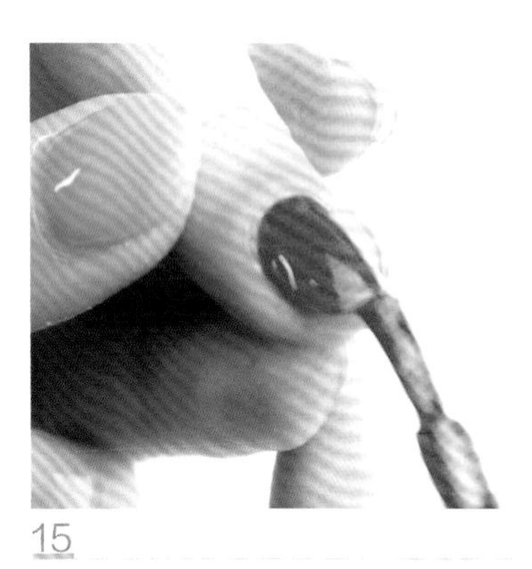

15

在指甲前缘涂抹光疗胶，包边。

16

照灯约 30 s。

17

进行第二次上色，令色泽更加饱满。涂免洗封层。免洗封层的流动性强（偏水性），在涂的时候要注意放缓速度，避免其流向指甲边缘。

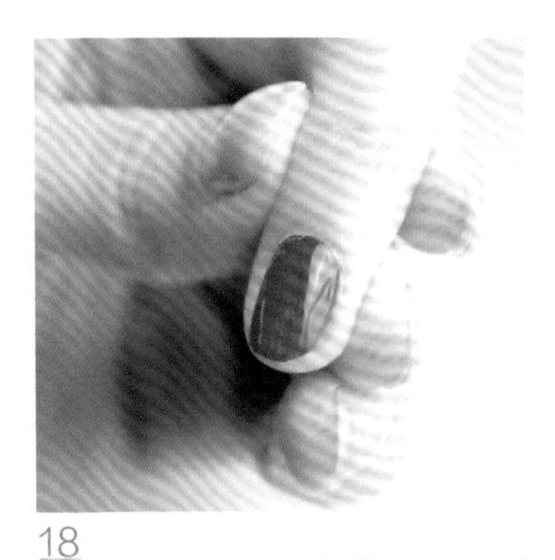

18

照灯约 40 s，完成单色光疗美甲。

3.3.2 光疗硬胶的卸除与单色做法

顾客 40 天前做了光疗美甲。这次再做光疗美甲前，要先卸除顾客的旧光疗美甲。可使用美甲打磨机或海绵锉轻力打磨甲面，以卸除旧光疗美甲。此处采用美甲打磨机操作卸除。

提示

在卸除旧的光疗美甲时，需要先了解旧的光疗美甲的厚度。打磨至接近真甲甲面时必须提高警觉性，切勿过度打磨，令真甲受损。

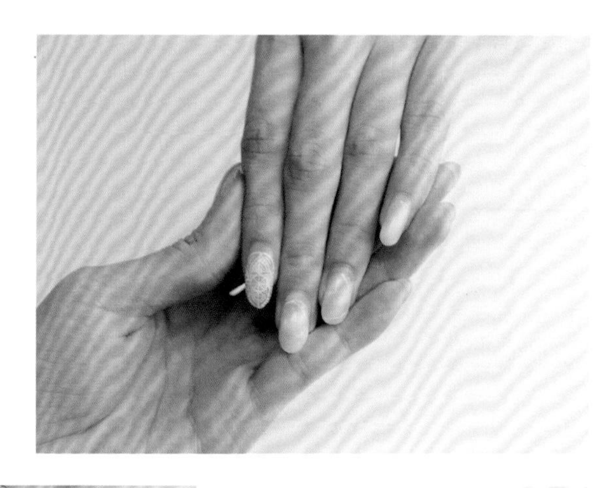

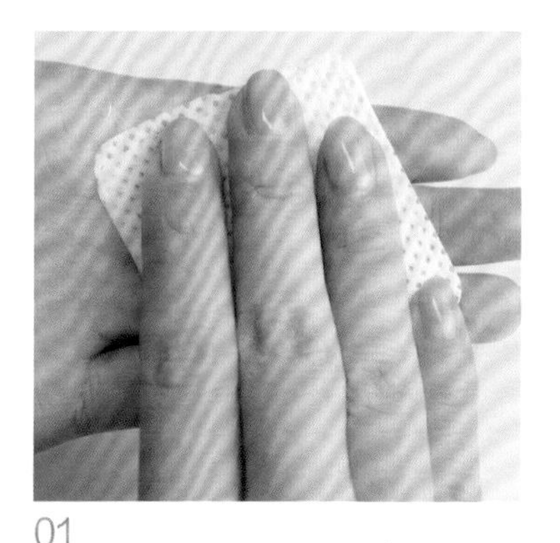

01

用棉片蘸取 75% 的酒精，先为美甲师的双手消毒，再为顾客的双手消毒。

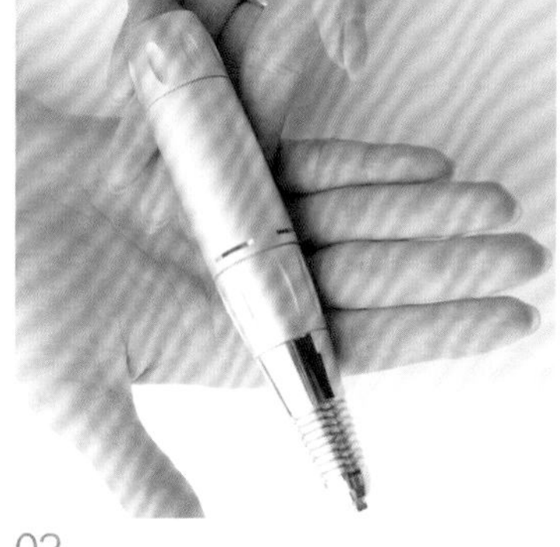

02

右手平放在下，用左手扶稳美甲打磨机的手柄。用右手的拇指和食指压住手柄的磨头装置，向左右转动，直至听到“咔”的一声，向左为开，向右为关。

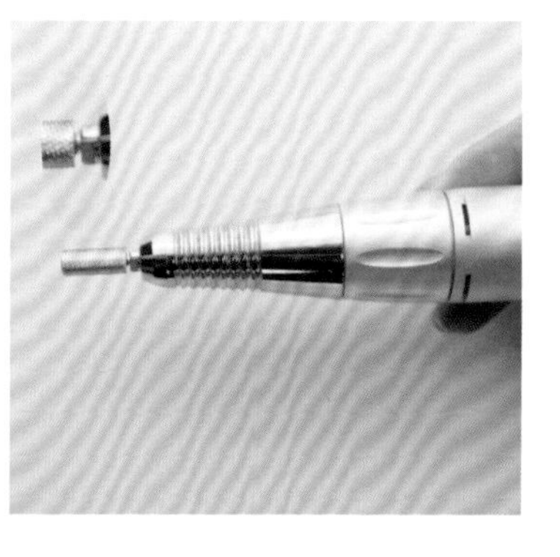

03

装上卸除厚甲专用的金属磨头。磨头与手柄之间最好留出 1~2 mm 的空隙。

04

用类似于握笔的姿势，用右手握住手柄。食指与拇指在手柄上方，以便左右转动磨头；中指在手柄下方，起到支撑的作用。

05

用左手托住右手的小拇指，以保证打磨过程中磨头的稳定。根据操作部位和磨头的转速等调整角度，以起到固定和支撑作用。

提示

还有一种握柄方法，动作与步骤 04 一样，只是将手腕向上提。这样可以方便磨头从不同的角度接触甲面。

06

将打磨机开到中档，即绿色区位。

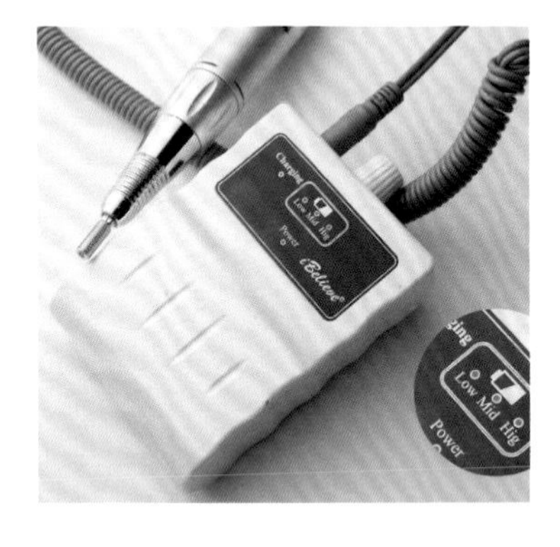

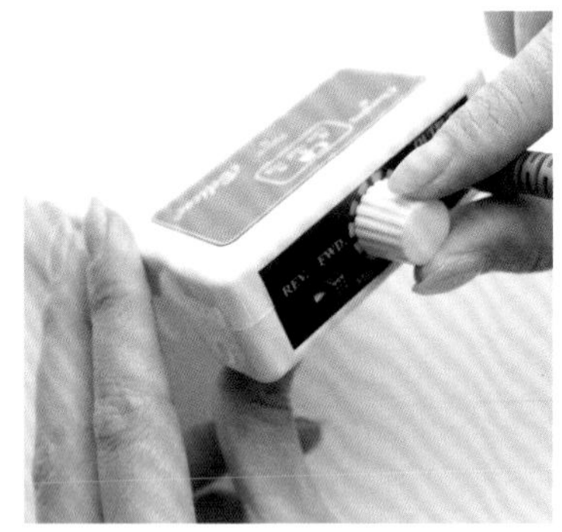

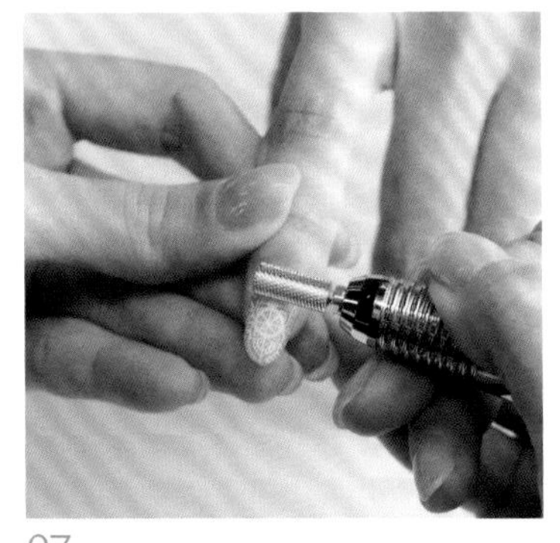

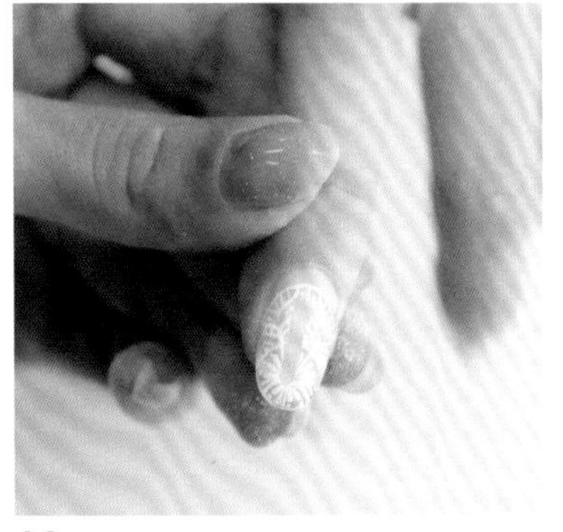

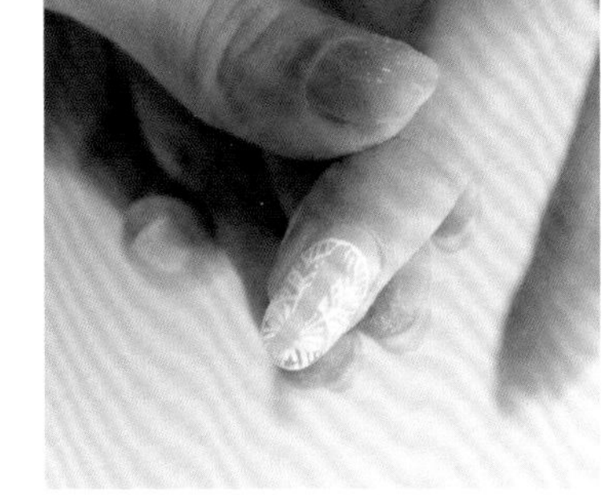

07

用右手握住手柄，用左手固定住顾客的手指。用右手小拇指抵住左手手指，起到平衡的作用。这样打磨面积较大的时候可有较大的活动空间。

08

先对顾客指甲的中间位进行试点打磨，了解指甲需要卸除的厚度。

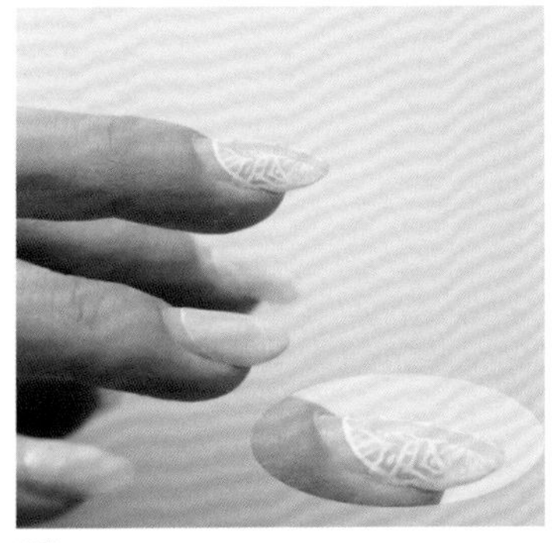

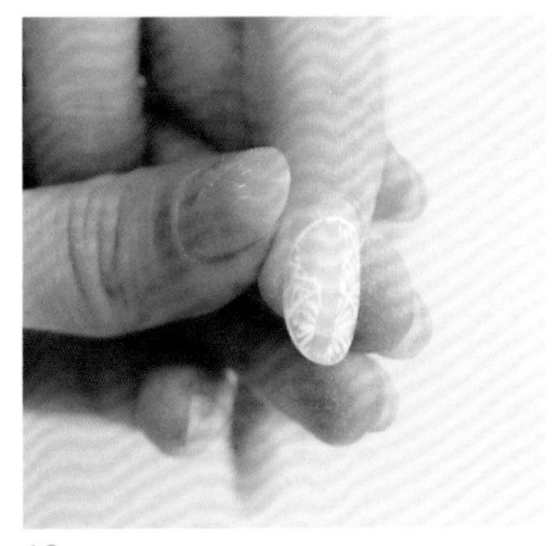

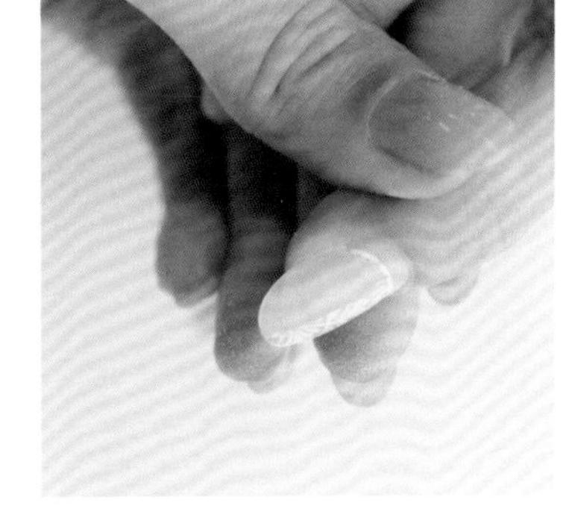

09

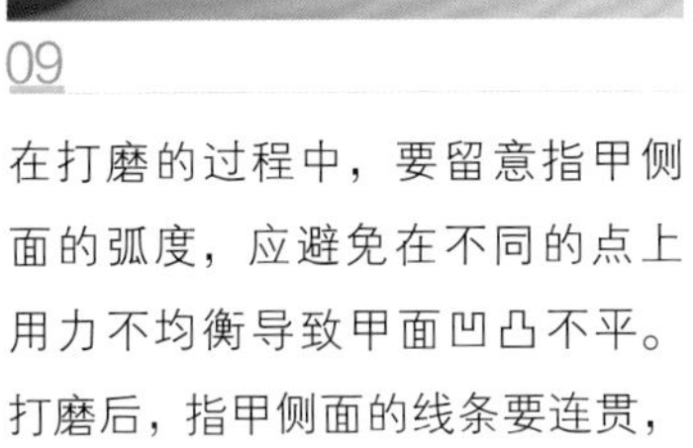

在打磨的过程中，要留意指甲侧面的弧度，应避免在不同的点上用力不均衡导致甲面凹凸不平。打磨后，指甲侧面的线条要连贯，并且呈流畅的弧形。

10

将顾客的手指稍微向右转动，专注打磨指甲的左边，重复连贯的打磨动作。

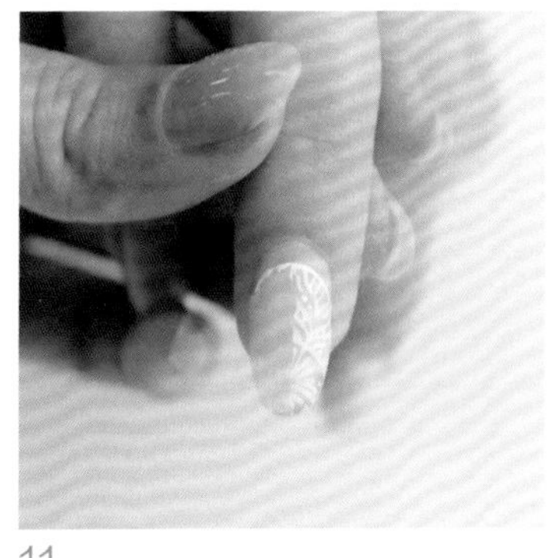

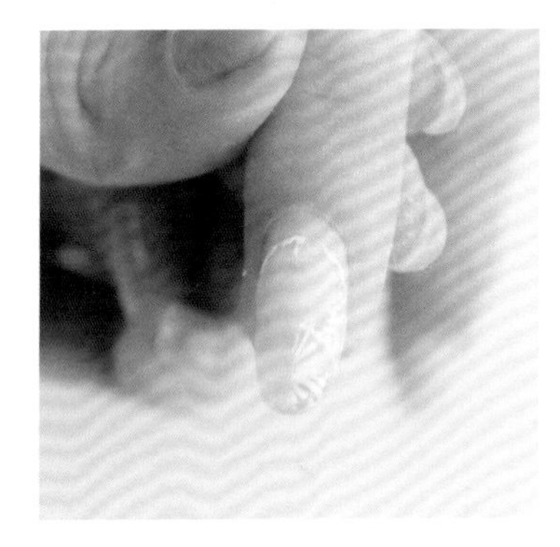

11

将顾客的指甲稍微向左转动，专注打磨指甲的右边，重复连贯的打磨动作。

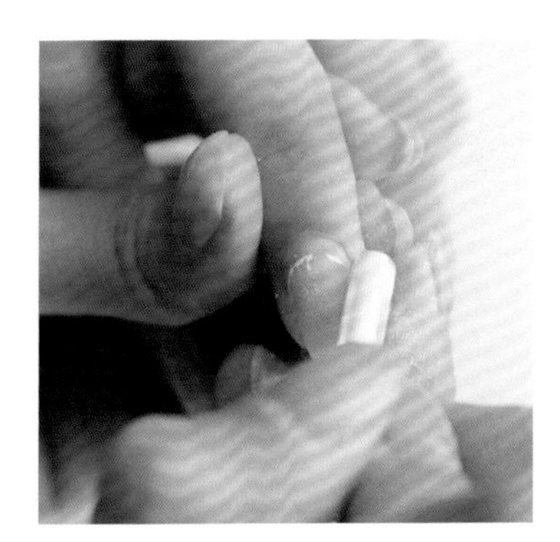

12

打磨掉 80% 的光疗甲后，如果没有起甲或翘甲的情况，则可以保留少许透明光疗胶，以保护真甲。边缘的白色物质要小心处理，最好把打磨机调到最低档（黄色位置）再进行打磨。

13

将指甲两侧的皮肤拉开，将磨头从内向外滑动，将残留的凝胶和水晶粉打磨干净。

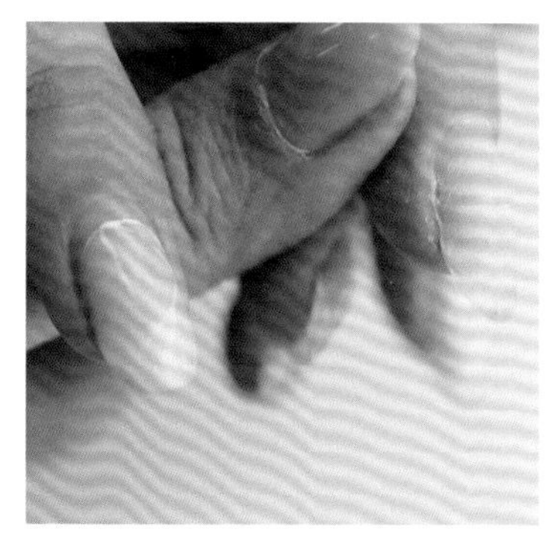

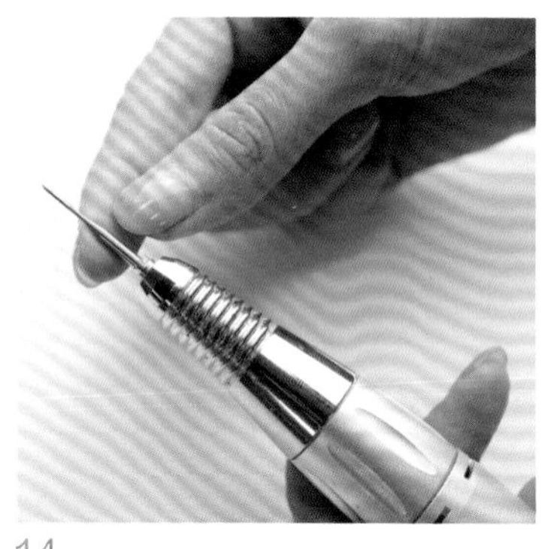

14

在打磨机上装上细长的死皮推磨头，去除死皮。尽可能将细微处的死皮和垃圾清除。美甲师可根据顾客的皮肤状况选用短的推磨头（硬质皮肤使用）或长的推磨头（一般皮肤或是柔嫩皮肤使用，建议初学人员使用）。

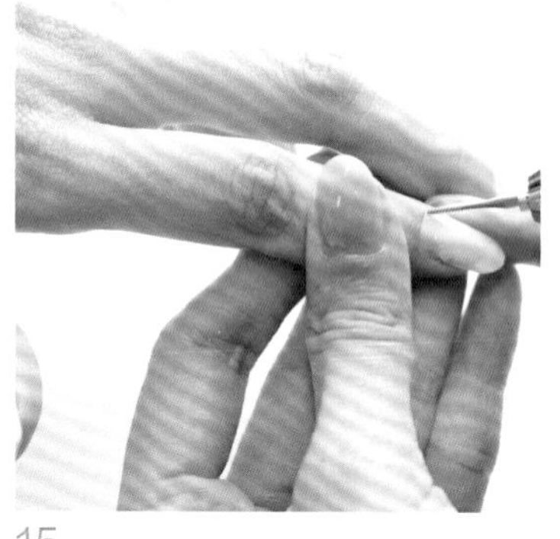

15

拉开指甲周围的皮肤，使磨头和甲面呈 30° 角，从右侧甲沟的前缘开始，向上推动磨头。磨头一直沿着边缘滑动，直至左侧的甲沟前缘。操作左侧甲沟处时，可以使磨头和甲面之间保持30° 角。

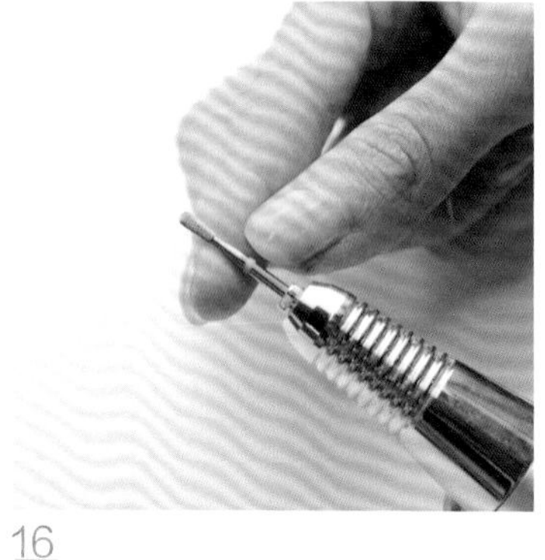

16

在打磨机上装上去角质专用的磨头。

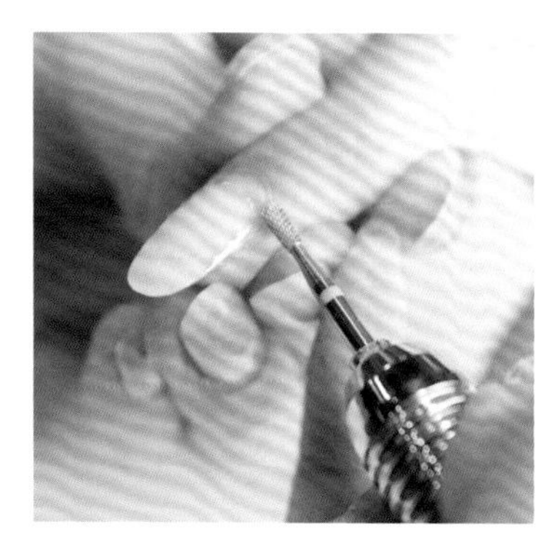

17

拉开右侧甲沟边的皮肤，将磨头轻轻地放在右侧甲沟边的角质皮肤上，从指甲后缘开始，向指尖方向滑动，轻轻地打磨角质。左侧甲沟边的皮肤采用与右侧相同的手法处理。

提示

长指甲：从两侧甲沟前缘分别向指尖中央滑动磨头，将指尖皮肤上的角质去除，使其与左右两侧的皮肤一样光滑。

短指甲：将磨头的前端轻轻地搁在指尖的皮肤上，从右向左滑动打磨。

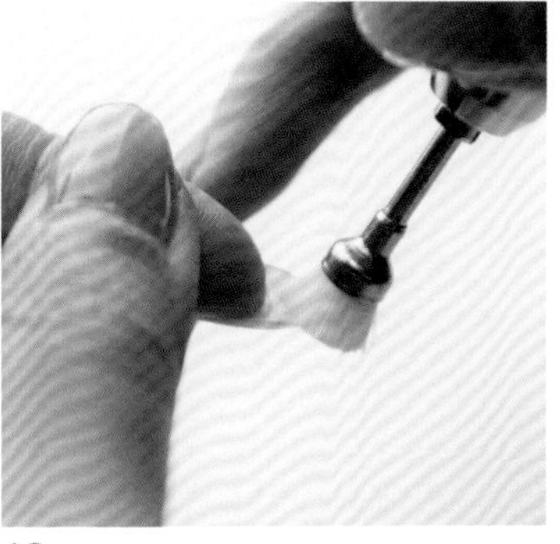

18

在打磨机上装上用于扫除粉末的刷头。

19

将指甲内侧深处的垃圾清扫干净。然后清理指甲表面，顺序是从中间向右侧、从中间向左侧，由指甲后缘向前刷，注意转动刷头的角度。将甲沟边的皮肤拨开，从指尖开始沿指甲边缘清扫死皮。

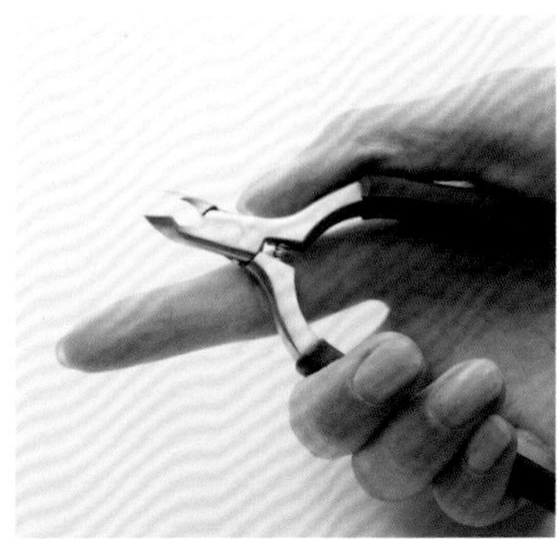

20

将指皮钳平放于掌心，用食指作底部支撑，用拇指控制指皮钳一边的柄，用拇指和食指之外的 3 个手指控制另外一边的柄。使用指皮钳的时候，注意手心向下。

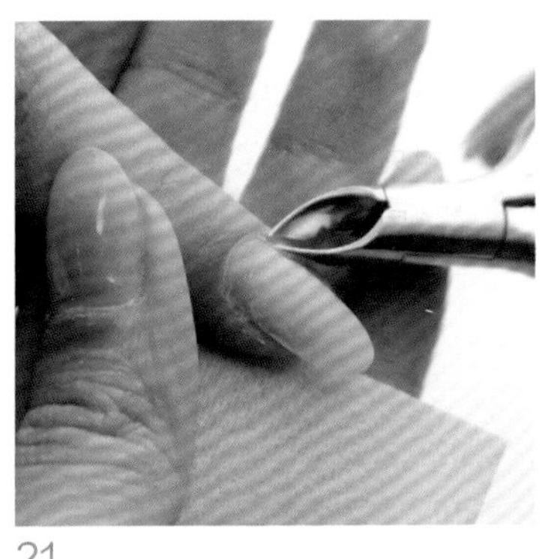
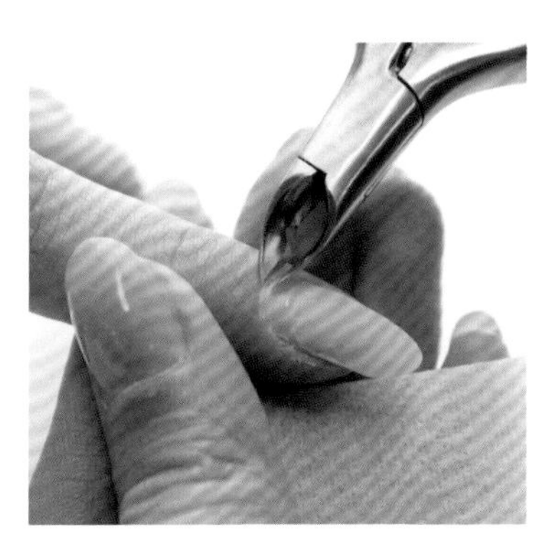
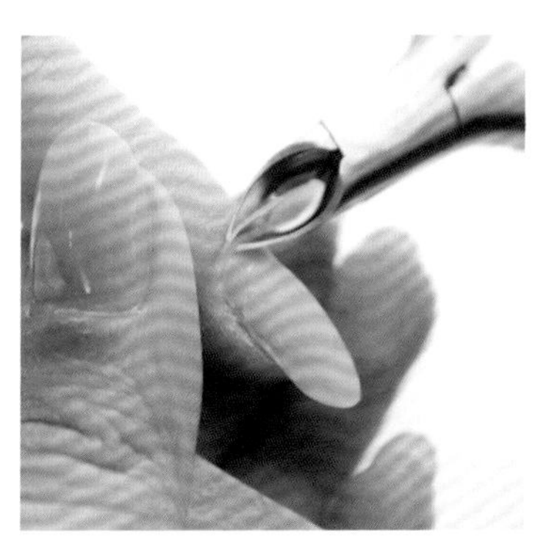

21

小心地去除指甲边缘的死皮，沿着指缘从右边慢慢剪到左边。修剪时要控制好角度，避免指皮钳垂直于皮肤，尽量与指甲或皮肤之间保持 45° 角，切勿施压。

22

剪除的死皮用蘸有酒精的棉布包上，不要乱丢。

23

对比修剪前后的指甲：右边是修剪后的指甲，甲面干净了很多，甲形也更加修长。

24

选择 180 目（左）、150 目（中）和 100 目（右）的砂圈，备用。砂圈常接触真甲甲面，使用前需消毒。

25

卸除美甲后，指甲表面不会太厚。选择 180 目砂圈，将其装到打磨机上。刻磨时不要施压，磨头的转速也不要调得过快。

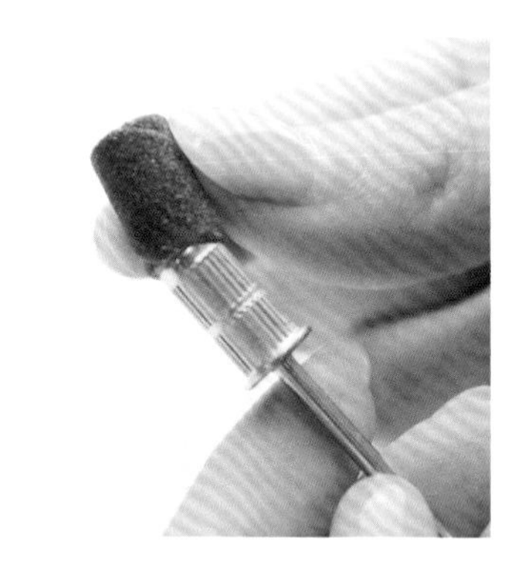

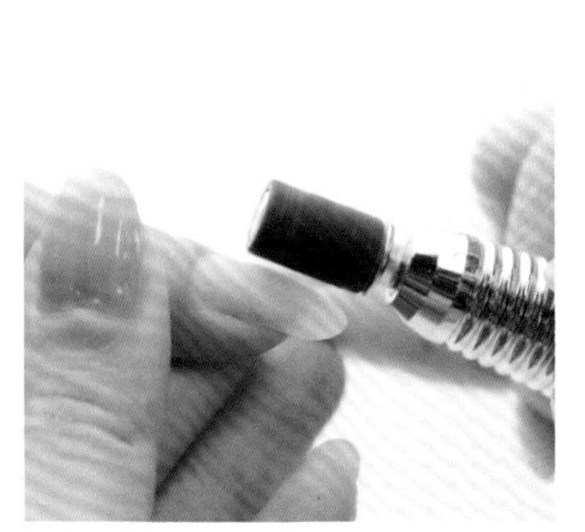

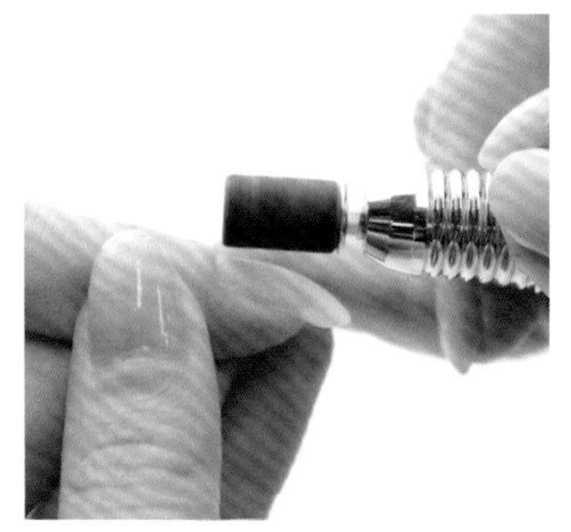

26

将砂圈平放于甲面上，由指甲前缘向后缘横向打磨。处理边缘位置时，砂圈一定要倾斜 45° 角。

27

用尘扫刷扫走所有粉末。切勿徒手去擦甲面上的灰尘及粉末。

28

将装有干燥剂的瓶子放于左手掌心并握稳，用右手旋开瓶盖，用笔刷将干燥剂涂抹于指甲表面。注意，干燥剂不要涂得过多。

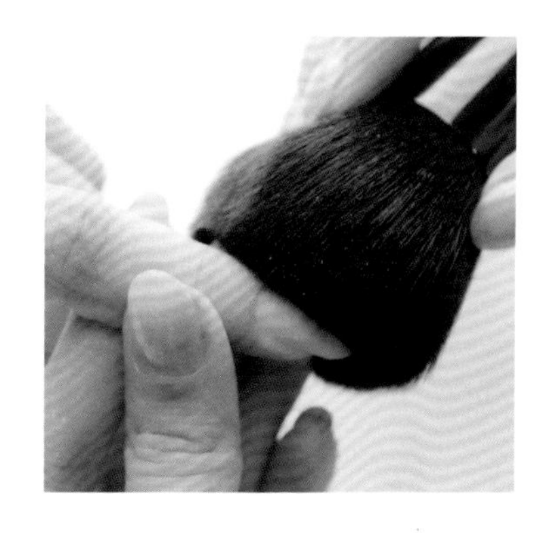

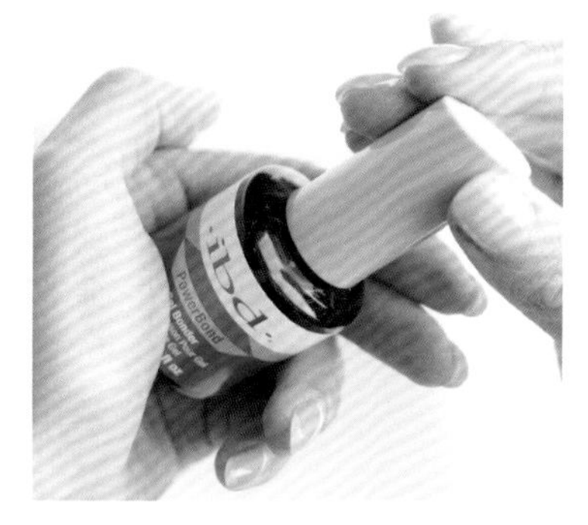

29

在甲面上涂一层接合剂，然后照灯 40~50 s。

30

用三点式握法握住笔刷：拇指与食指握笔，中指在下方起到支撑的作用。

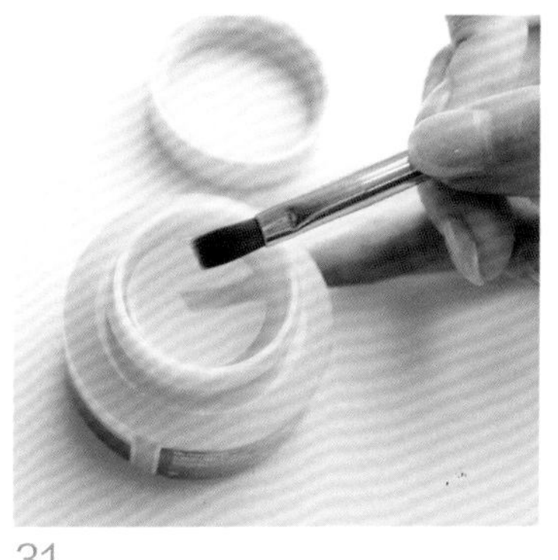

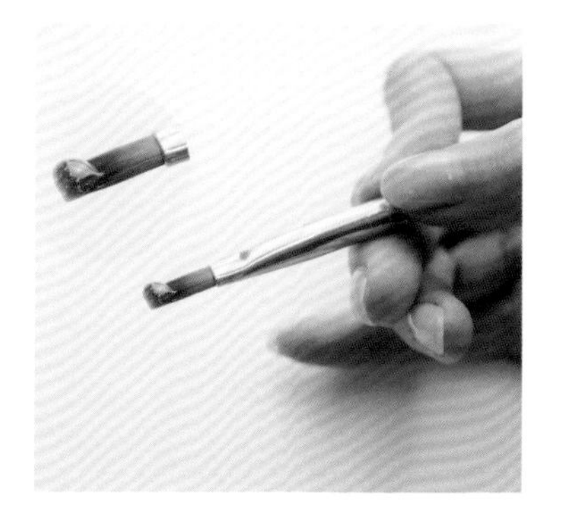

31

用笔刷蘸取透明光疗胶，蘸取的分量依照指甲的长度及大小而定。笔刷背面尽量不要沾上光疗胶，以提高下笔的精准度。

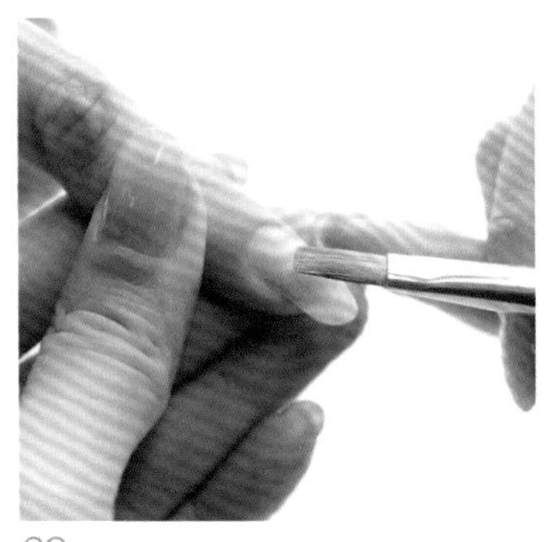

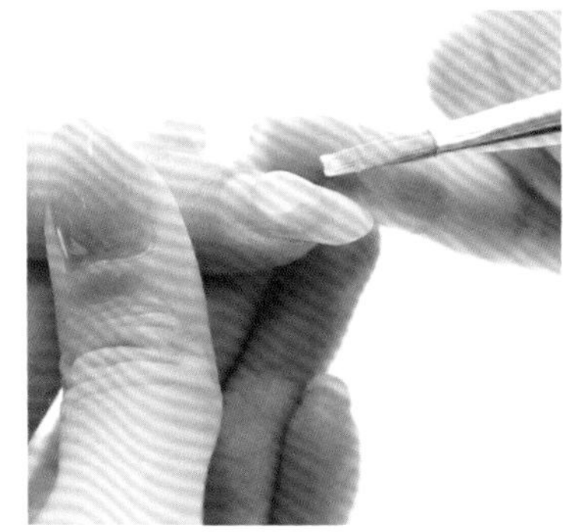

32

将光疗胶抹到指甲的中间位置。

33

将笔刷倾斜 45° ，涂抹 1/5 的光疗胶到指甲左后缘。用笔尖轻力向下扫，使光疗胶均匀地覆盖整片指甲，然后照灯约 30 s。逐根手指处理比较容易控制。

34

用笔刷收一下指甲边的光疗胶。指甲边不可以太厚，以免影响美观。

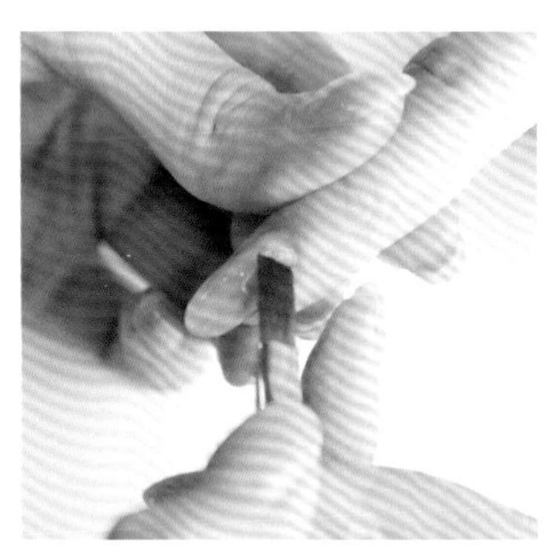

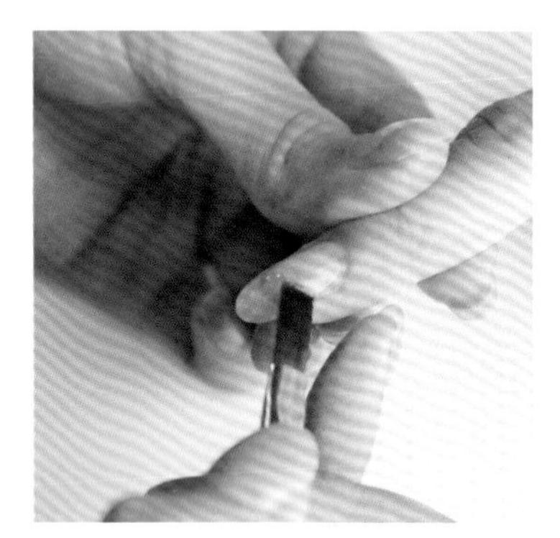

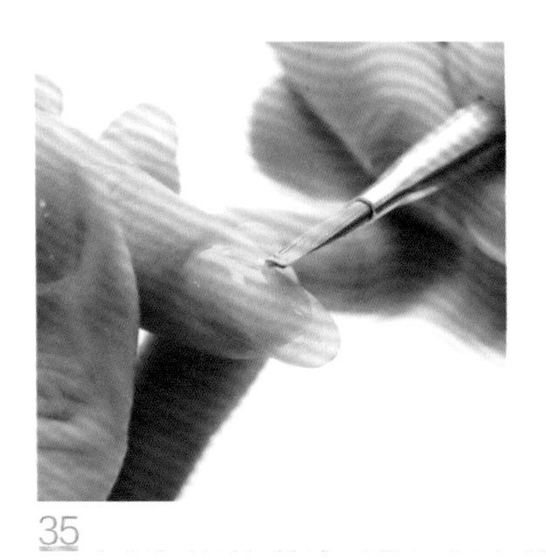

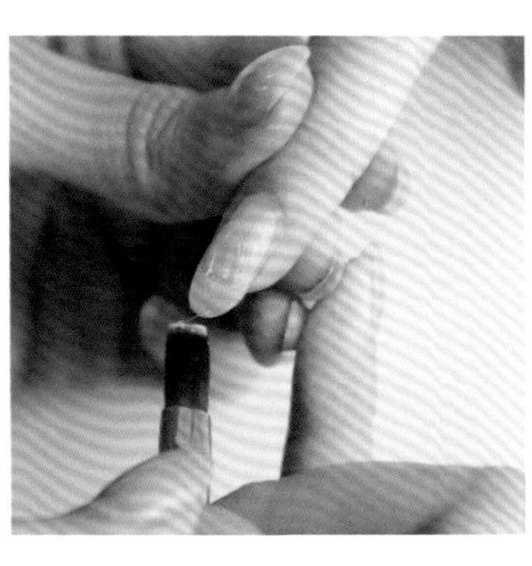

35

复检一次。用笔刷蘸取面层啫喱，将其涂于指甲表面，量不可太多或太少。

提示

指甲的厚度要依据指甲的长度来定。为了保护指甲，越长的指甲需要的弧度和厚度就越大。在涂抹光疗胶时，切记不要用力向下压，否则会令甲面凹凸不平，甚至使光疗胶被挤压到指甲两侧。

36

观察光疗胶是否分布均匀，确定达到理想的指甲厚度后便可照灯固化。

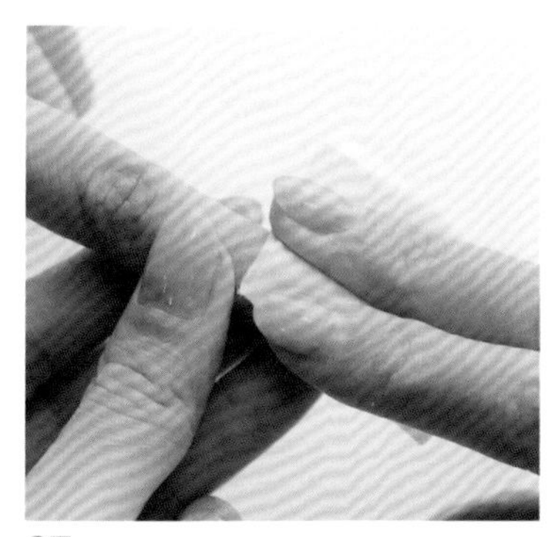

37

用美甲清洁啫喱或95% 的酒精棉片轻抹甲片，以去除甲面的浮尘与黏力。由外而内，先两边、后中间，以此方式进行擦拭。

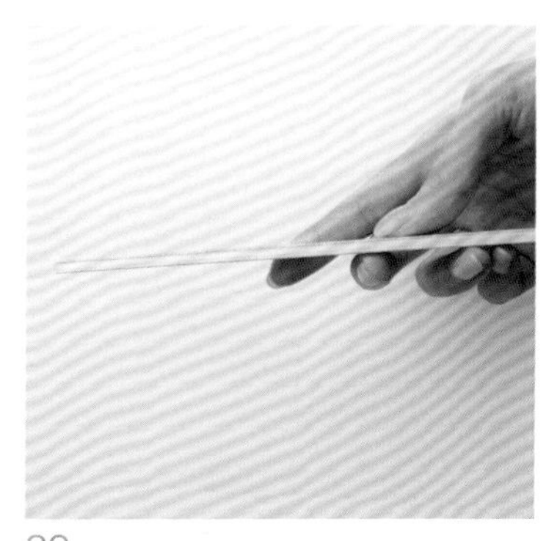

38

选择合适的磨砂条。

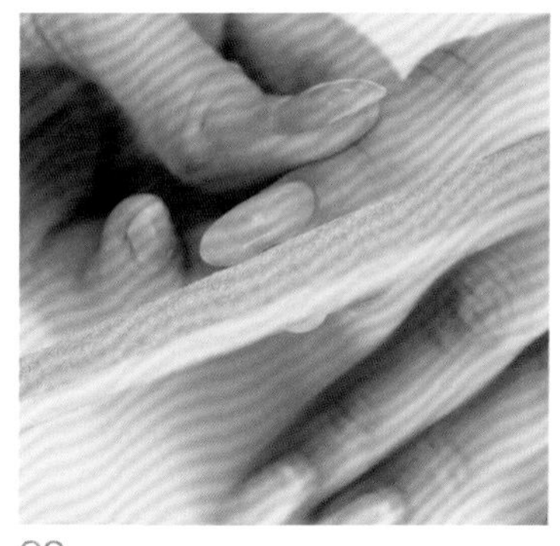

39

用磨砂条将指甲的两侧打磨平直。

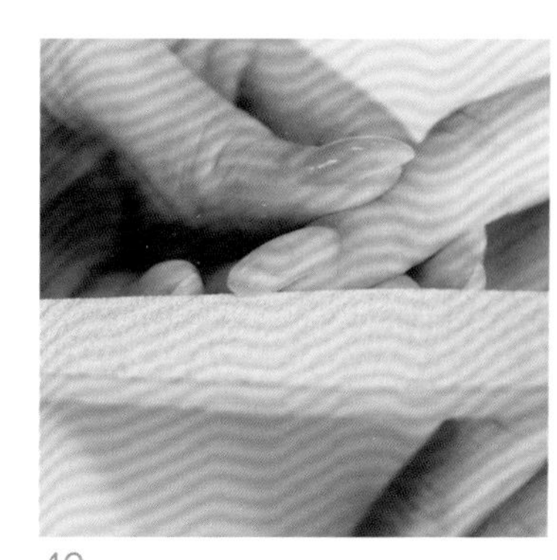

40

将指甲前缘两侧的直角磨掉。

41

去角后，从边角往中心磨成弧形（转弯），注意两侧要对称。

42

使磨砂条与指甲内侧呈 15° 角，轻磨，以打薄指甲，并处理光疗胶外扩的情况。

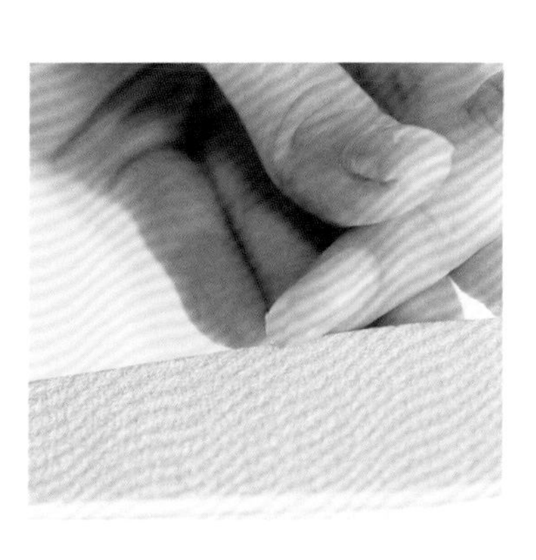

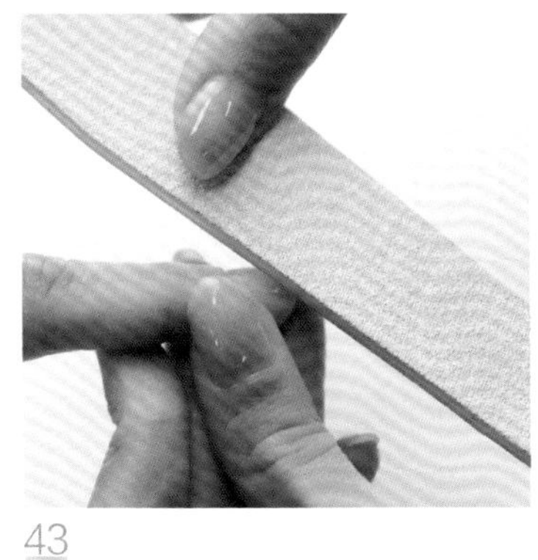
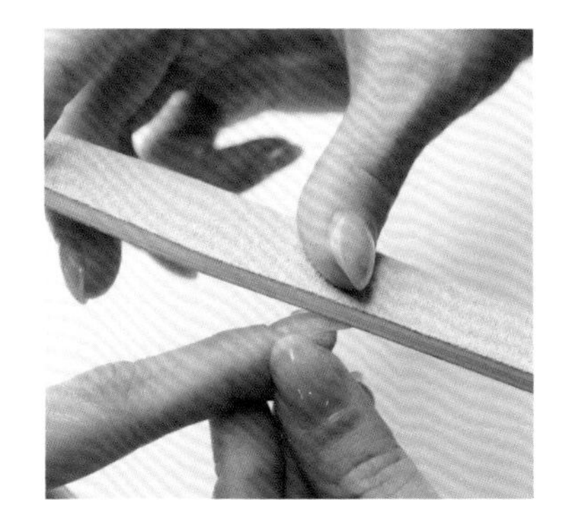
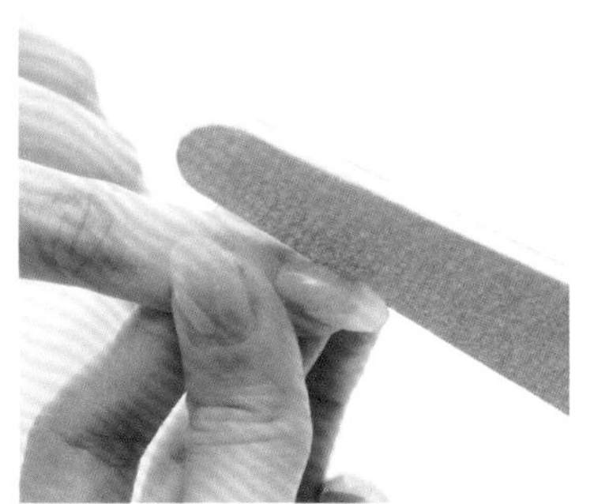

43

按照“左侧面→正面→右侧面”的顺序，调整指甲整体的厚度。

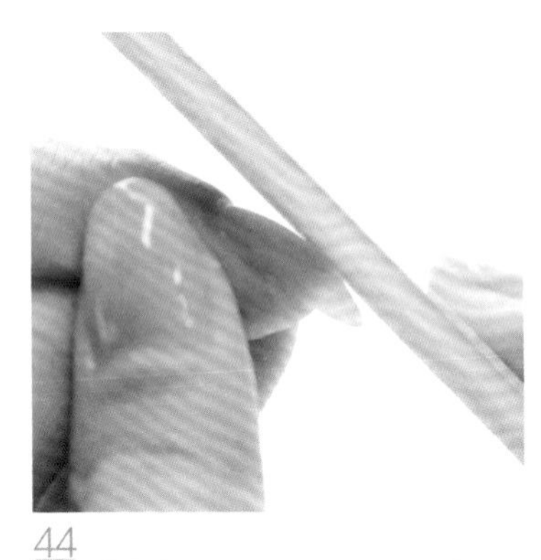

44

正面处理甲面，塑造指甲的弧度。

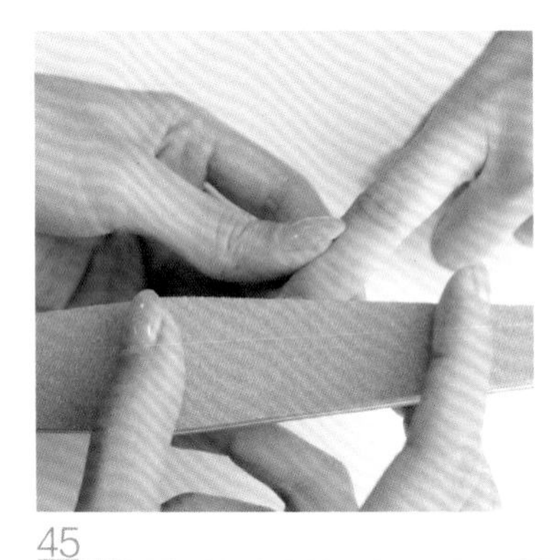

45

用抛光海绵打磨甲面和指甲边缘。

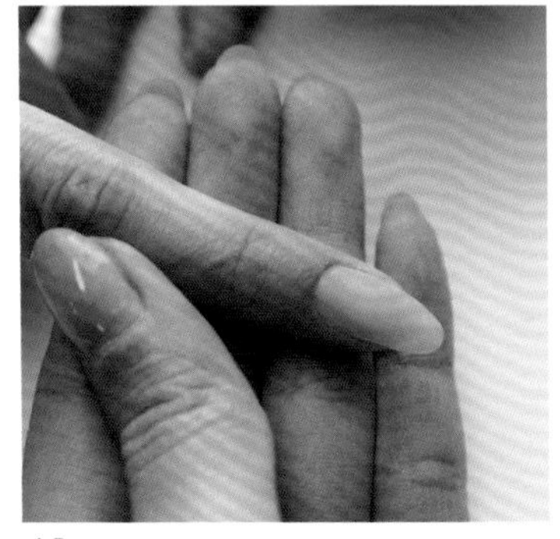

46

检查甲面。此时甲面呈亚光状态，色胶更容易附着，同时也能减弱色胶的流动性（缩胶现象）。

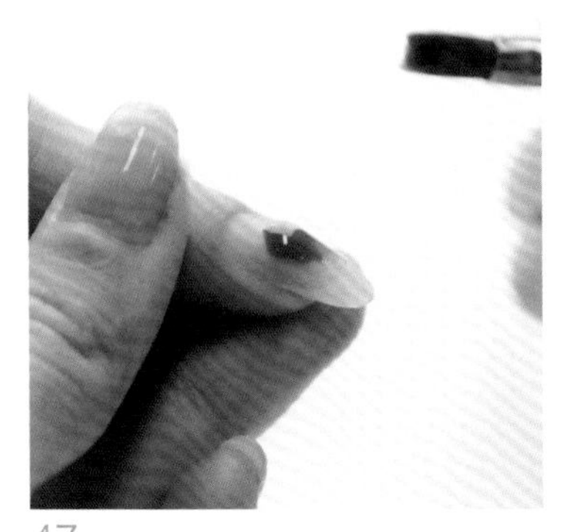
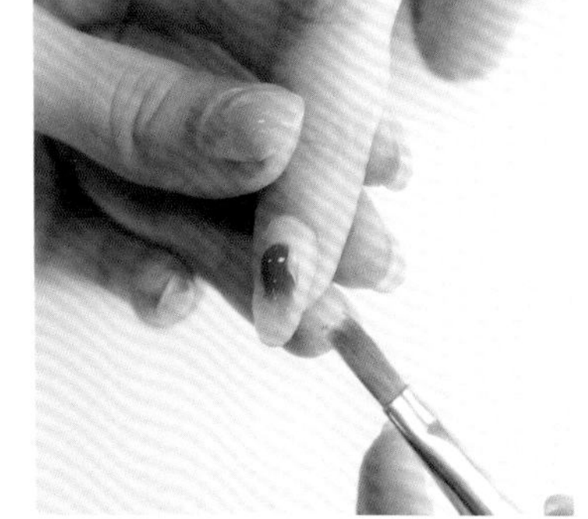

47

用笔刷蘸取适量色胶，将其抹到指甲的中间位置。

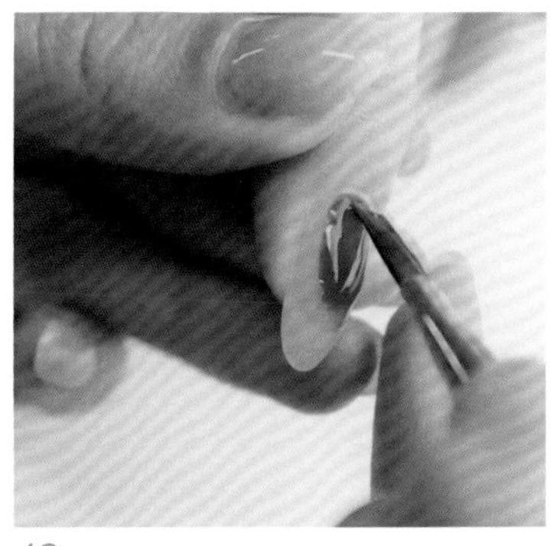

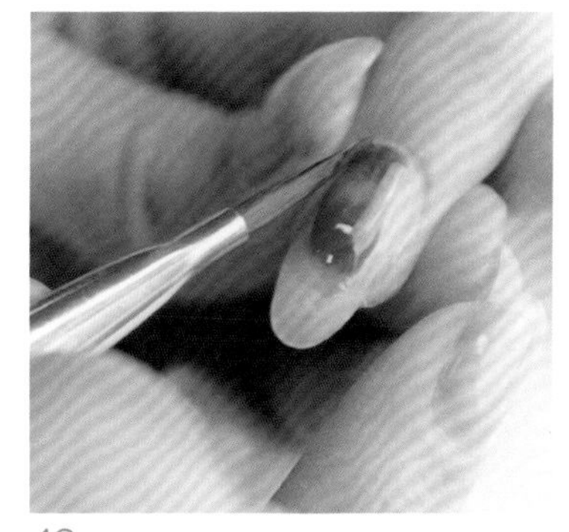

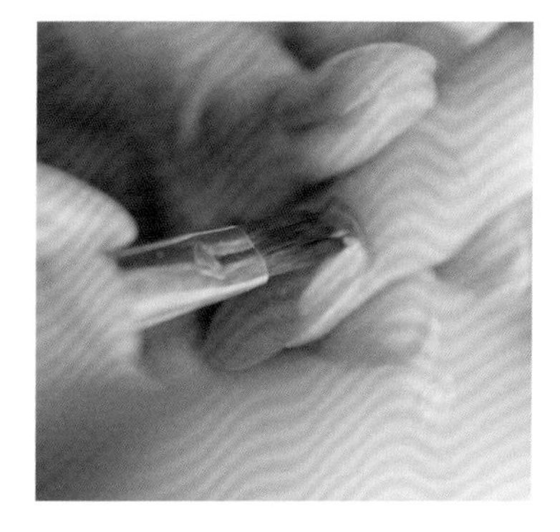

48

将笔刷倾斜 45°，把 1/5 的色胶往指甲后缘左侧扫。把刷头轻压在甲面上，推到距离指甲后缘 0.5 mm 的位置，用笔尖轻轻向下扫，使颜色均匀。

49

从后缘开始向左右两边涂抹，涂满甲面，使颜色均匀。颜色不均匀之处用笔刷填补。

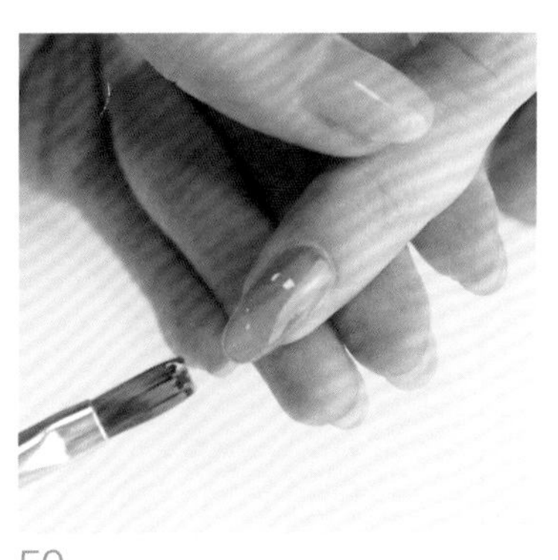

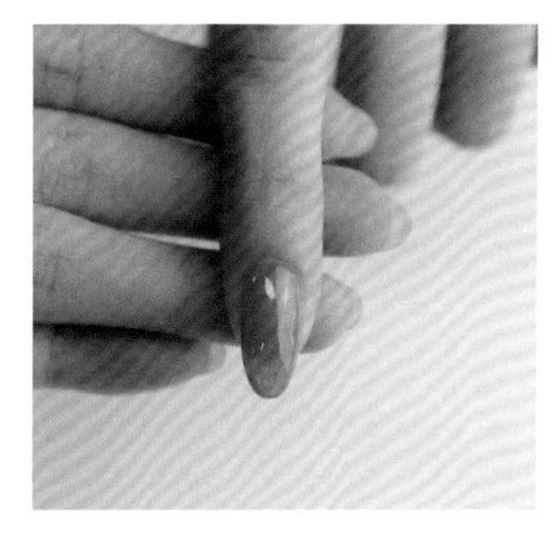

50

再次检查甲面，留意光线反射，观察甲面的弧度是否流畅。

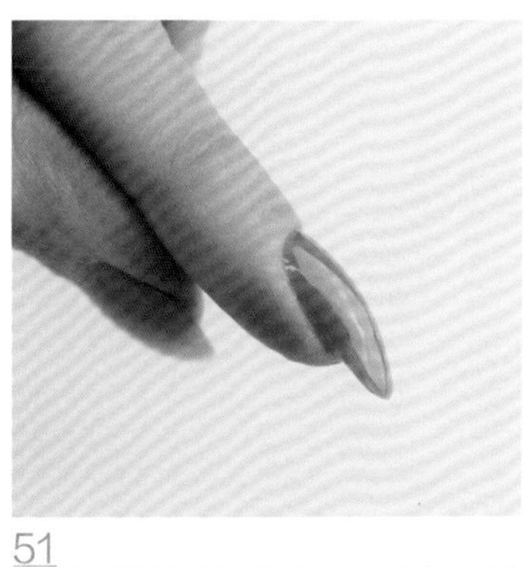

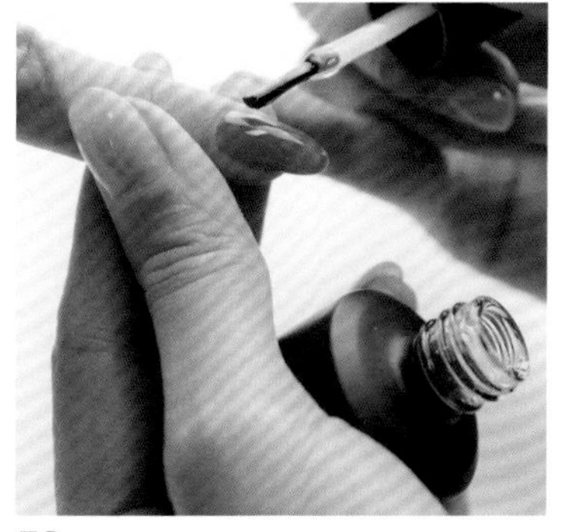

51

照灯约 30 s 后，进行第二次上色，令色泽更亮丽。

52

涂抹免洗封层，注意包边。

53

照灯约40 s。

54

用摩擦力最小的磨砂条（以免磨掉颜色）修整指甲边缘。

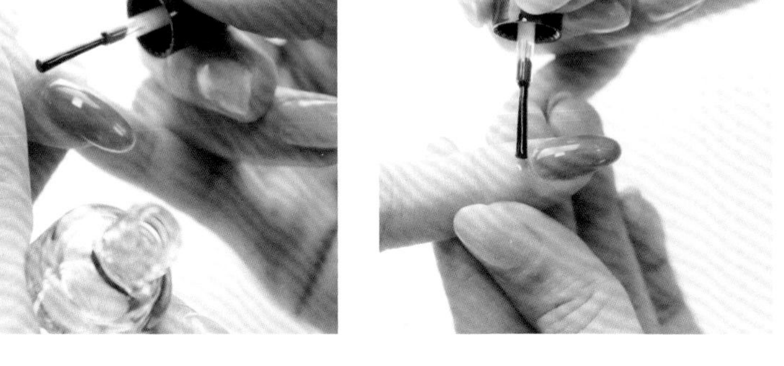

55

涂上指缘油。先涂指甲后缘，再涂两侧。

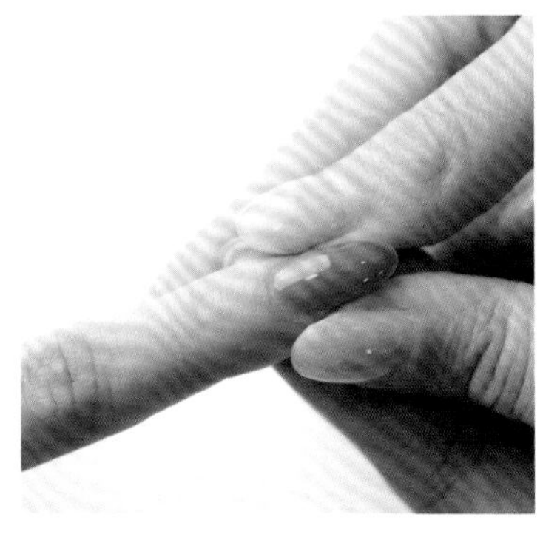

56

按摩指缘，直至指缘油被吸收。

57

观察完成后的效果，确认甲面干净、无残留。

3.4 脚部基础美甲

夏天是穿露趾鞋的季节，干净、美丽的双脚会给人加分不少，脚部美甲是爱美人士的必然选择。

3.4.1 脚部前置处理及清洁

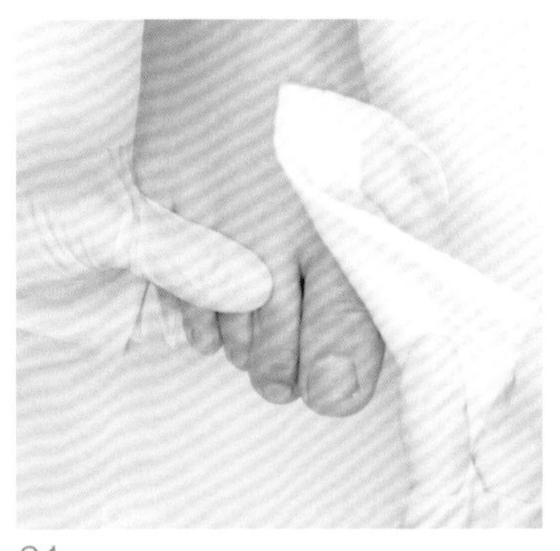

01

将顾客的双脚浸入消毒水中，浸泡 3~5 min。然后用毛巾将顾客的双脚抹干。

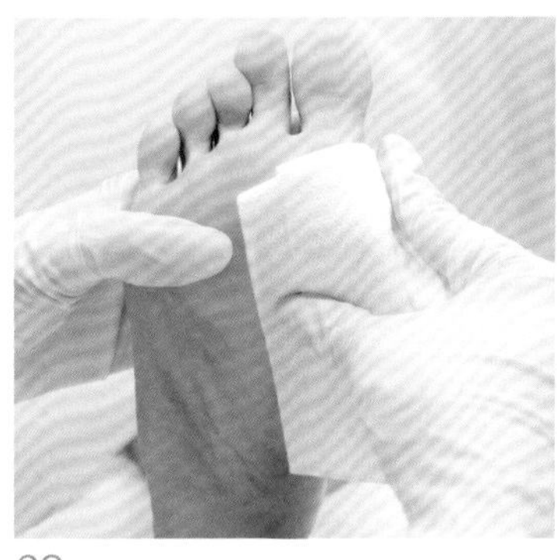

02

美甲师用 75% 的酒精给双手消毒，并戴上手套。待顾客的双脚干透后，检查脚底板和脚趾，辨认厚茧部位，并确认脚部是否有其他问题。

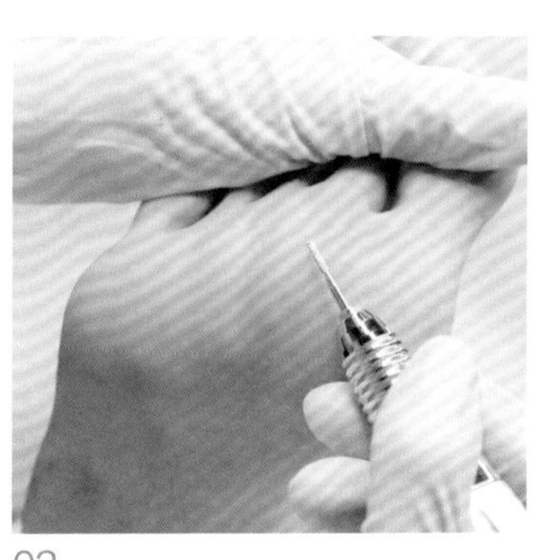

03

用电动钻头或砂圈以轻挖的方式将坚硬的角质层去除。每去除一层角质，需要触摸那个部位的皮肤，感受其状况，再继续操作。

04

为电动打磨机套上硅胶圆头(粗粒)。

提示

用电动打磨机去除厚茧，既可节省时间与体力，又可减缓脚茧生长的速度。对于碎裂的、非常干燥的皮层，用电动打磨机修理会比人手操作效果更好。

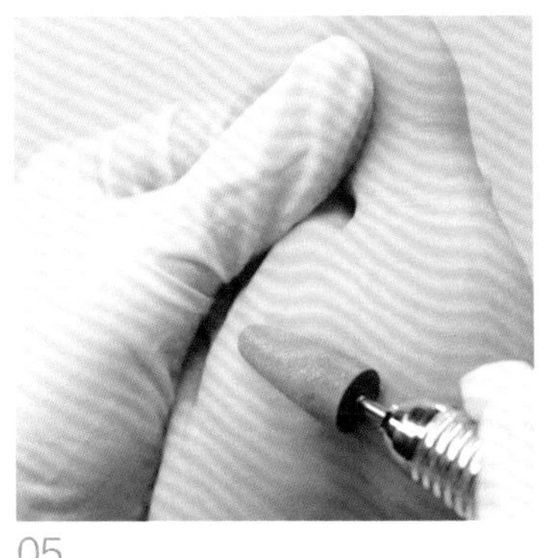

05

用硅胶圆头对足底整体进行打磨，直至足底皮肤变得平滑。

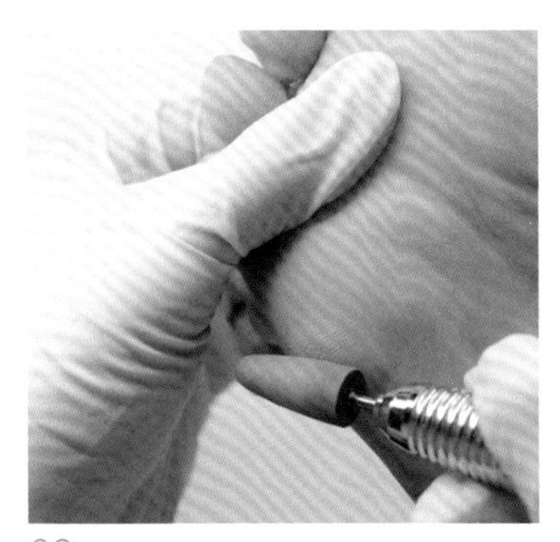

06

用硅胶圆头打磨足底侧面和脚趾，以及海绵锉无法操作到的柔软部位和细微部位。

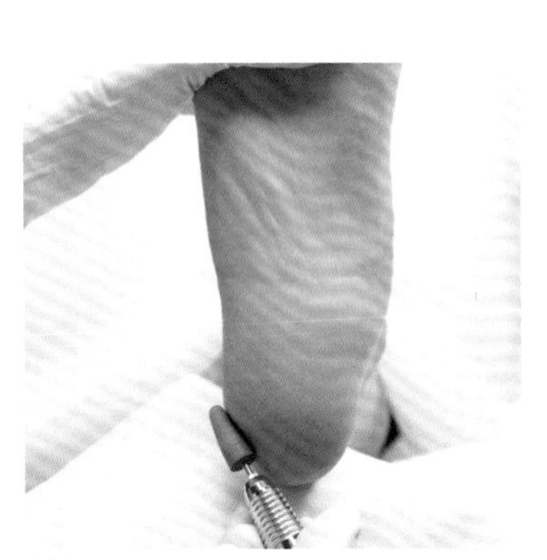

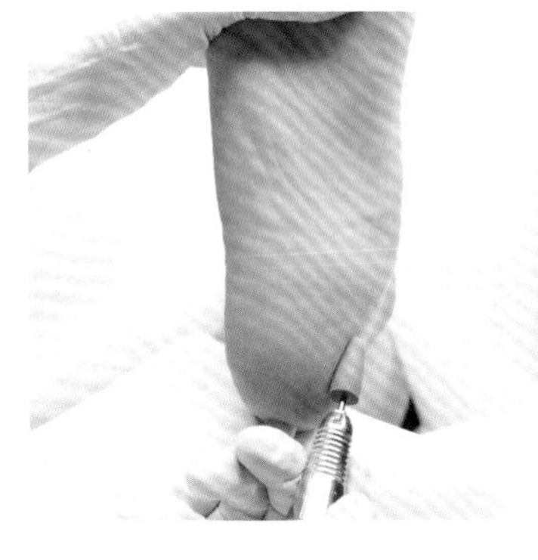

07

用硅胶圆头仔细打磨脚后跟的死皮。

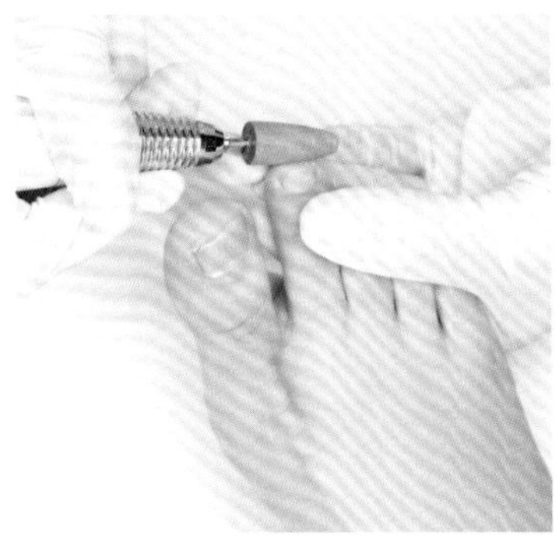

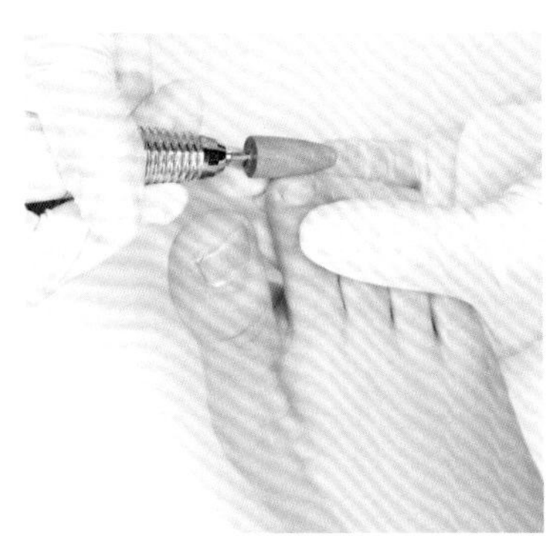

08

用硅胶圆头继续打磨脚趾。

09

用钢推棒把死皮向上推除，令甲面显得更修长。

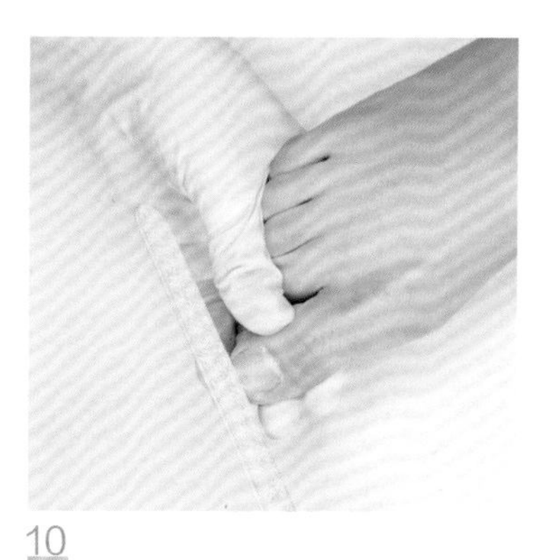

10

用磨砂条将指甲前缘打磨平直。

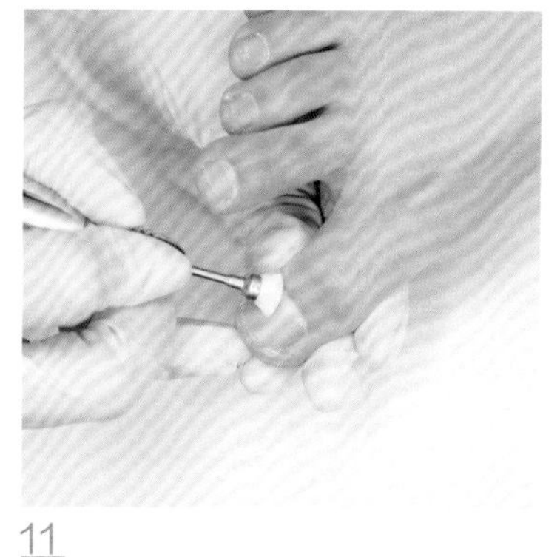

11

用装有扫头的打磨机扫走所有粉末，切勿用手清理甲面。从中间分别向左右两侧清扫，从后往前清扫。注意，一边清扫一边转动扫头，将指甲沟边的皮肤拨开，沿着甲沟向皮肤处清扫。

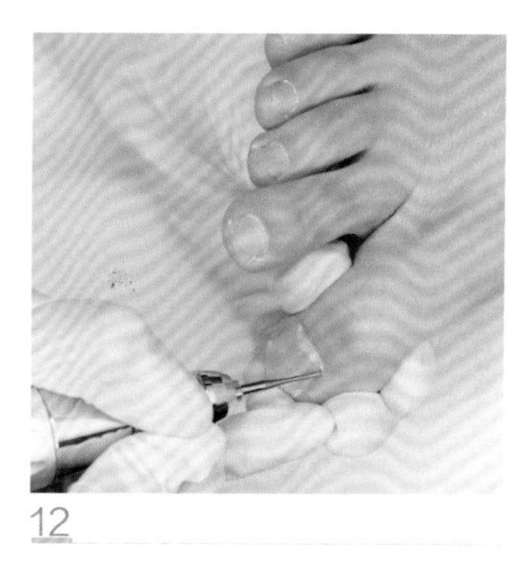

12

用细长的死皮推磨头去除死皮。尽可能地将磨头伸入细微处，将死皮和垃圾清除。

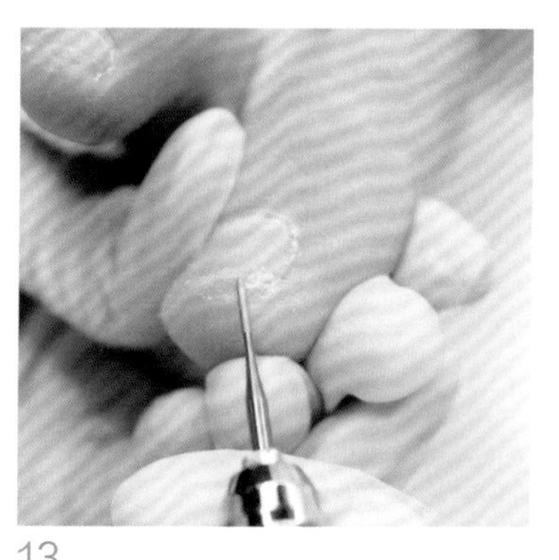

13

将磨头放在右侧甲沟边的角质皮肤上，适当地推压外皮。

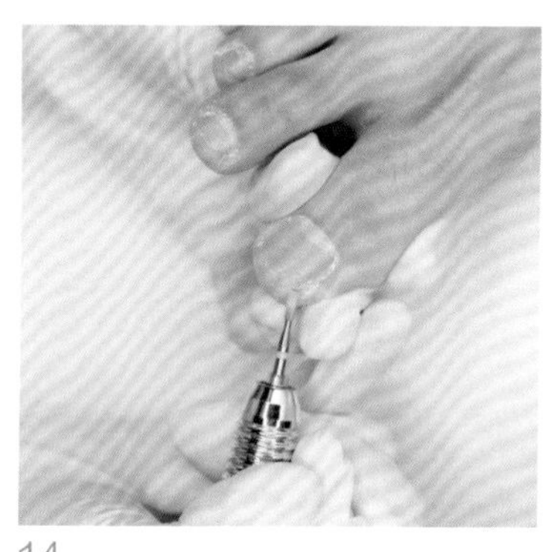

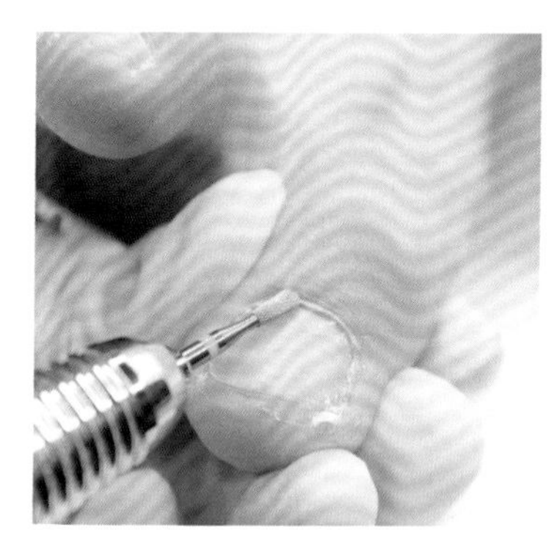

14

在打磨机上装上去角质专用的磨头，打磨指甲边缘皮肤上的角质。

15

用指皮钳小心地去除指甲边缘和角落里的死皮。修剪时要控制好角度，不要让指皮钳与皮肤垂直。

16

用外皮压磨器适当地推压外皮，并用指皮钳修剪多余的外皮。

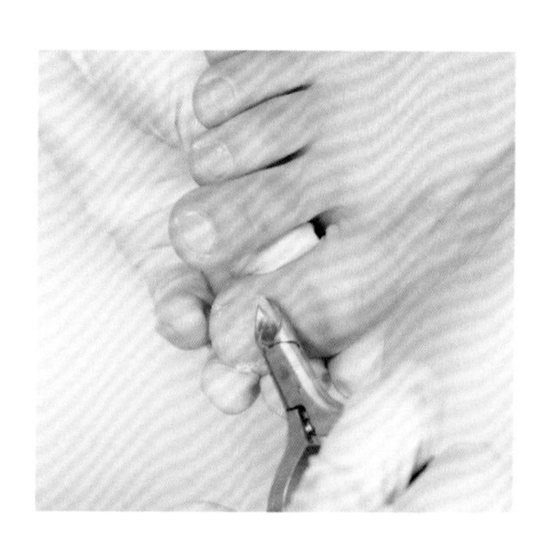

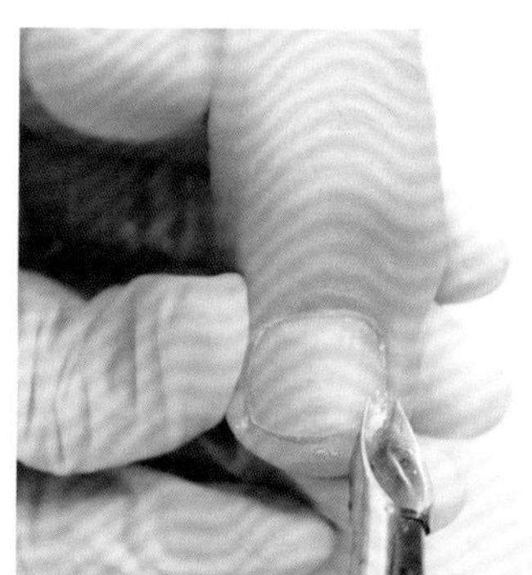

17

用桔木棒蘸取少量的水，湿润后用棉布包裹，制作成棉棒。注意使其表面光滑。

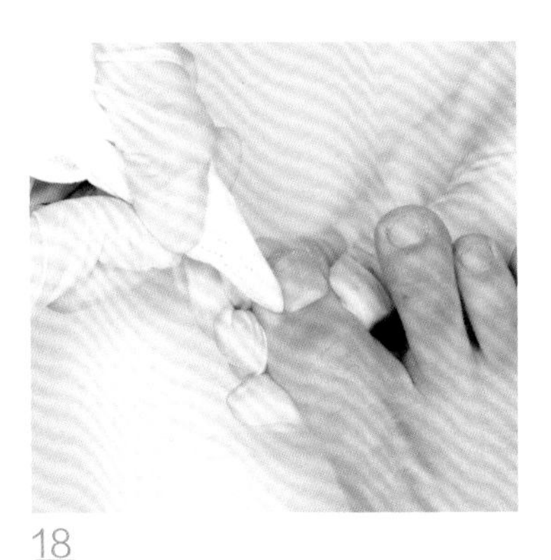

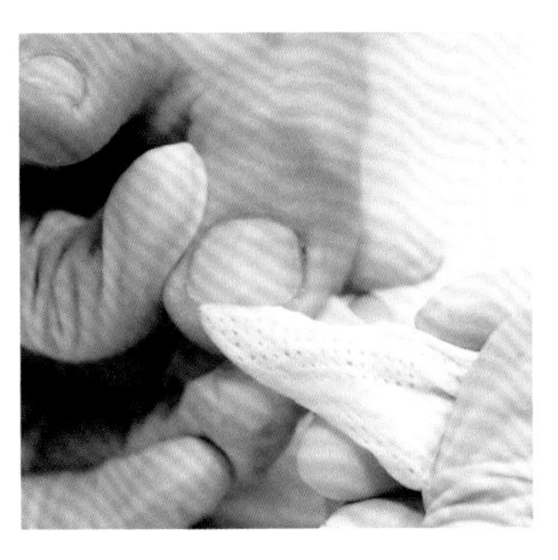

18

用制作好的棉棒擦净指甲后缘、两侧及指尖。

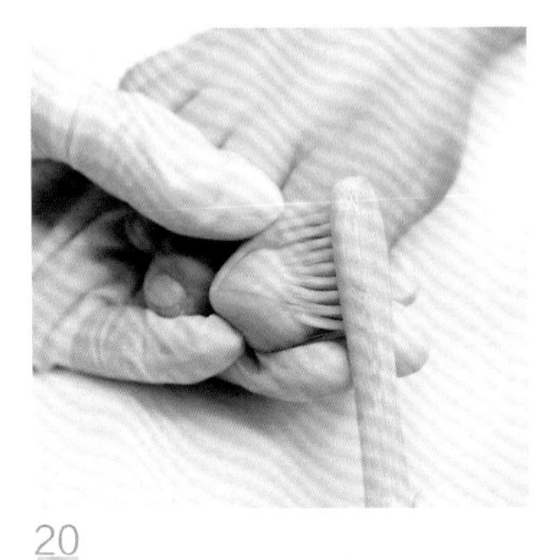

19

用抛光海绵快速抛光指甲表面。

20

用毛质短硬的毛刷将指甲表面清理干净。

21

用温热的湿毛巾抹净脚趾。

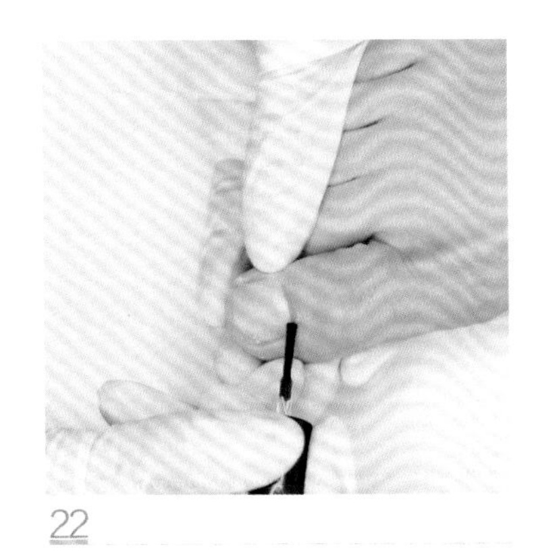

22

在指甲边缘涂上指缘油。先涂指甲后缘，再涂两侧。

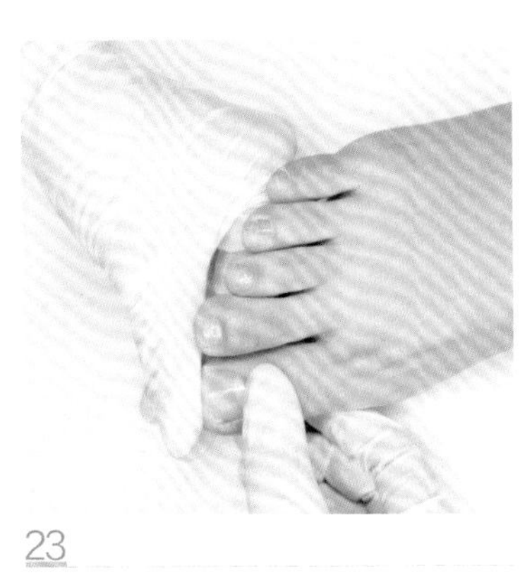

23

用手按摩指缘，直至指缘油被充分吸收。

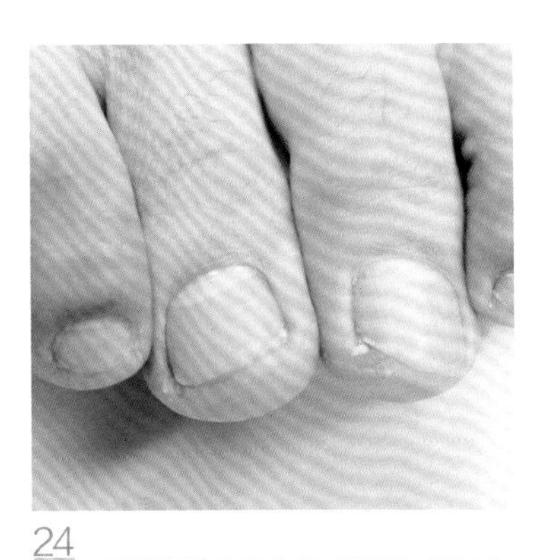

24

检查甲面，处理完的甲面应干净、无残留。

3.4.2 脚部红色光疗甲的做法

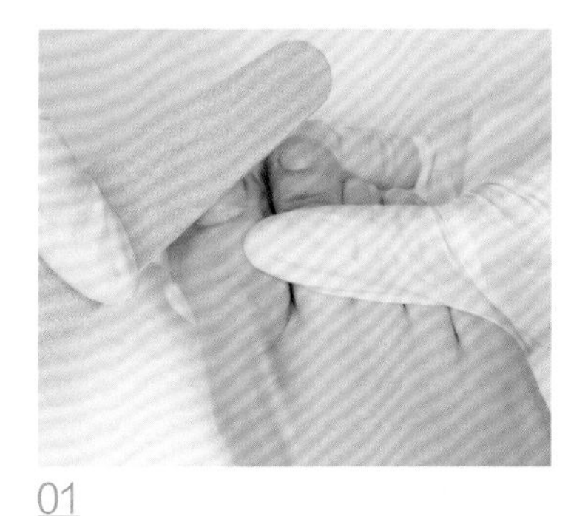

01

用棉片蘸取 75% 的酒精，给顾客的脚指甲消毒。用磨砂条刻磨指甲表面，刻磨时不要施压。

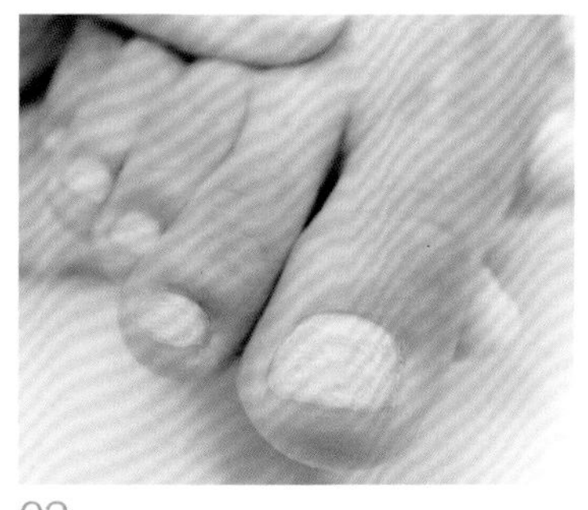

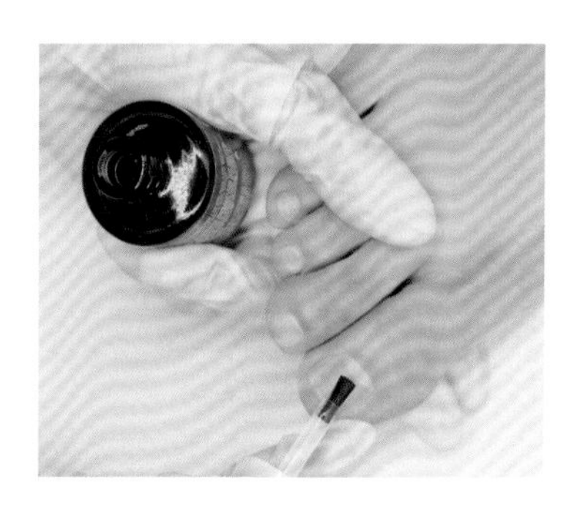

02

在甲面上涂一层干燥剂。干燥剂可使甲面干燥，同时也有消毒的作用。

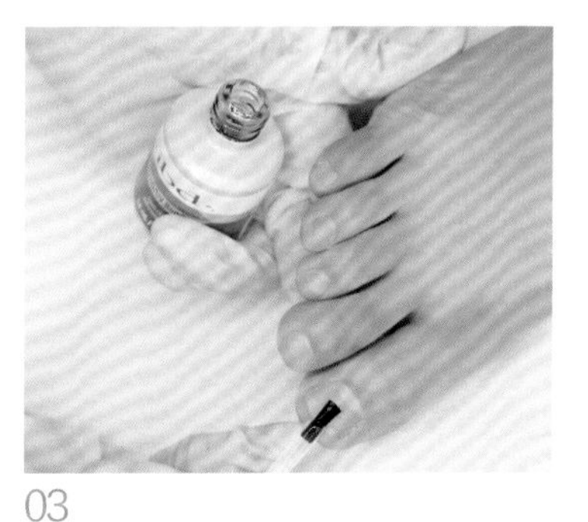

03

在甲面上涂一层接合剂，然后照灯。

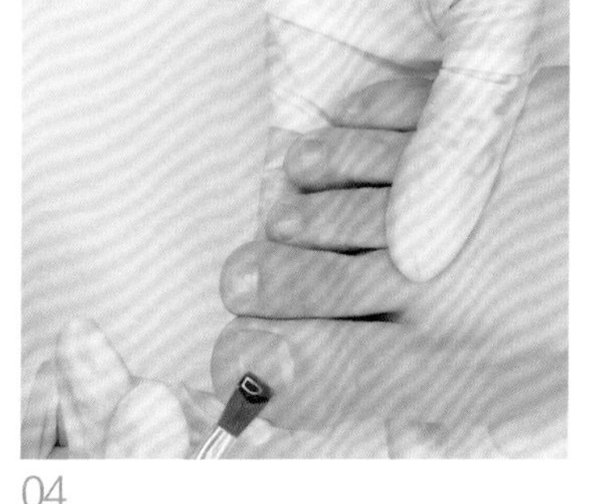

04

用笔刷单面扫取透明的啫喱。

提示

市面上光疗灯的种类和品牌很多。对于不同品牌质地和不同功率的光疗灯，美甲时所需照灯时间不同。以 48 W 的 UV/LED 灯为例，照灯时间为 40~50 s。

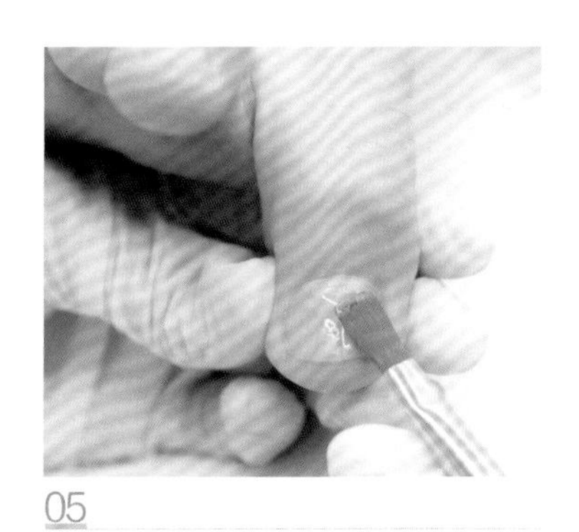

05

笔尖轻轻向下扫，使啫喱均匀地覆盖整片指甲。照灯约 30 s。

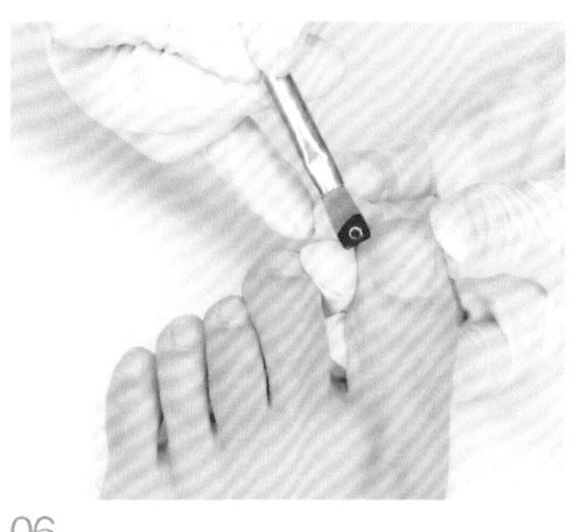

06

用笔刷蘸取适量色胶，将其置于指甲的中间位置。

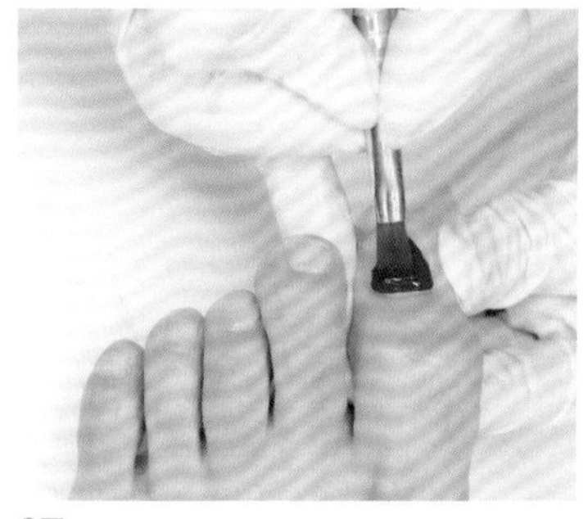

07

将笔刷倾斜 45° ，将 1/5 的色胶涂刷在指甲上。涂刷到指甲后缘时，把刷头轻压在甲面上，推到距指缘 0.5 mm 的位置。

08

笔尖轻轻向下扫，使颜色均匀。

09

将色胶涂满甲面，注意颜色要均匀。

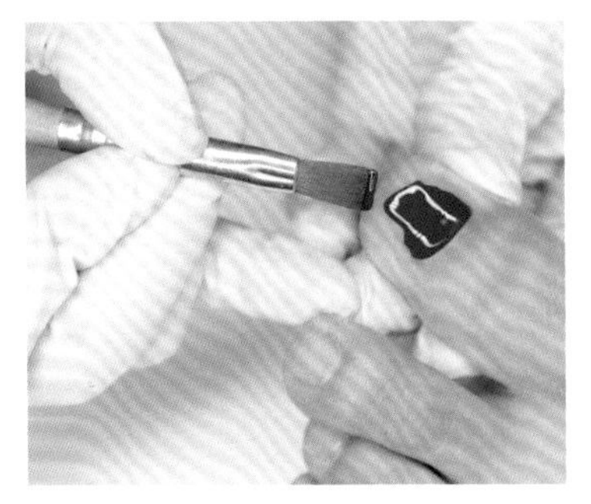

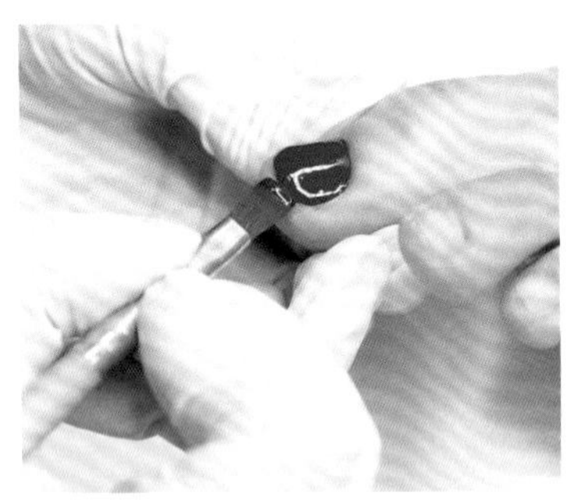

10

再次取色胶，填补于颜色不均匀处并包边。留意光线反射，减少甲面上的反光点，观察甲面的弧度是否流畅。照灯 30～40 s。

11

涂一层免洗封层。免洗封层流动性大（偏水性），在涂的时候注意要放缓速度，以避免其流向边缘处。然后照灯 30～40 s。

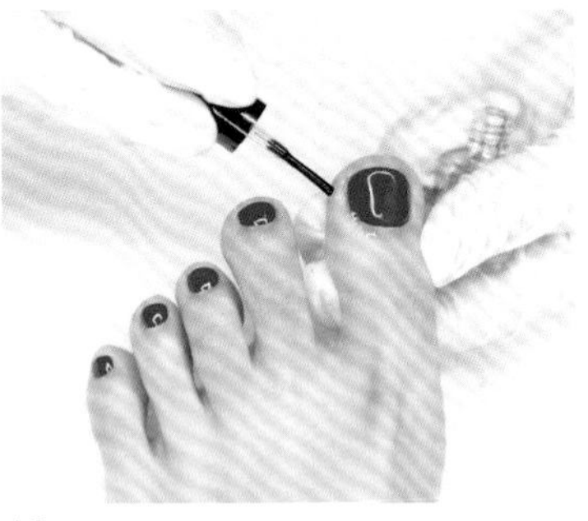

12

涂上指缘油，先涂指甲后缘，再涂两侧。用手按摩，直至指缘油被充分吸收。

3.4.3 脚部闪粉渐变光疗甲的做法

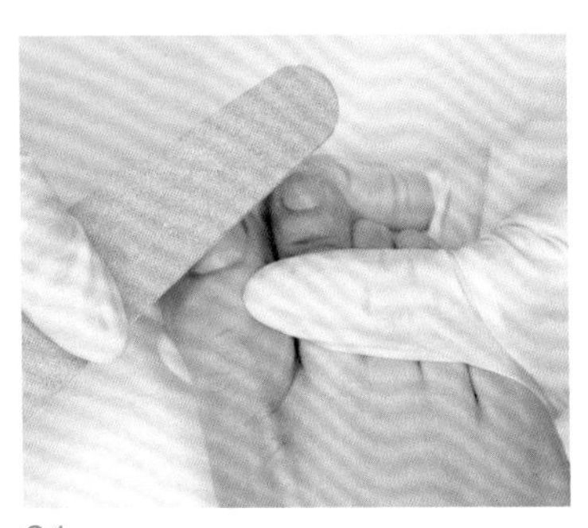

01

用棉片蘸取 75% 的酒精，为顾客的脚指甲消毒。用磨砂条刻磨指甲表面，刻磨时不要施压。

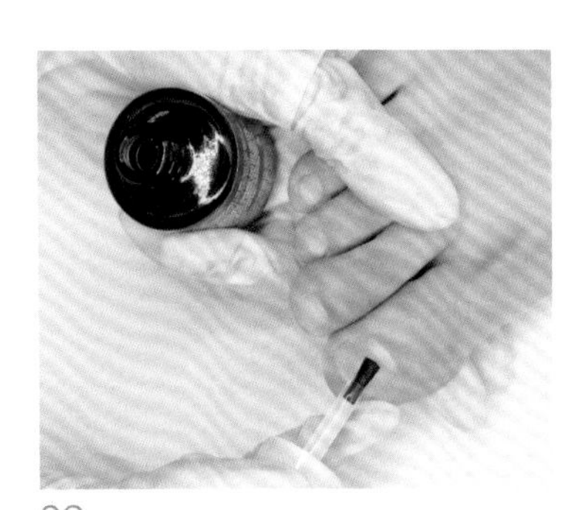

02

在甲面上涂一层干燥剂，使甲面干燥，同时也有消毒作用。

03

在甲面上涂一层接合剂，然后照灯 40~50 s。

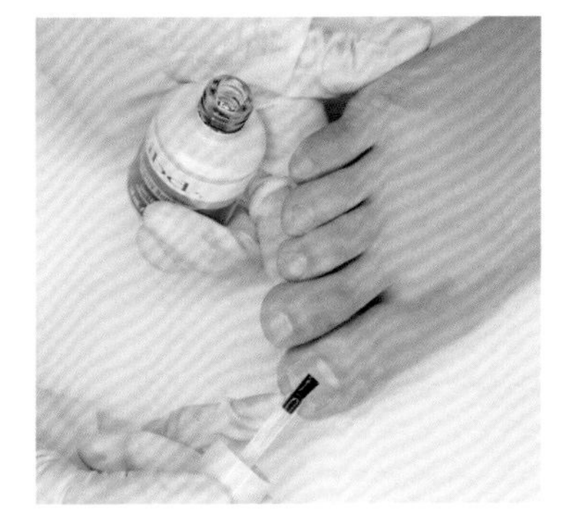

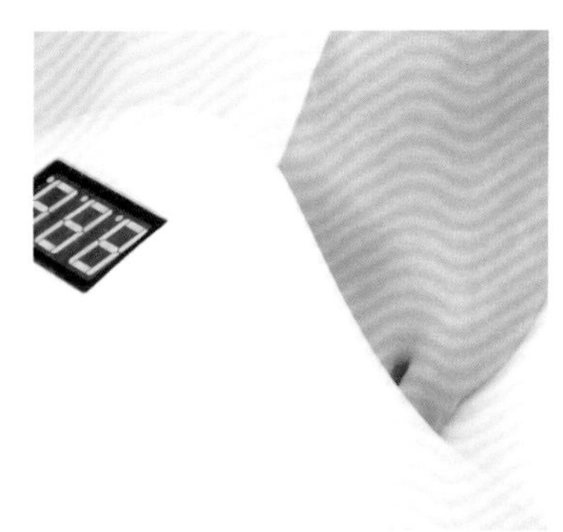

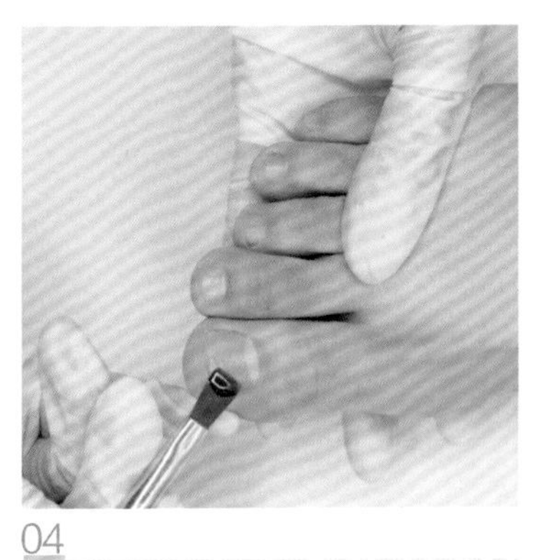

04

用笔刷蘸取适量透明光疗胶。取光疗胶的时候，最好让笔的一面有胶，另一面没有胶。这样可以保证下笔精准。光疗胶最好覆盖笔刷长度的 1/3。

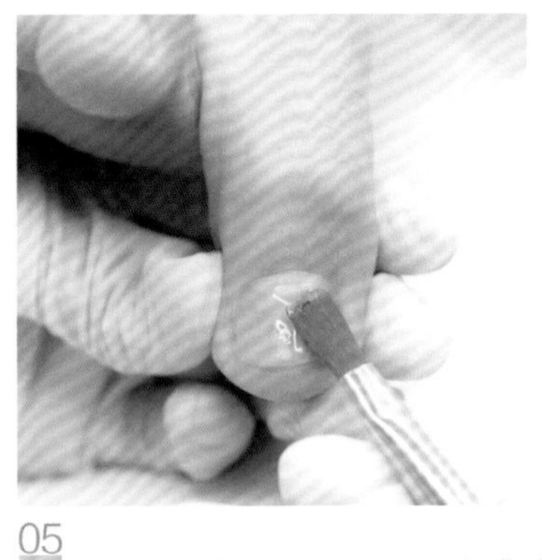

05

将光疗胶均匀地涂到整片指甲上。

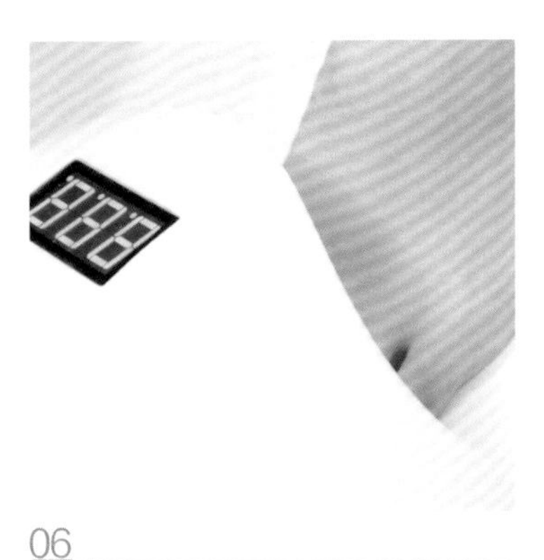

06

照灯 30 s。

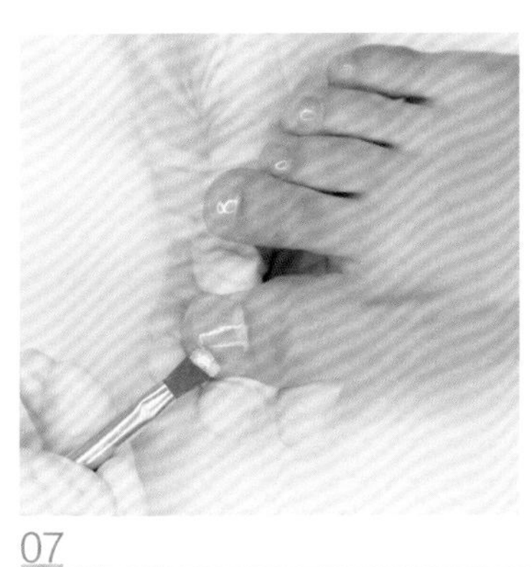

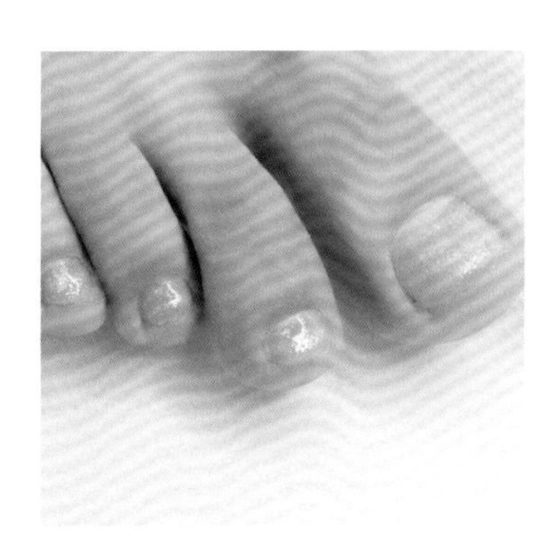

07

取少量光疗胶，用笔尖轻力向下扫，均匀地涂满整片指甲。

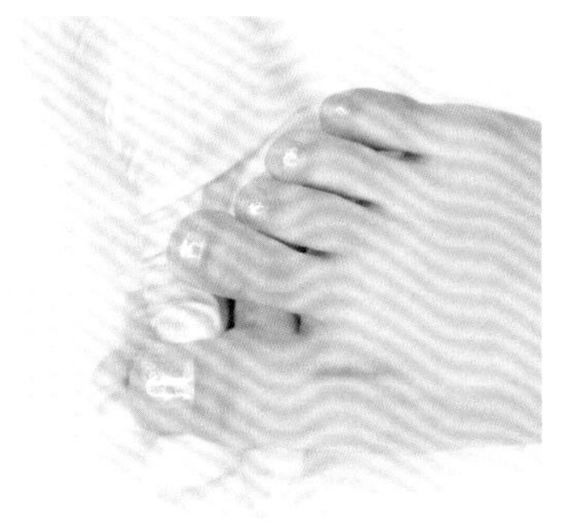

08

先贴上较薄的材料，然后刷一层闪粉。

09

涂上一层透明光疗胶。然后将适量功能胶涂在指甲的中间位置。接着照灯 30 s。

10

照灯后，甲面上还有少量浮胶。用蘸有美甲清洁啫喱或者 95% 酒精的棉片轻抹甲片，以去除浮胶。

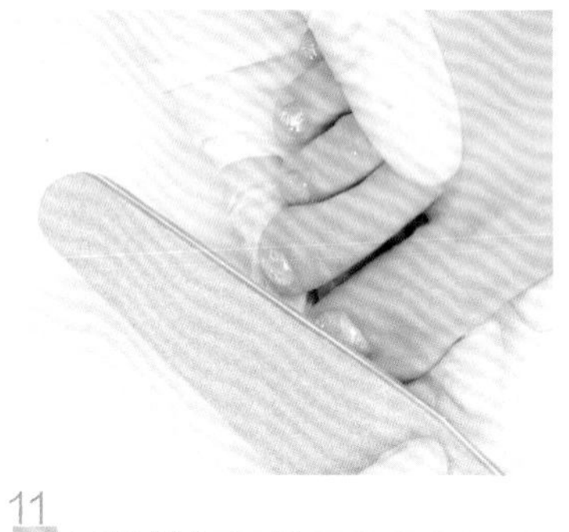

11

用抛光海绵打磨甲面，以解决闪粉造成的凹凸不平的情况。

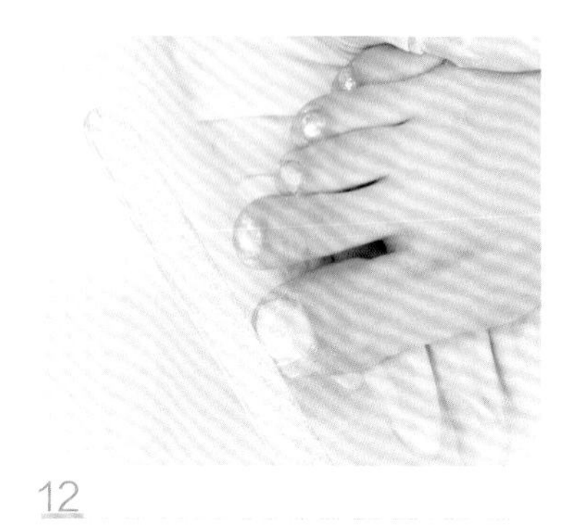

12

将磨砂条倾斜 15° ，切入指甲内侧并轻磨。

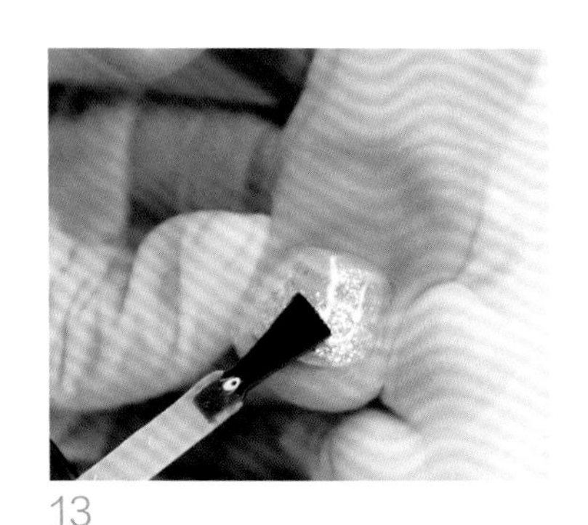

13

涂上免洗封层，然后照灯 40~50 s。

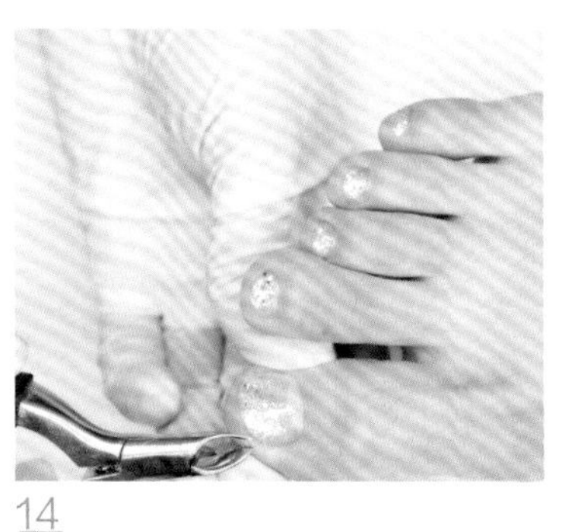

14

手心朝上，托住顾客的脚趾，用指皮钳小心地去除指甲边缘和角落里的死皮。修剪时要控制好角度，避免指皮钳垂直于皮肤。

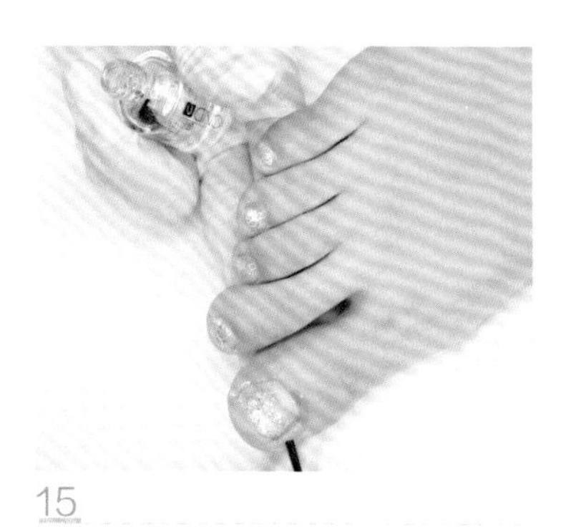

15

在指甲周围涂上指缘油。用手按摩，直至指缘油被充分吸收。

04

特殊指甲的处理方法

4.1 指甲尖破裂的修补方法

破损指甲可分为 3 种情况：指甲尖破裂、指甲体撕裂和指甲尖断落。若对指甲尖破裂的情况置之不理，指甲便可能在 1~2 天内断掉或撕裂。当撕裂至甲体时，会伤及甲床，并引起剧烈疼痛。

指甲尖破裂是有方法修补的。有一种易处理的人造指甲——纤维包甲，顾名思义，是指将一块修复网覆盖住真甲，目的是巩固、修补及延长指甲。修复网遇上指甲速黏胶会变得透明。纤维包甲的效果自然且坚固持久，效果比水晶甲、啫喱甲等人造指甲好些，因此很多人会选择通过这种方式来修补破裂的指甲尖。不过，纤维包甲的牢固程度不及水晶甲和啫喱甲，不足以承受较长的指甲前缘。此外，有些美甲师也会选择丝布造甲，其功能与纤维包甲相近。

修补方法

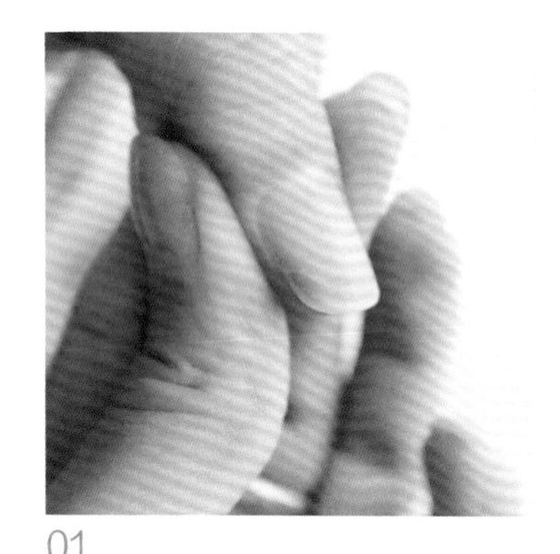

01

观察指甲的破损情况。

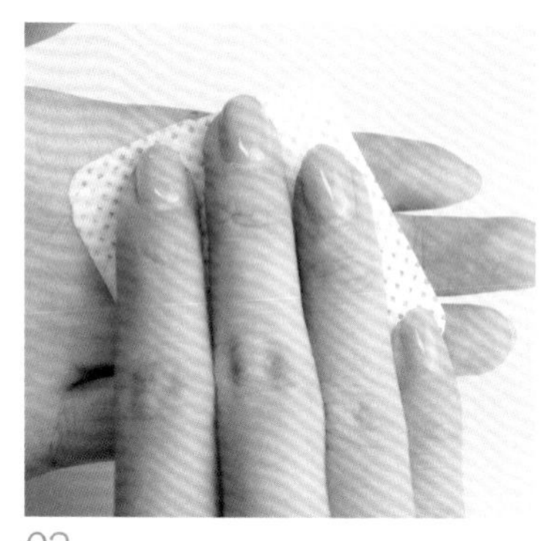

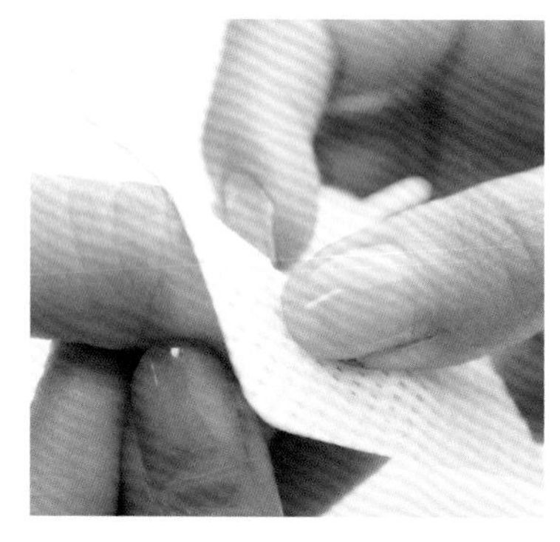

02

用棉片蘸取 75% 的酒精，给顾客的双手消毒。

03

指甲撕裂的位置会存在隐性伤口，因此需要对所有将会用到的工具进行消毒。

04

先用 100 号的磨砂条打磨破裂的位置（有伤口时要先消毒，待干透了才可打磨），将指甲的表层磨掉。打磨时力度要轻，避免引起痛感。

05

剪几块比伤口大一圈（约 1 mm）的修复网。

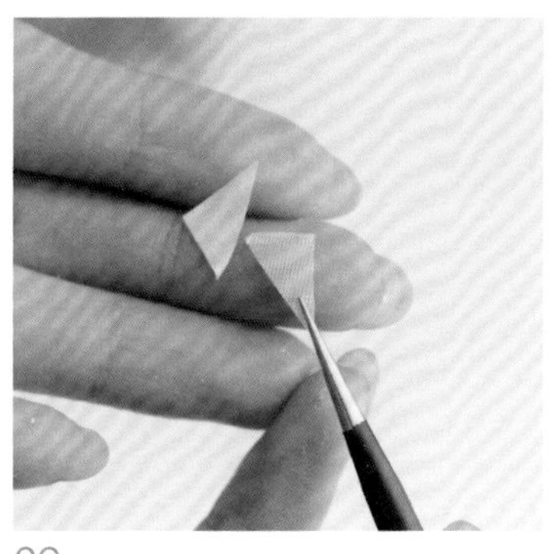

06

用镊子夹着修复网，分离胶纸。修复网分为自带黏性的与没黏性的两种。如果是没有黏性的修复网，可以在修复网上涂上快干胶。

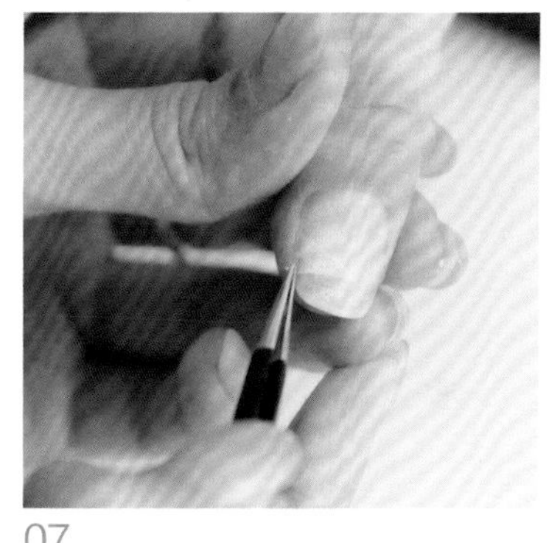

07

将修复网贴在甲面破裂的位置，用两个拇指将修复网压平，使其与指甲紧密贴合。等待 1 min，待指甲干透。也可用快干催化剂使胶水快速干透。

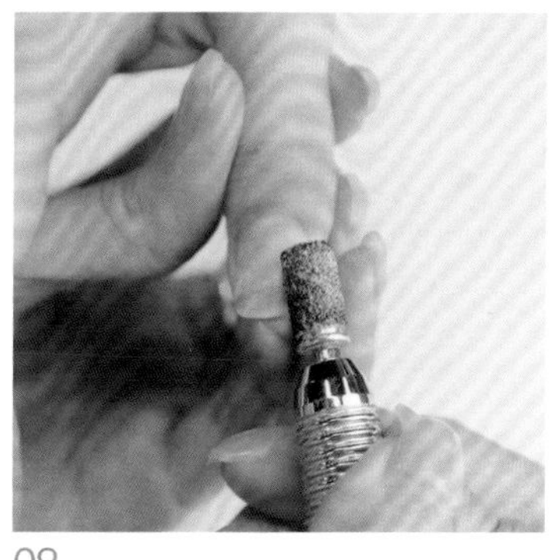

08

打磨整个甲面，为后面做光疗甲做准备。

09

在甲面上涂上干燥剂，再涂一层接合剂，然后照灯 40 s。

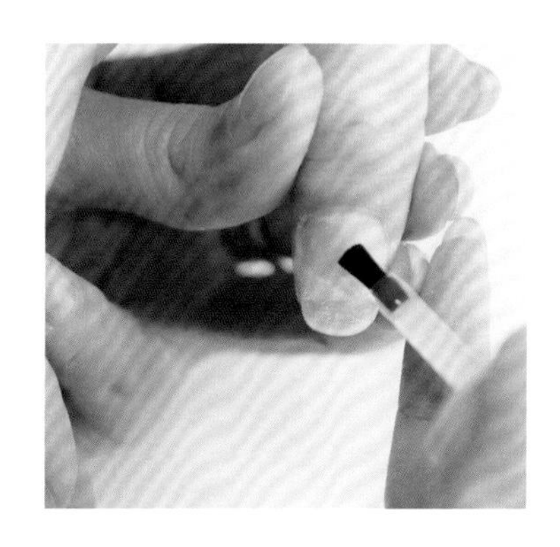

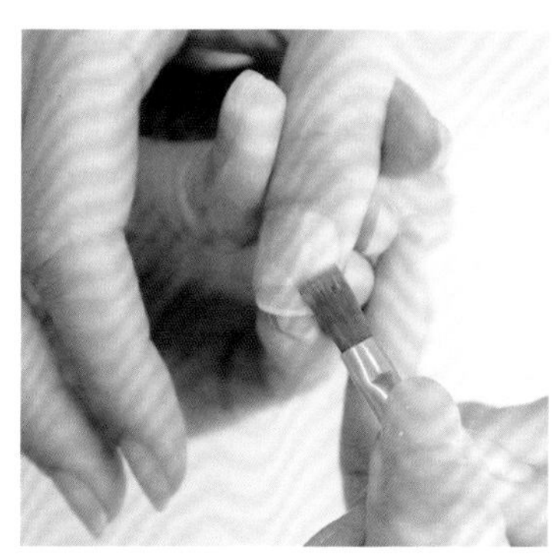

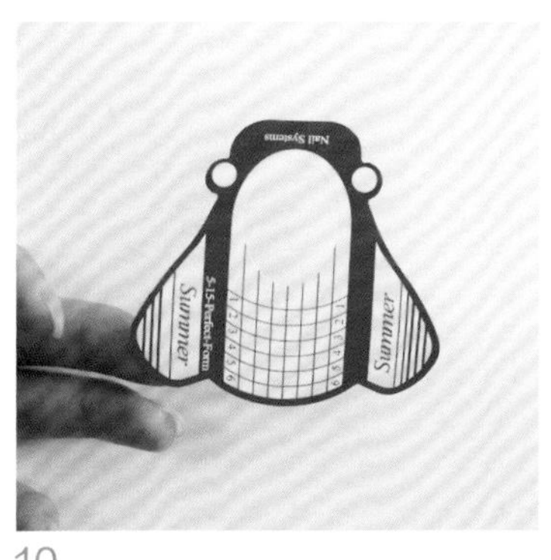

10

准备一张指甲延长纸。

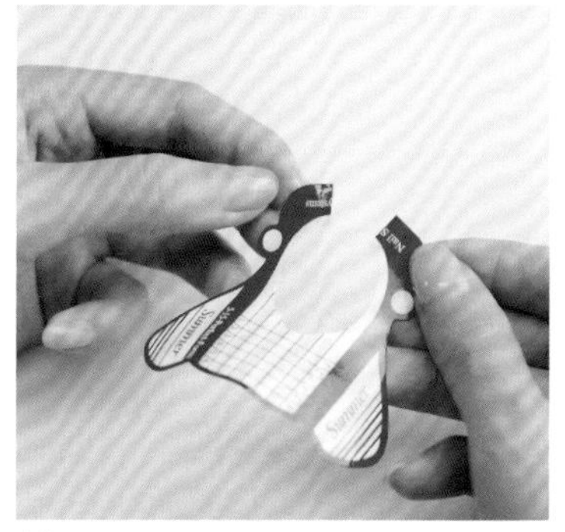

11

在延长纸顶部撕开一个口位，使延长纸不会向下弯，这样可以保证光疗操作时甲形自然，而不会高低不平。取下延长纸中间的圆形区域。

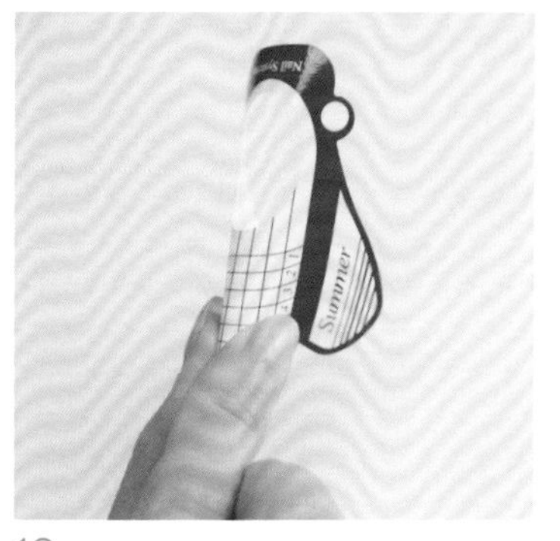

12

用右手拇指及食指拿取延长纸。通常延长纸上会印有1~6的数字。注意，手指拿捏的位置不要超过数字 4，以便灵活转动。

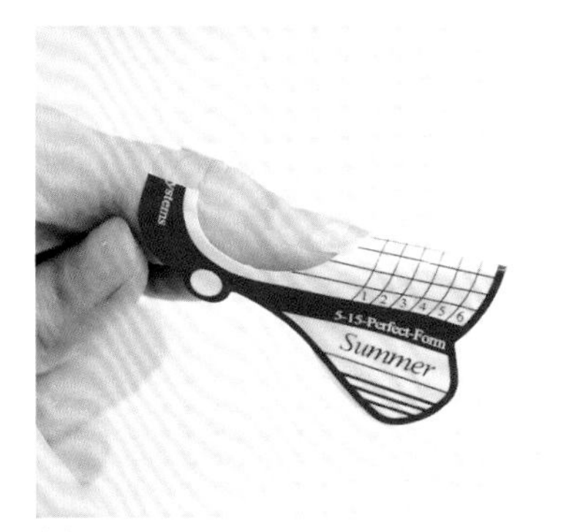

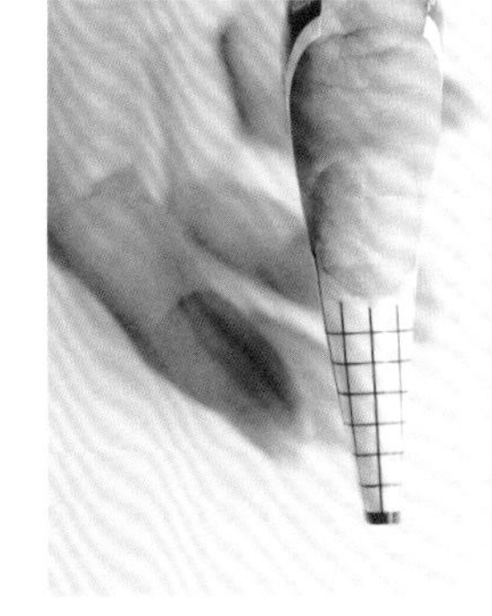

13

用左手捏住顾客的指肚，把贴近指甲边缘的皮肉绷开，以免影响延长纸的伏贴度。左手不可碰到指甲表面，以免影响效果。

14

与真甲保持方向一致，将延长纸贴在真甲的指尖部位。若其间有空隙，则需要调整，令延长纸更伏贴。

提示

错误示范 1：延长纸尖端下垂，与真甲产生空隙。

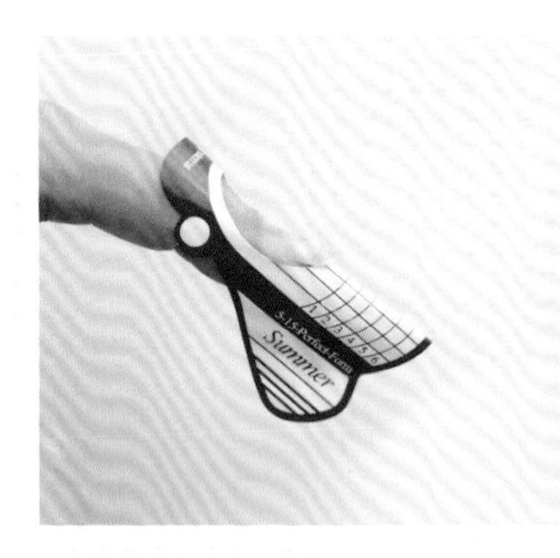

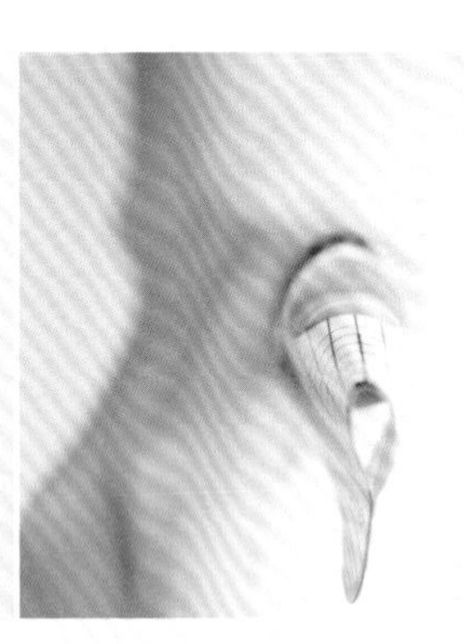

错误示范 2：拿捏延长纸时力度过大，使延长纸歪向一侧，影响指甲的弧度。

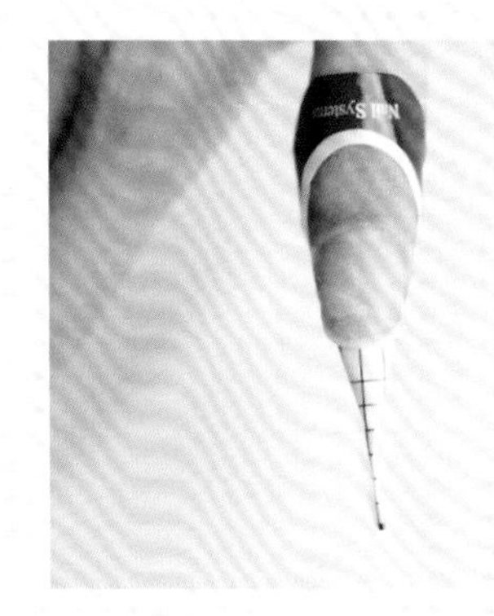

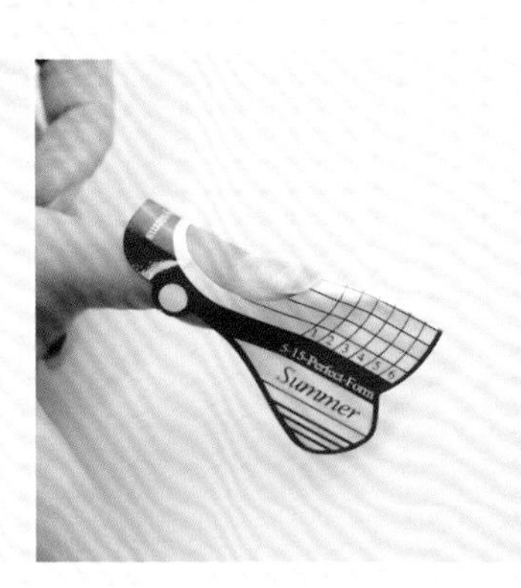

15

蘸取适当分量的光疗胶，使之聚集成球状。

16

将球状的光疗胶置于真甲与延长纸交界线的中间位置。

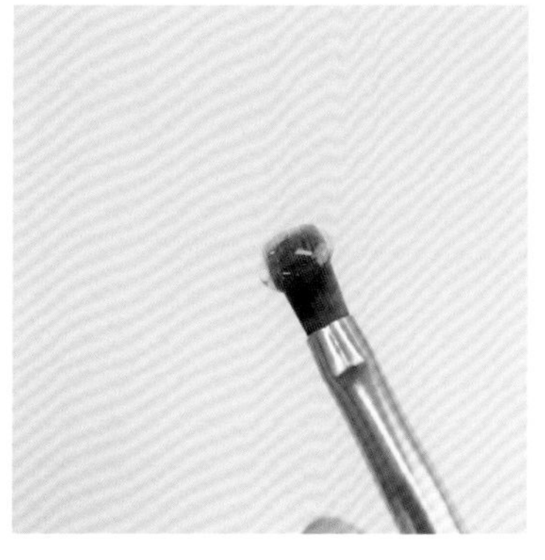

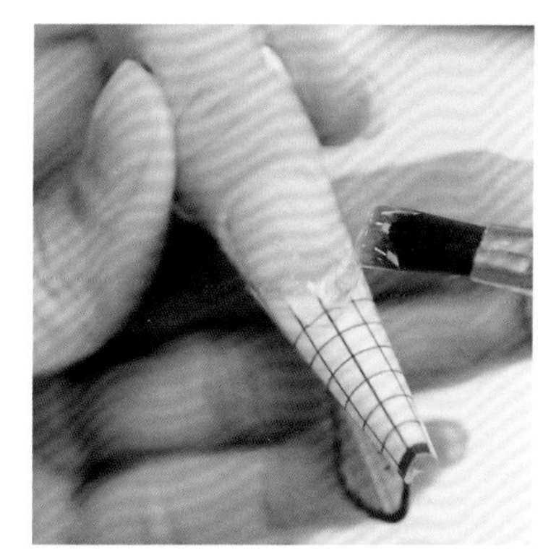

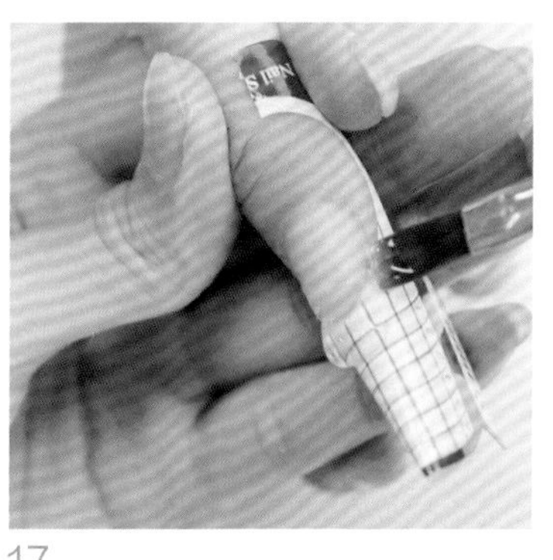

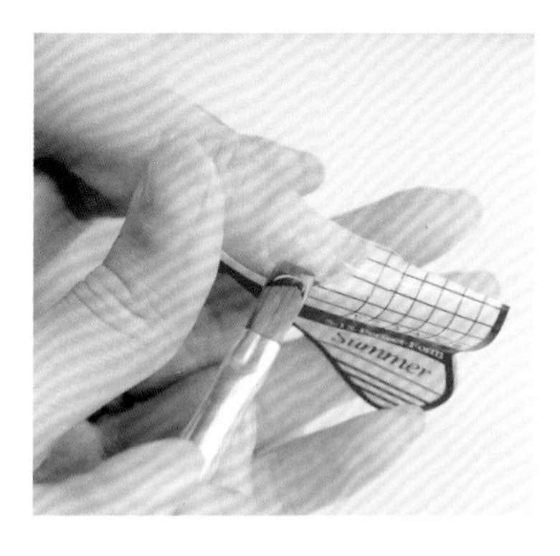

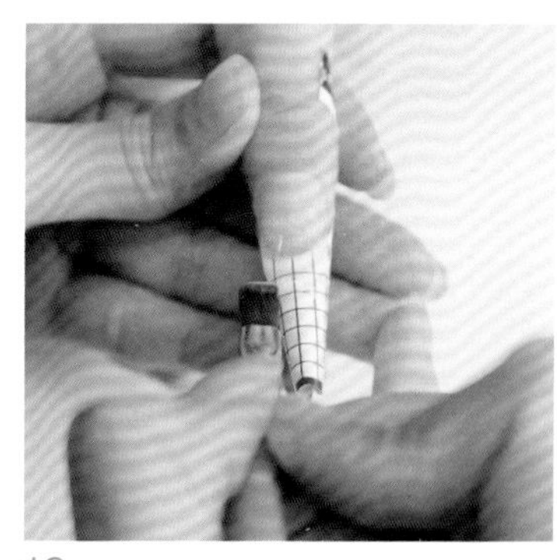

17

将光疗胶往两侧推，直至球体变成均衡的条状，使光疗胶填满空隙。

18

局部照灯，以固化形状。需要注意的是，在光疗胶分量较多的情况下，如果操作动作过慢，或胶的停留时间过长，容易造成胶向两边泻走而变形的情况。

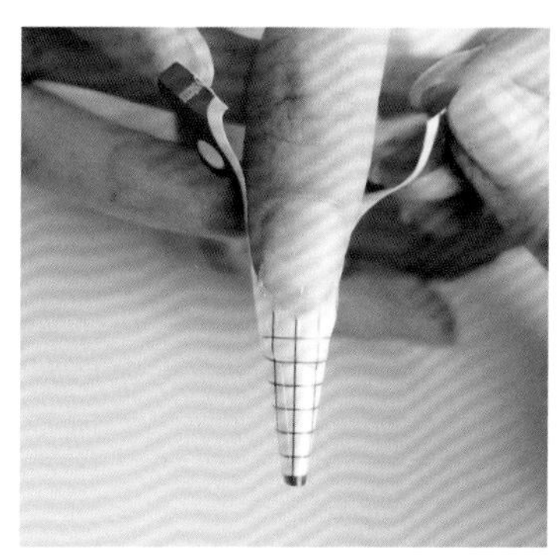

19

检查光疗胶的平均厚度，并检查光疗胶是否已分布均匀，然后照灯 30 s。

20

从上方开始撕，取下延长纸。

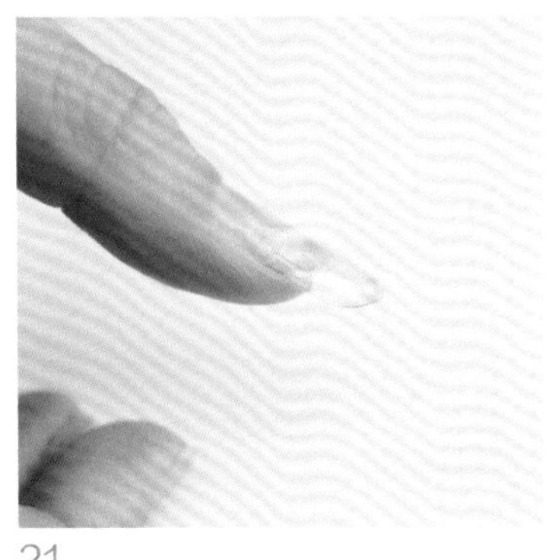

21

观察人造甲的侧面是否与真甲之间存在梯级（图中是做得比较好的）。

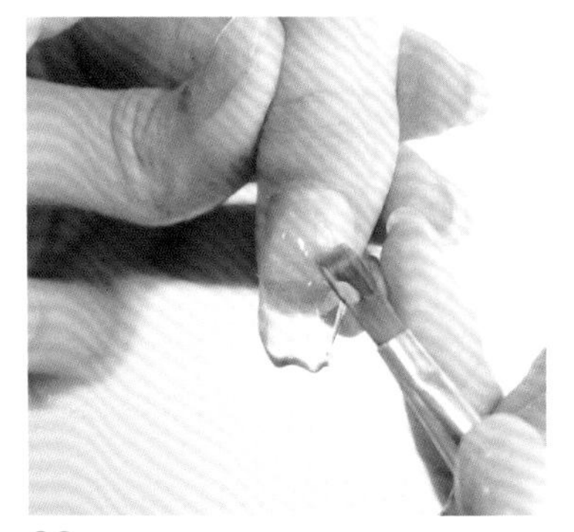

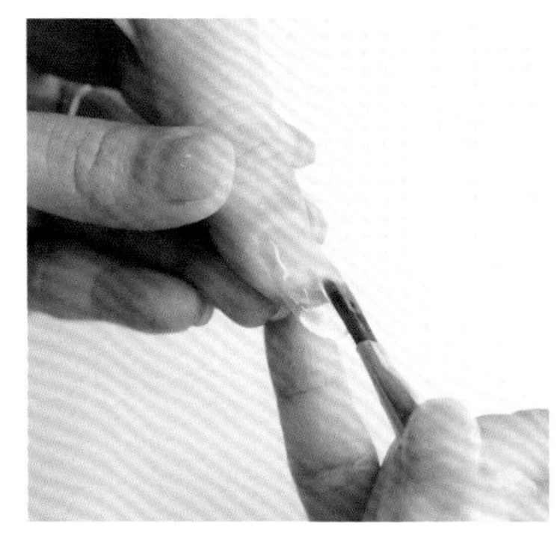

22

先确定延长的长度，再确定整个指甲的弧度，然后照灯 30 s。

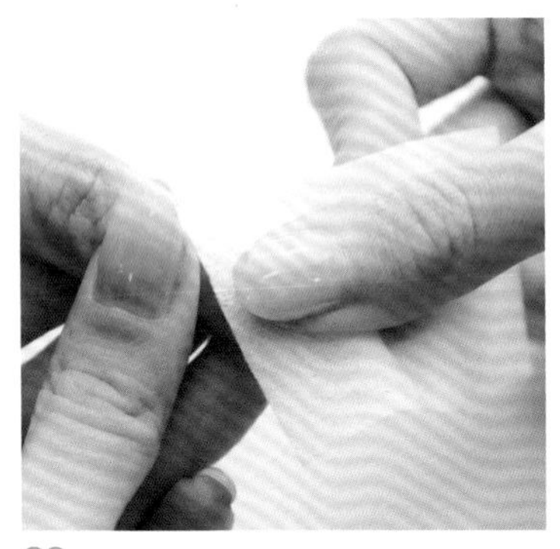

23

照灯后，甲面上还有少量浮胶，用蘸有指甲清洁啫喱或 95% 酒精的棉片轻抹甲片，以去除浮胶。擦除的方向也是由外而内的，先清理边位，后清理中间。

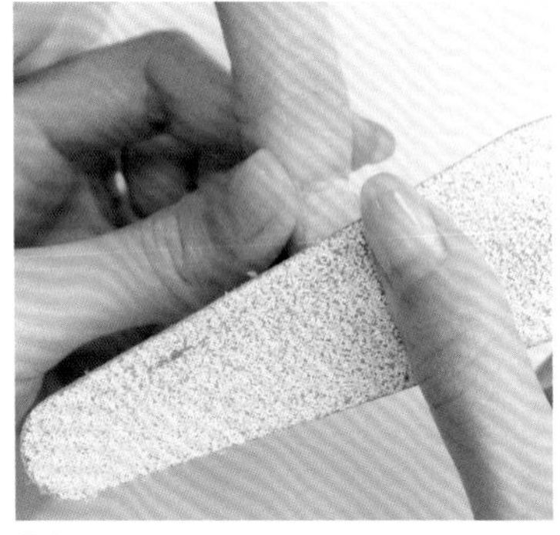

24

用磨砂条按照“右侧面→正面→右侧面”的顺序修整指甲的整体厚度。

25

将指甲尖磨成弧状，注意两侧要对称。

26

打磨指甲的正面，塑造弧形。

27

以 15° 角切入磨砂条，轻磨，将指甲打薄，并处理光疗胶外扩的情况。

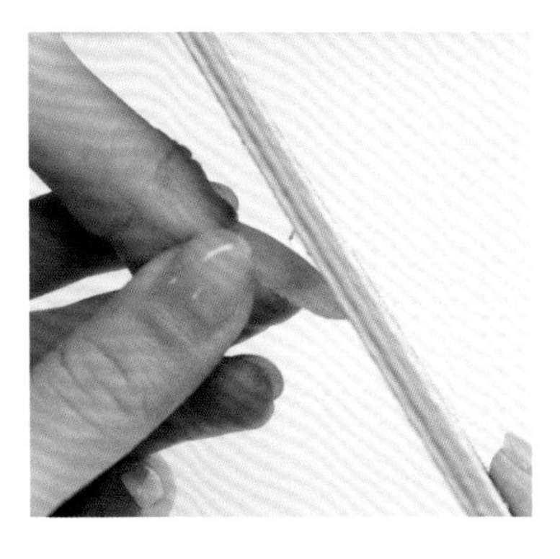

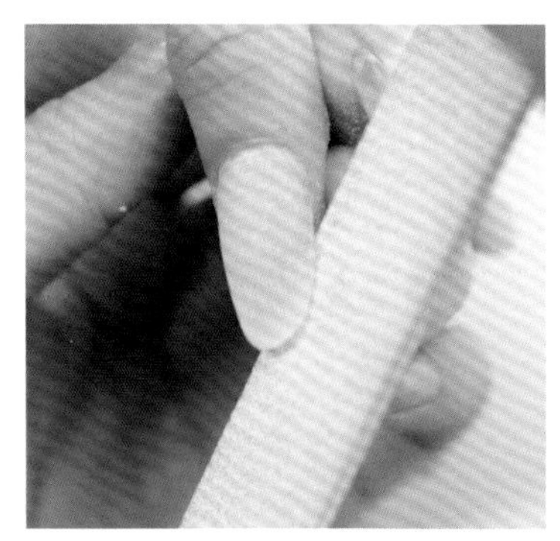

28

用抛光海绵打磨甲面至平滑（处理磨砂条造成的微细凹凸），使甲面干净、无残留。

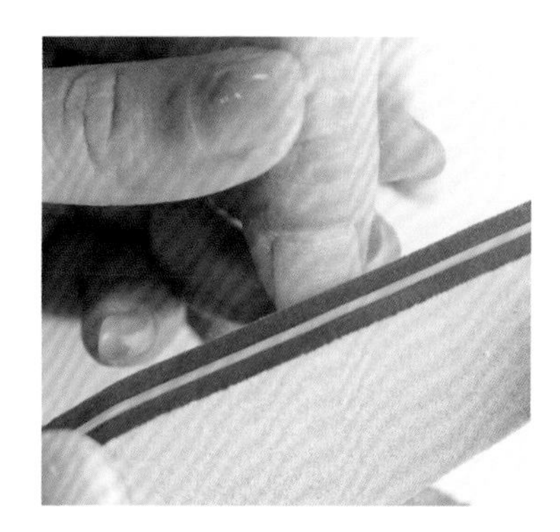

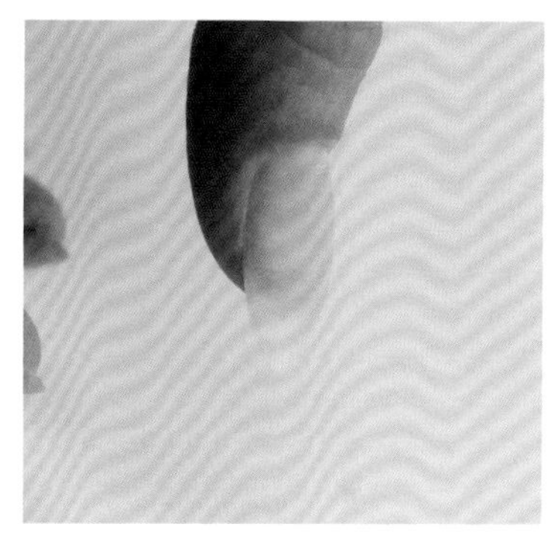

4.2 厚薄不均、两侧内卷指甲的修补方法

美甲师如果使用打磨机或者磨砂条过度打磨指甲两边，会导致指甲两侧变薄而向内卷。但经过一段时间的生长，那些向内卷的部分会慢慢减少。

内卷的指甲亦会严重影响新生指甲的甲形。美甲师一定要调整做法，避免这种恶性循环。

如右图所示，指甲两边向内卷，并且中间不是正常的弧形。

从侧面可以看出，指甲顶端突变，向下弯。

修补方法

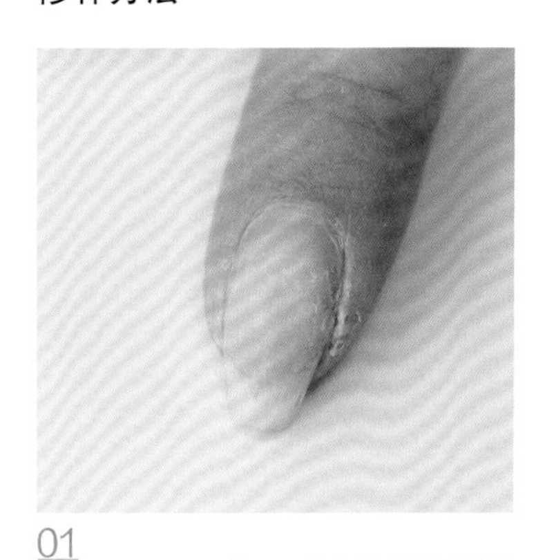

01

用打磨机卸除光疗甲，还原真甲。

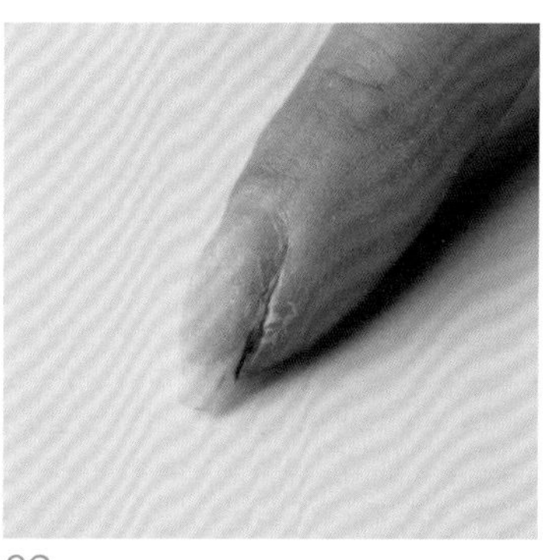

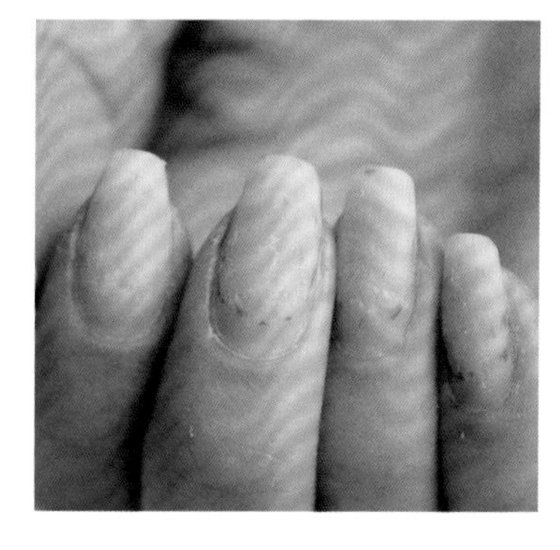

02

观察卸甲后的甲形，顾客的真甲可能会因美甲师操作不当而变得向下弯（也有天生向下弯的情况）。

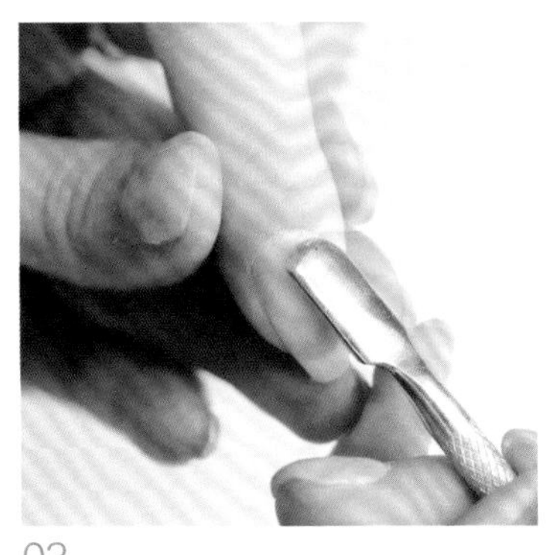

03

将死皮向上推，将甲缘修理平整。这样可以令甲面显得更修长。

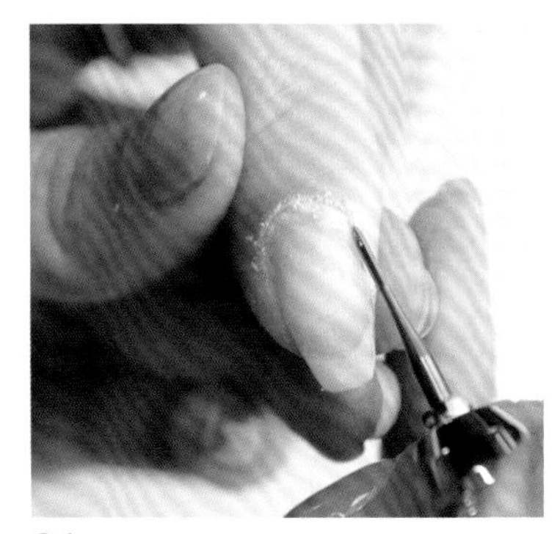

04

在电动打磨机上装上去死皮专用的磨头，去除死皮。

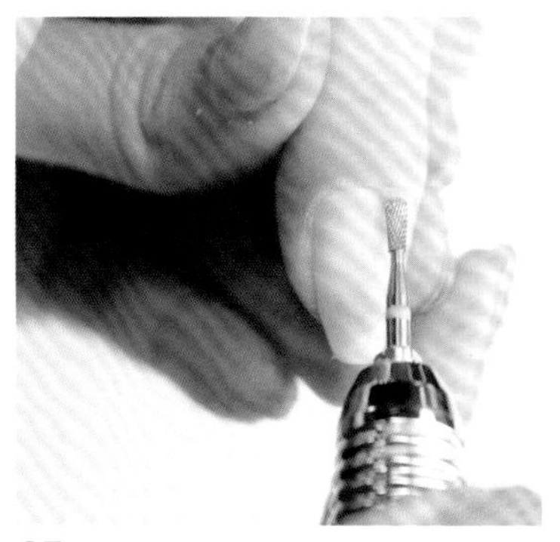

05

在电动打磨机上装上去角质专用的磨头，尽可能将细微处的死皮和垃圾清除。

06

用指皮钳对甲缘的指皮进行修剪。修剪时要控制好角度，避免指皮钳的尖端与皮肤垂直。指皮钳要倾斜 45° ，从顾客甲缘的右边慢慢剪到左边，切勿施压。

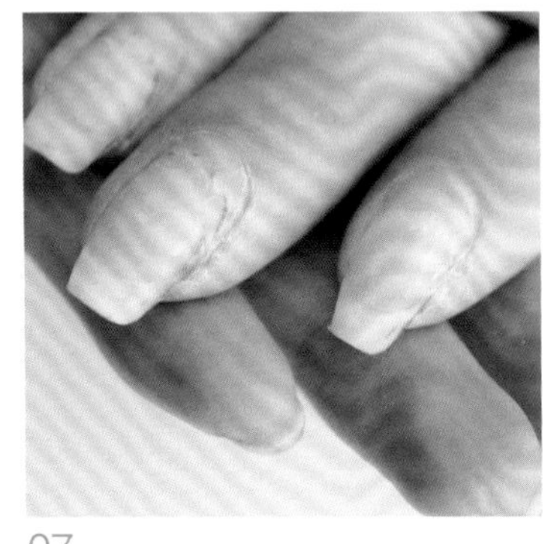

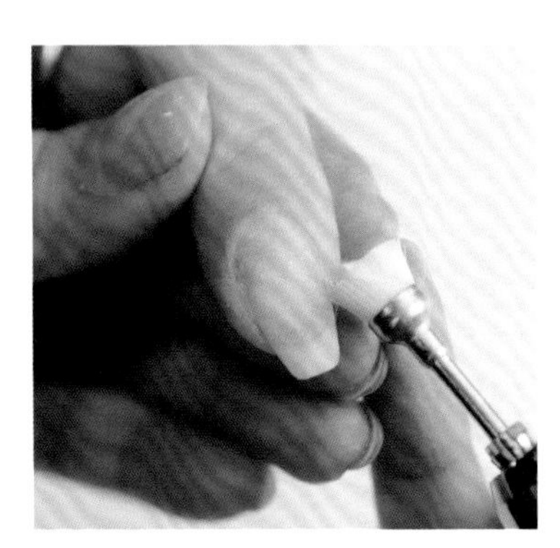

07

处理完死皮之后，将甲面清理干净。

08

用 180 目的打磨头对指甲表面进行打磨。将砂圈平放于甲面上，左右平移打磨，同时由前缘向后缘移动。注意，打磨指甲边缘时一定要将打磨头倾斜 45° 角。

09

在打磨好的指甲上涂一层干燥剂。

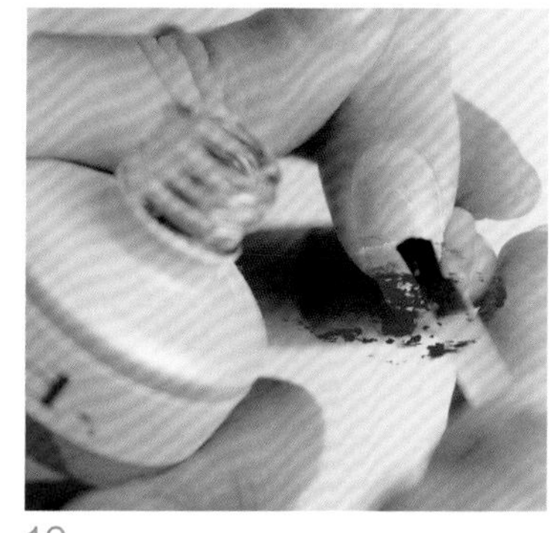

10

在甲面上涂一层接合剂，不需要涂太多，过多反而会影响吸收效果。涂抹的时候可稍微托住顾客的手，以保持平衡。照灯 40~50 s。

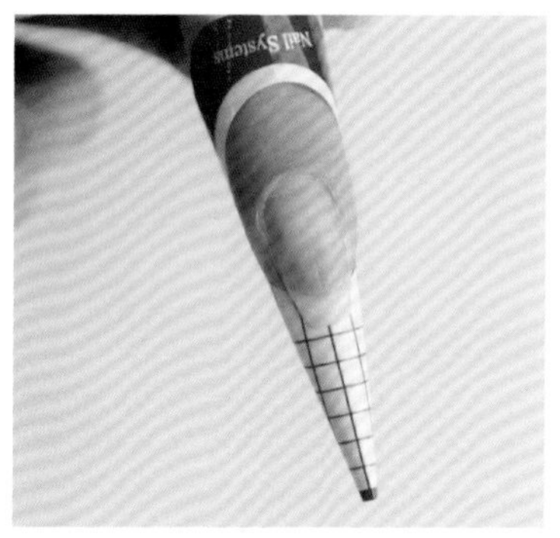

11

套上延长纸，使延长纸与真甲贴合。若有空隙，则需要调整，令延长纸更伏贴。

12

用笔刷前端蘸取黄豆大小的光疗胶。

13

重点处理指甲左右两边的外扩部分。在延长纸和真甲左边的连接处涂抹光疗胶，并进行拉长。

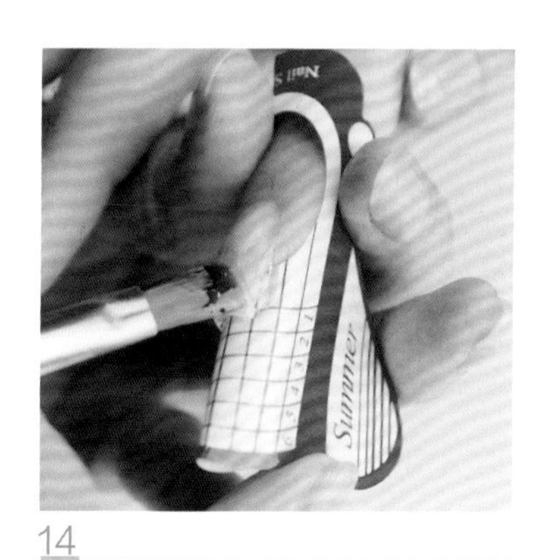

14

在延长纸和真甲右边的连接处进行同样的处理。然后照灯 20~30 s。

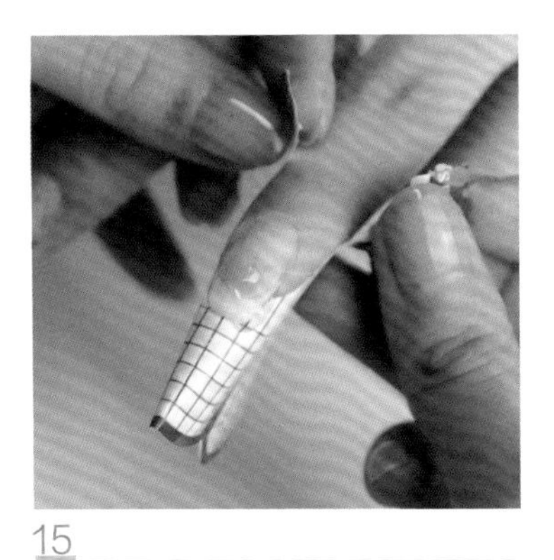

15

取下延长纸。

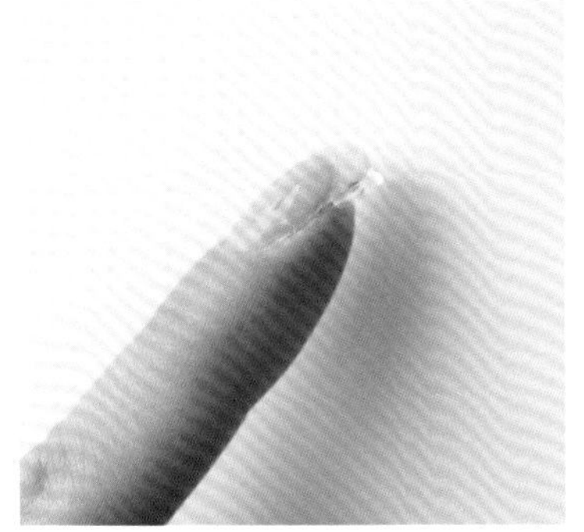

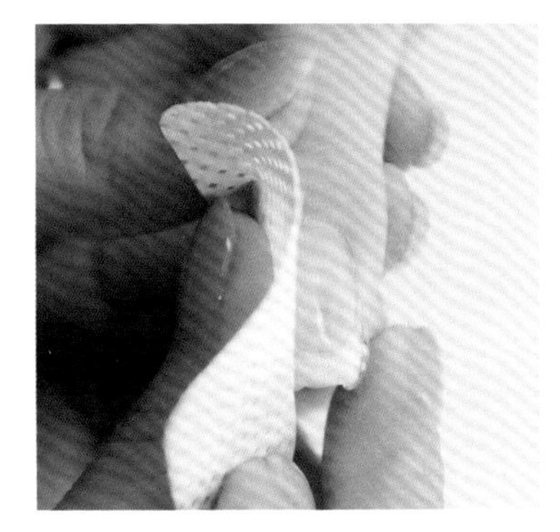

16

照灯后甲面上会有少量浮胶。用蘸有清洁啫喱或 95% 酒精的棉片轻抹甲片，以去除浮胶。

17

用磨砂圈打磨指甲内侧，使其变薄，呈现出一定的弧度。

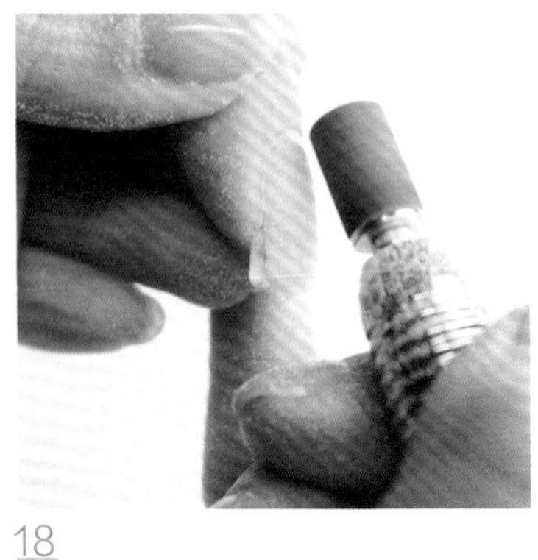

18

从前缘到后缘横向打磨甲面。当打磨到边缘位置时，注意将磨头倾斜 45°。

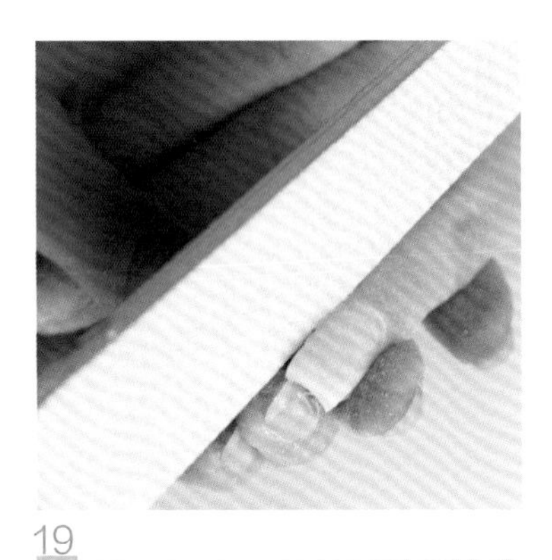

19

打磨指甲两侧，使指甲两侧与指甲前缘呈直角。

20

用海绵锉打磨甲面，抚平磨砂圈造成的微细凹凸。

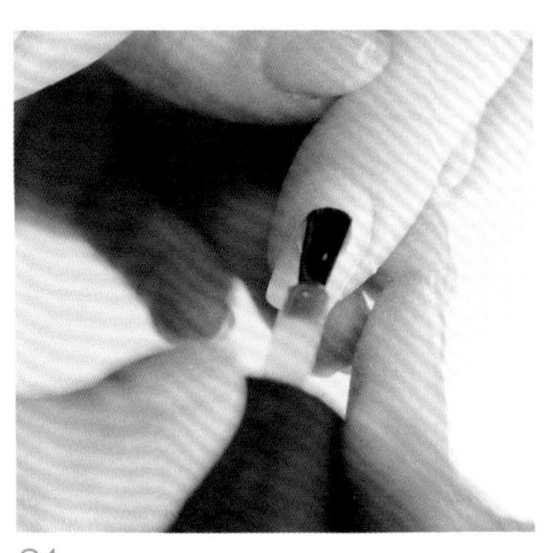

21

涂抹免洗封层，注意包边。然后照灯 40~50 s。

4.3 先天生成或受伤导致的凹凸甲面的修补方法

先天生成或者受伤导致的凹凸甲面不会随着指甲的生长而改善。顾客可连续 3~4 个月做矫形，可改善 80%。矫形过程中，建议顾客的指甲不要留得过长，一个星期定时修短一次。

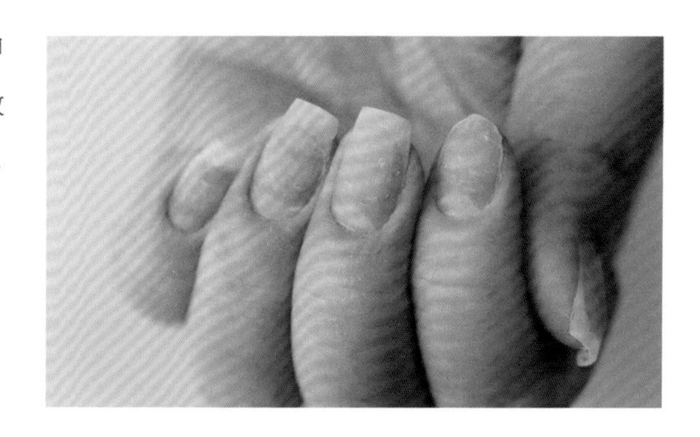

修补方法

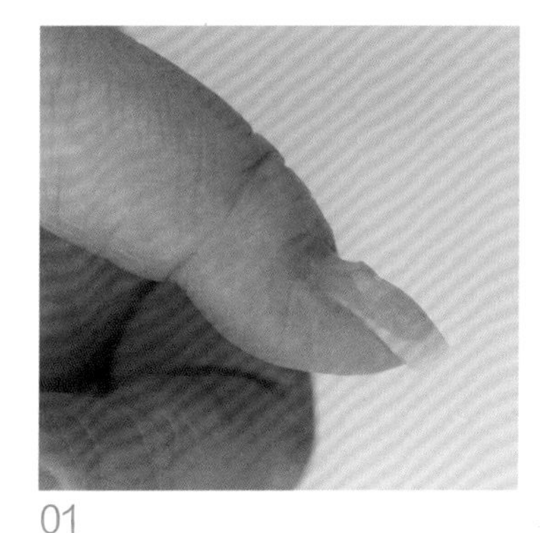

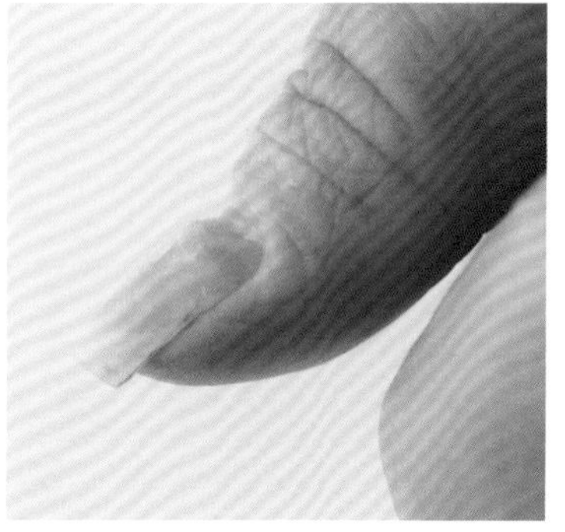

01

从侧面看，甲面是凹凸不平的。

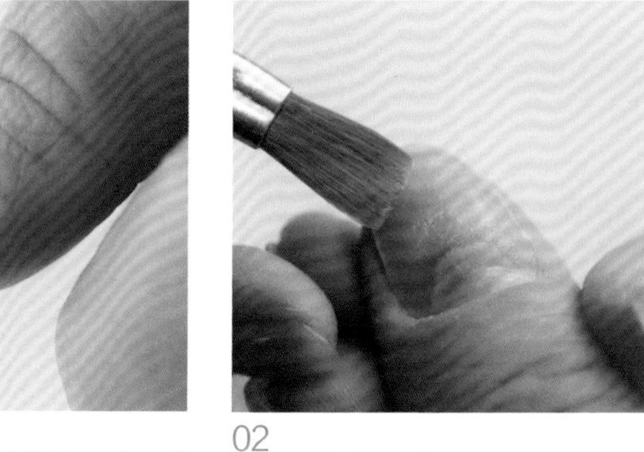

02

对指甲做前置处理，打磨、涂抹干燥剂和接合剂，并照灯 40~50 s。

提示

指甲前置处理方法请参考“3.3.2 光疗硬胶的卸除与单色做法”实例中的步骤 14~步骤 23。

03

用笔刷前段蘸取黄豆大小的光疗胶，抹于甲面凹凸不平的位置，使之平整，并照灯 40~50 s。

04

用蘸有美甲清洁啫喱或 95% 酒精的棉片轻抹甲片，以去除浮胶。

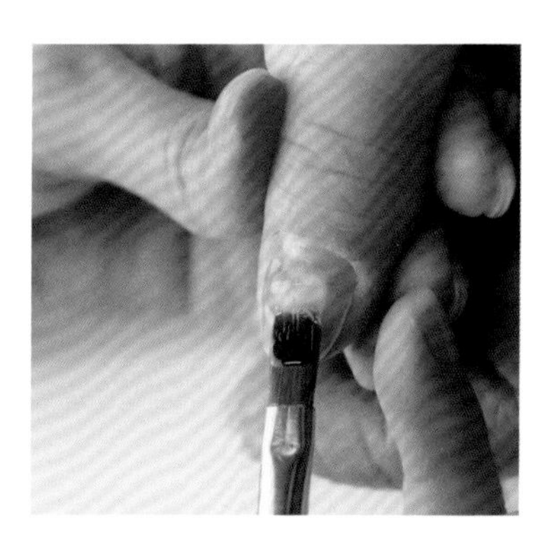

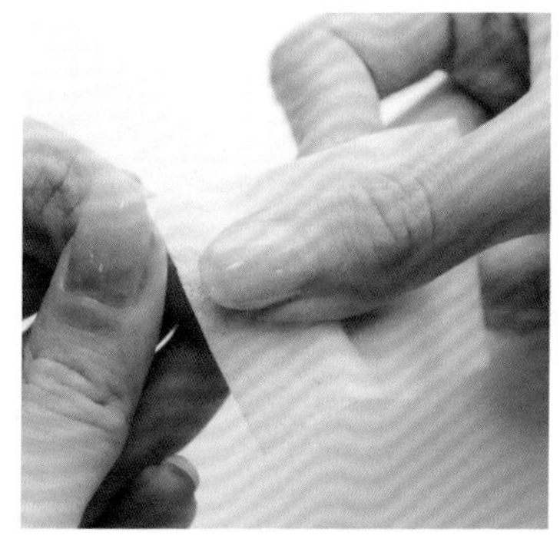

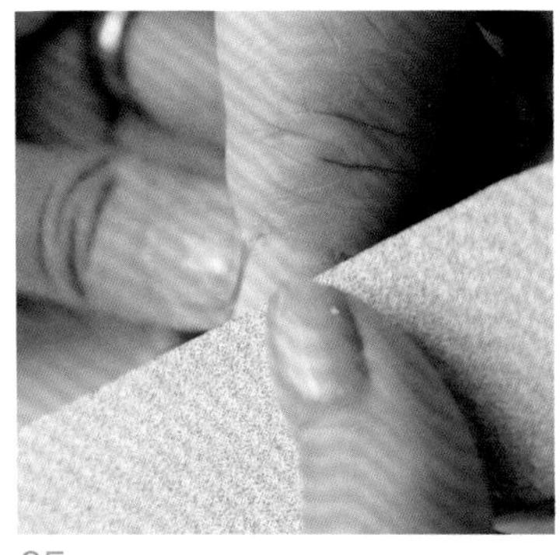

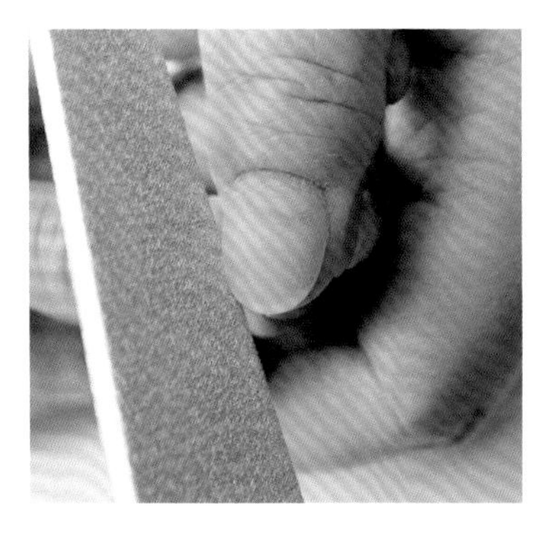

05

将磨砂条平放于甲面上，由指甲前缘向后缘横向打磨。注意，打磨边缘位置时应将磨砂条倾斜 45° 。

06

用海绵锉打磨甲面，将凹凸不平的地方磨平。

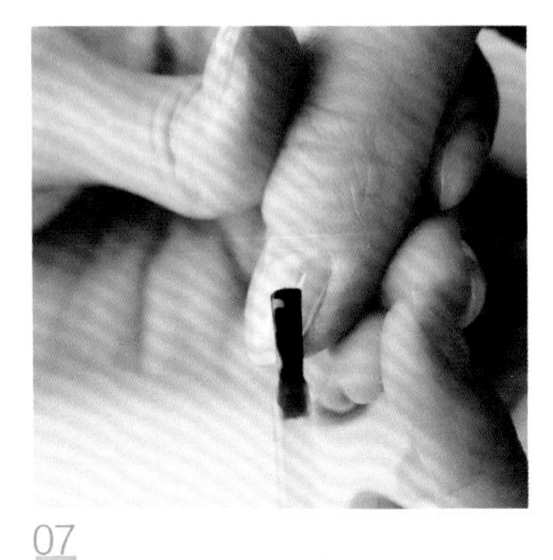

07

涂抹免洗封层，然后照灯 40~50 s。

08

在指缘位置涂上指缘油。

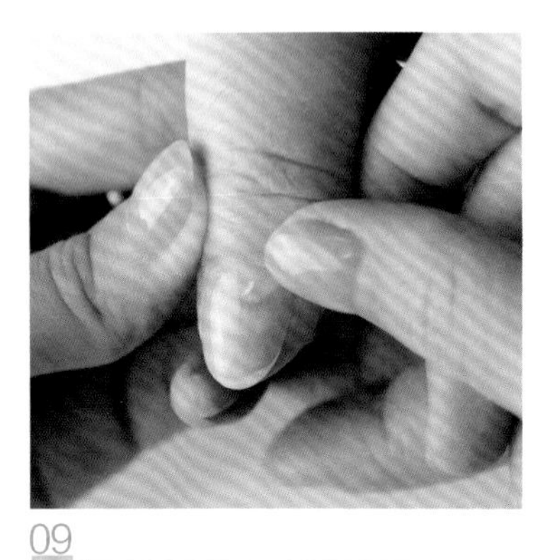

09

用手按摩两侧指缘，以促进指缘油吸收。

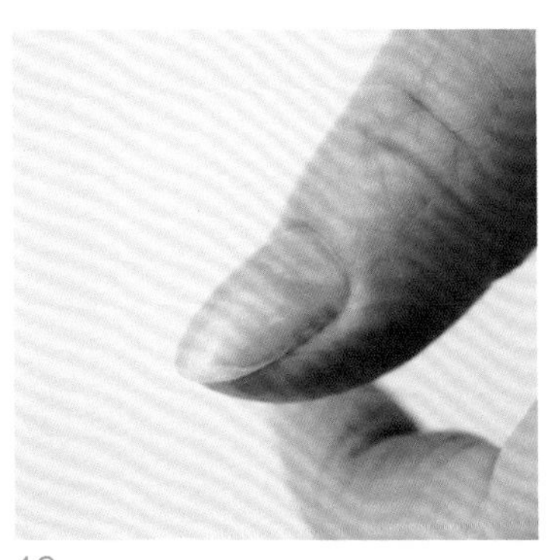

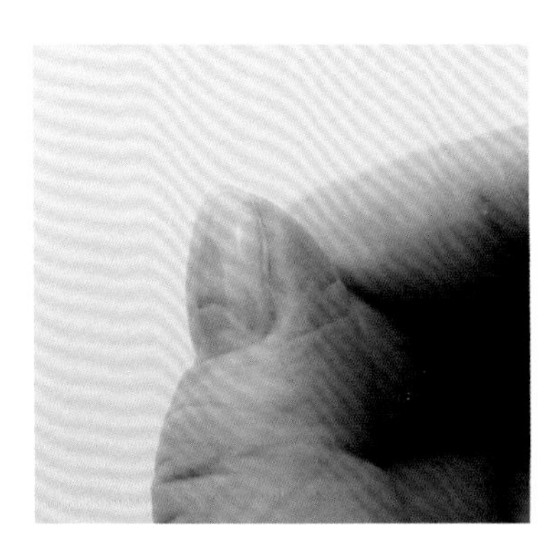

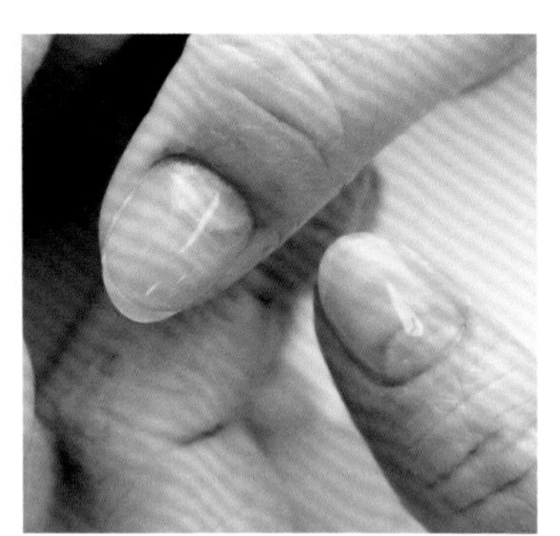

10

观察处理后的甲面是否平滑、干净，无残留。

4.4 指甲两边缺角的修补方法

有些顾客的指甲天生向下弯，指甲长长后会变得更加明显。如果美甲时要做成较长的方圆甲形，甲尖会内收，不能呈现规则的长方形，看起来就像指甲两边缺了角。这时，就必须外扩指尖的两角，并进行适当的矫形。

顾客的甲面是凹凸不平的，从侧面看，指甲向下弯。

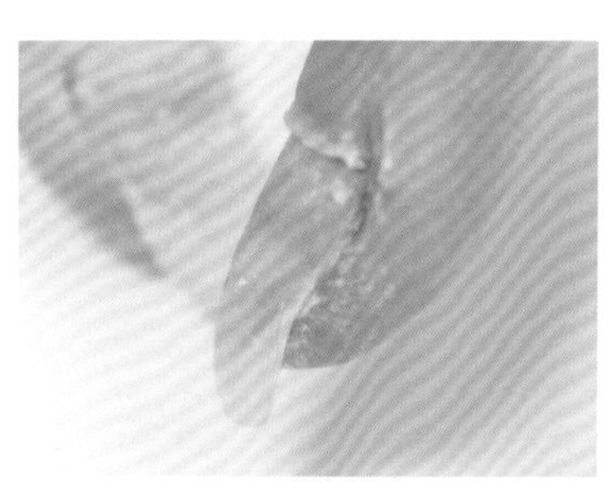

从正面看，能明显看出指甲受过损伤，指甲歪斜的情况比较严重。

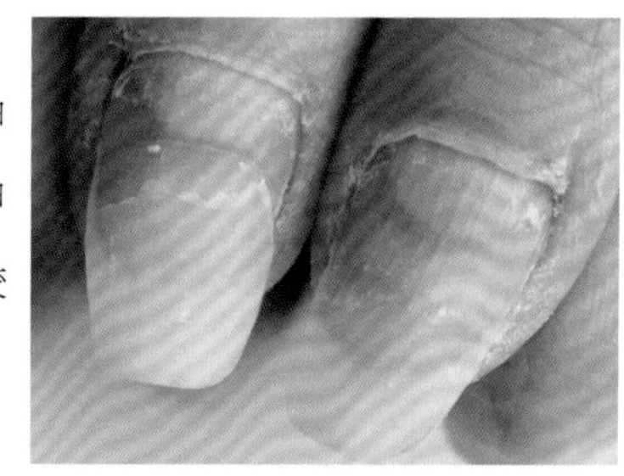

美甲师应建议顾客不要将指甲留得太长。此处应对指甲做修短处理。

修补方法

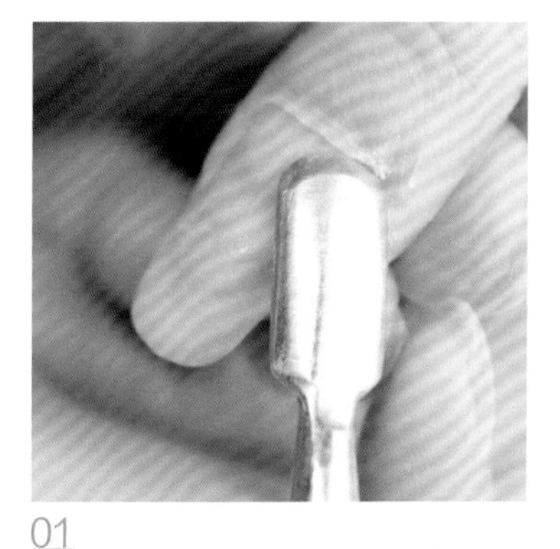

01

用棉片蘸取 75% 的酒精，给顾客的双手消毒。指缘的死皮偏厚，用钢推棒进行整理，使甲面显得更修长。

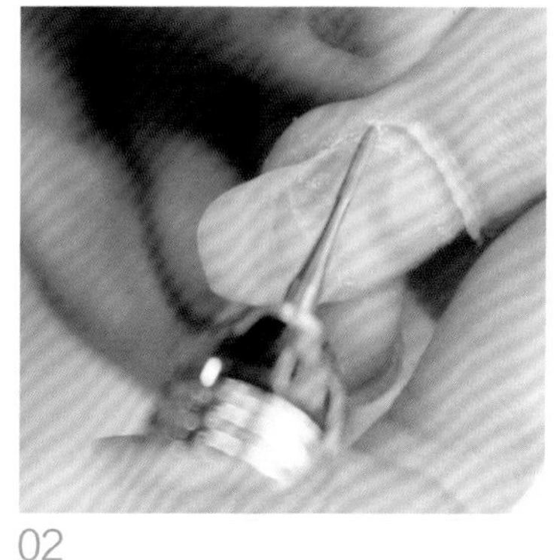

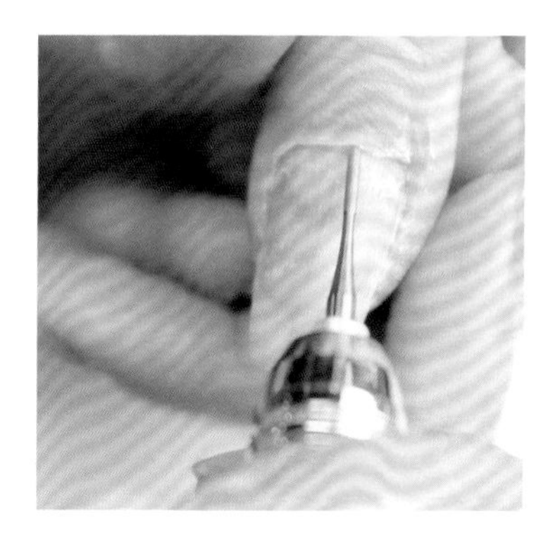

02

在打磨机上装上去死皮专用的磨头，去除死皮。

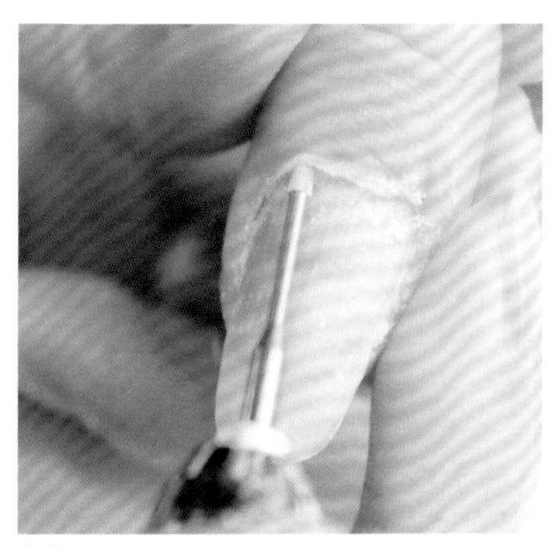

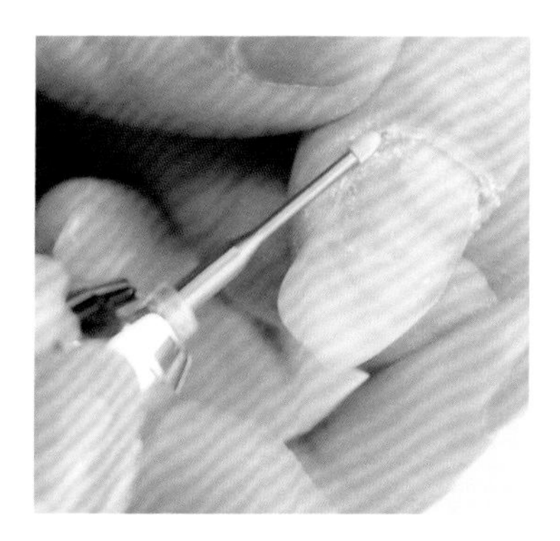

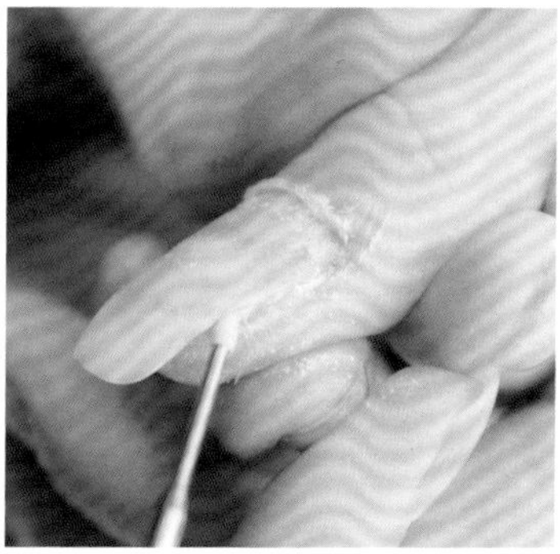

03

在打磨机上装上去角质专用的磨头，去除指甲周围的角质。小心地去除指甲边缘与角落里的死皮。

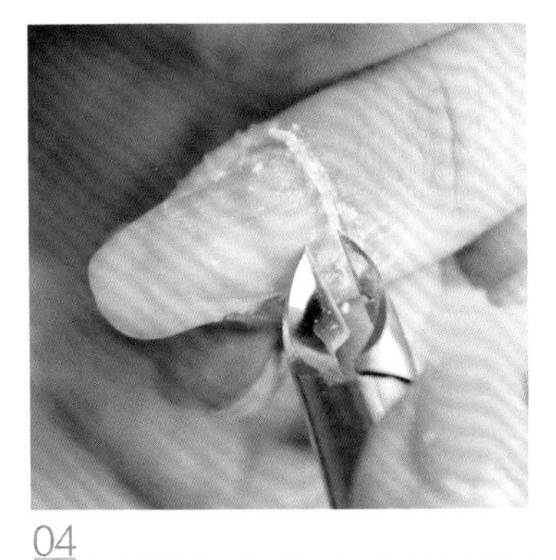

04

用指皮钳轻轻地剪去死皮，控制好指皮钳的角度。

05

用海绵锉打磨指甲的侧面，使之与指甲前缘呈 90° 角。

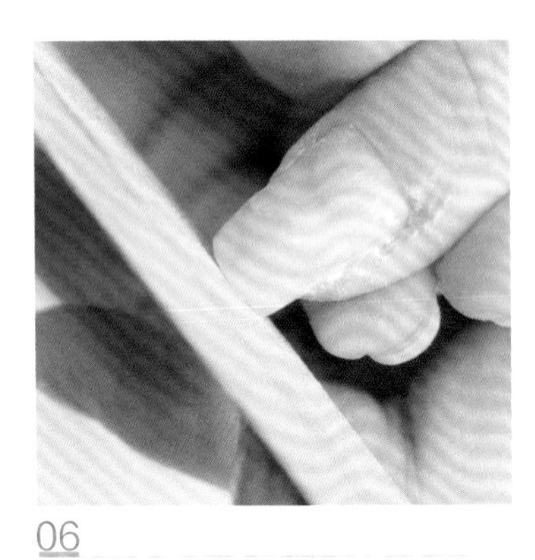

06

将指甲前缘打磨平整。

07

选用 180 目的磨头，对指甲表面进行刻磨。将砂圈平放于甲面上，由前缘向后缘横向刻磨。打磨边缘位置的时候，注意倾斜 45° 。

08

在刻磨后的指甲表面涂上一层干燥剂。

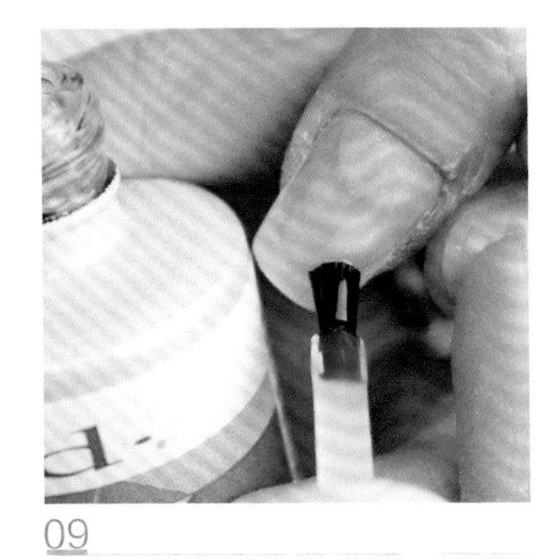

09

在甲面上涂上一层接合剂，并照灯 40~50 s。

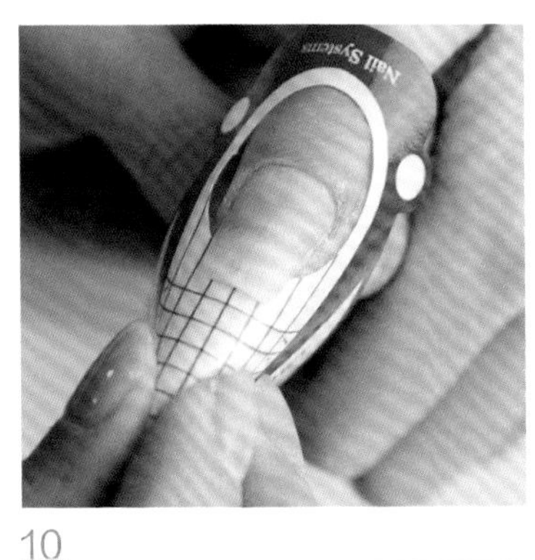

10

套上延长纸，使延长纸与真甲伏贴。

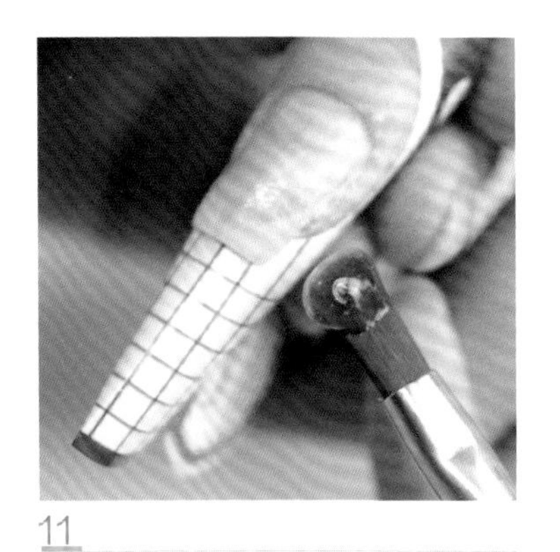

11

用笔刷蘸取黄豆大小的光疗胶。

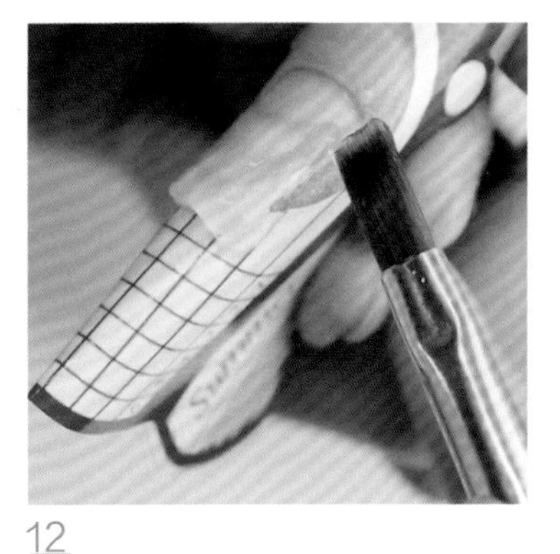

12

将光疗胶均匀地涂到指甲上，重点延长左右两边。涂抹均匀后，照灯30~40 s。

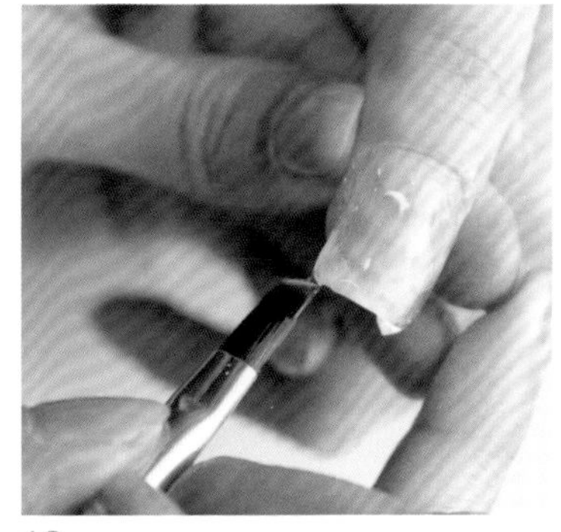

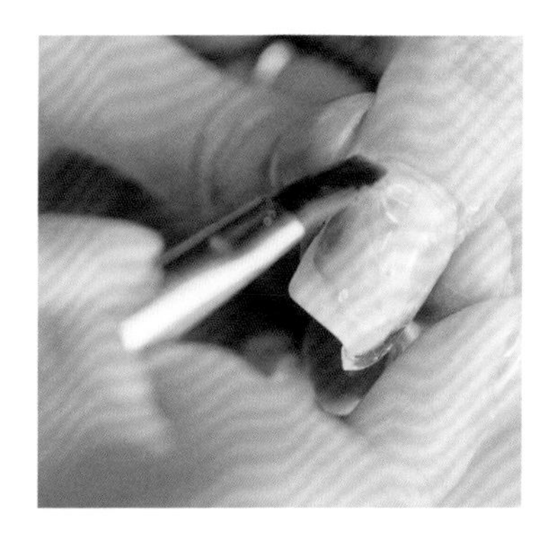

13

取下延长纸，先确定延长的长度，再确定整个指甲的弧度。

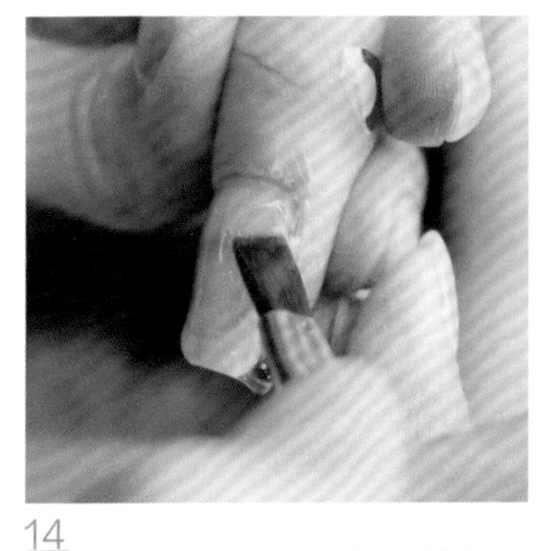

14

借由弧度加强对整个指甲的保护。塑形完成后，照灯 40 s。

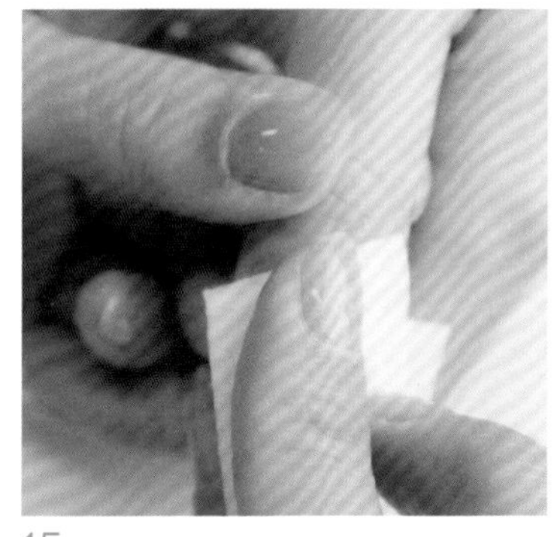

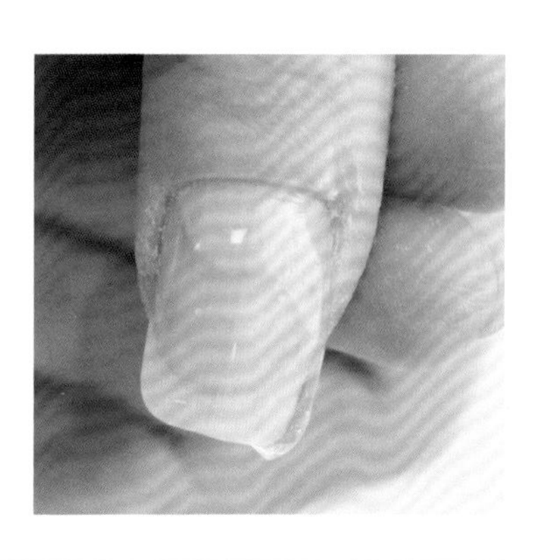

15

用蘸有美甲清洁啫喱或 95% 酒精的棉片轻抹甲片，以去除浮胶。然后照灯 20 s。

16

将砂圈平放于甲面上，由指甲前缘向后缘进行打磨。

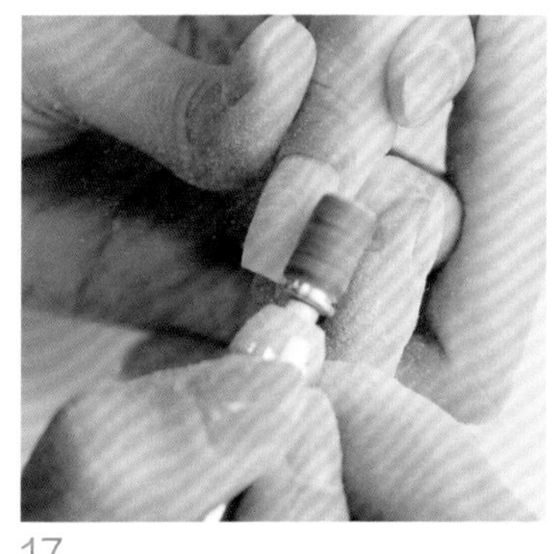

17

对指甲的正面进行处理，塑造弧形甲面。

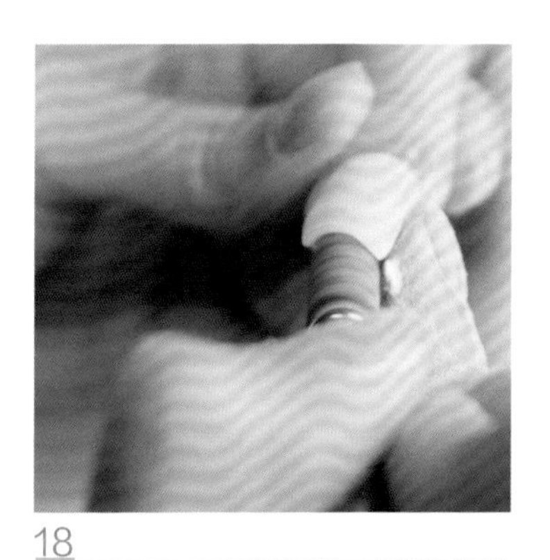

18

用砂圈刻磨指甲内侧，使其变薄，且呈 C 形。

19

左手用力绷紧顾客手指上的皮肤，用尖型卸甲头处理漏胶的部分。

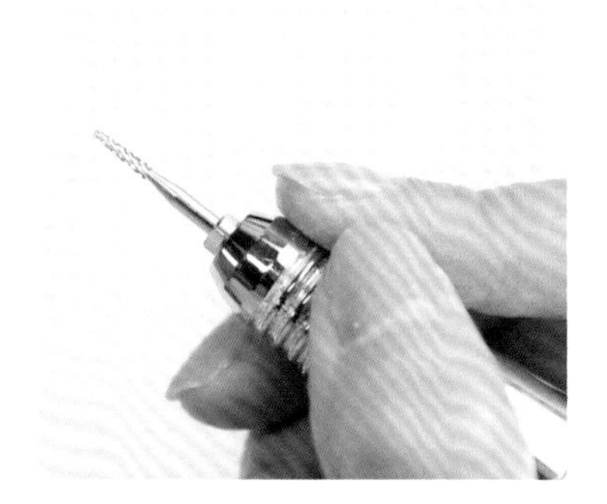

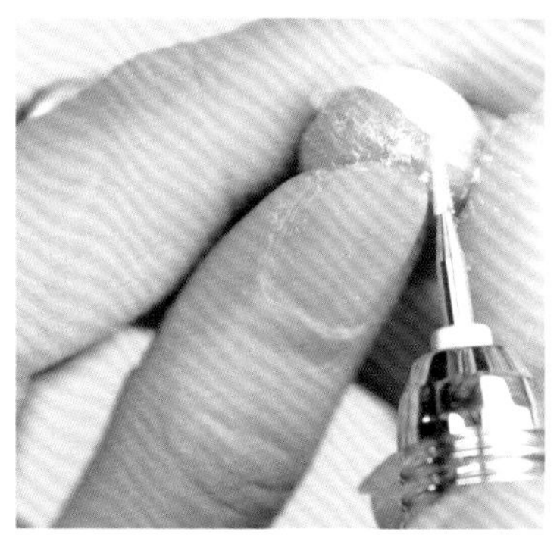

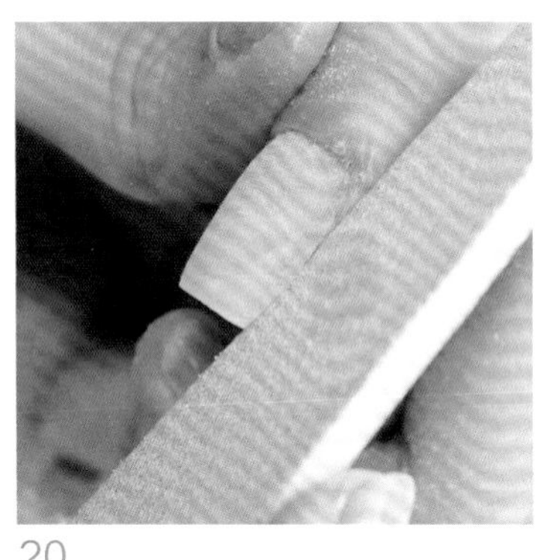

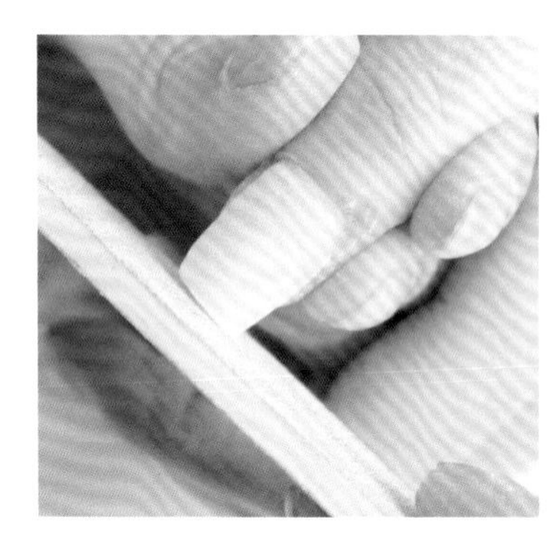

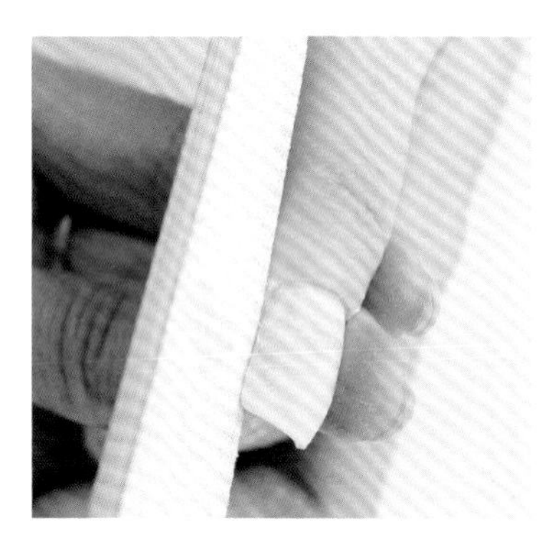

20

先将指甲的一侧打磨至与前缘垂直，然后将指甲前缘打磨平整，再打磨指甲的另一侧。

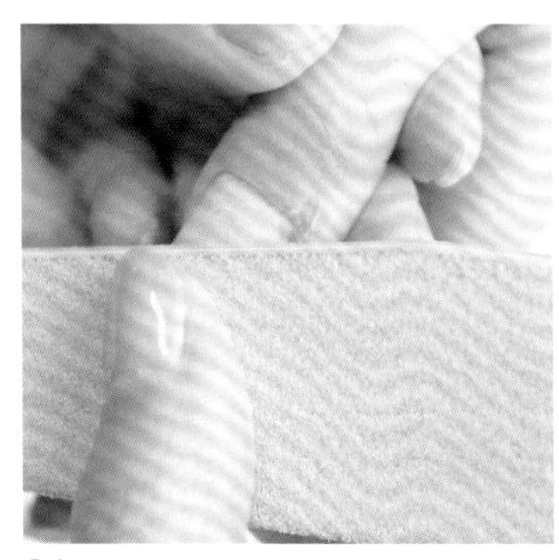

21

用抛光海绵打磨甲面。

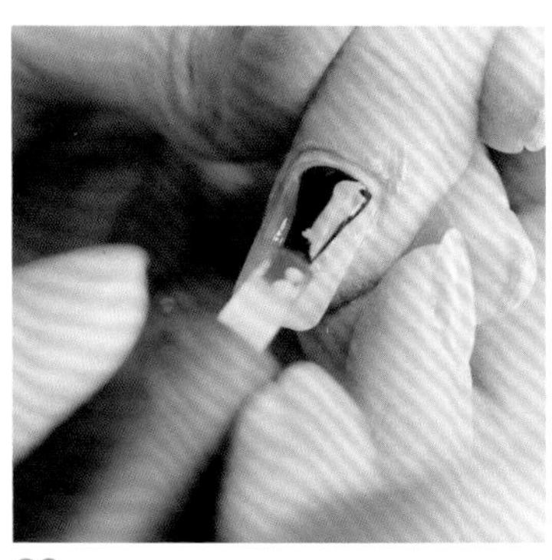

22

涂抹免洗封层，然后照灯 40 s。

23

在指甲周围涂上指缘油，用手按摩，以促进指缘油吸收。

24

检查甲面是否干净、无残留。通过对比可以看出指甲的修复效果。

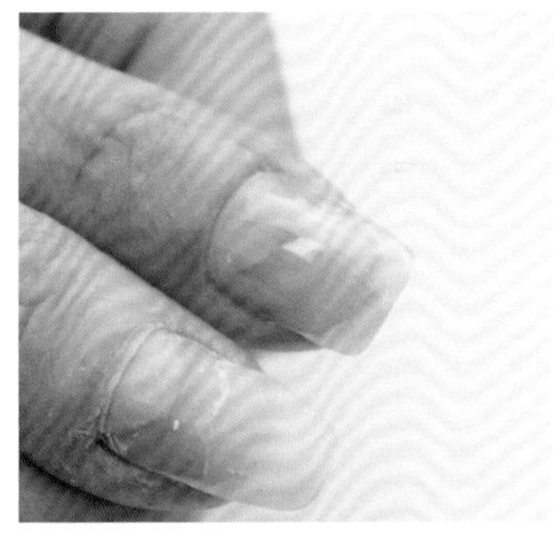

25

如有需要，可涂上粉红渐变色或者单色指甲油，以覆盖顾客指甲的瑕疵。

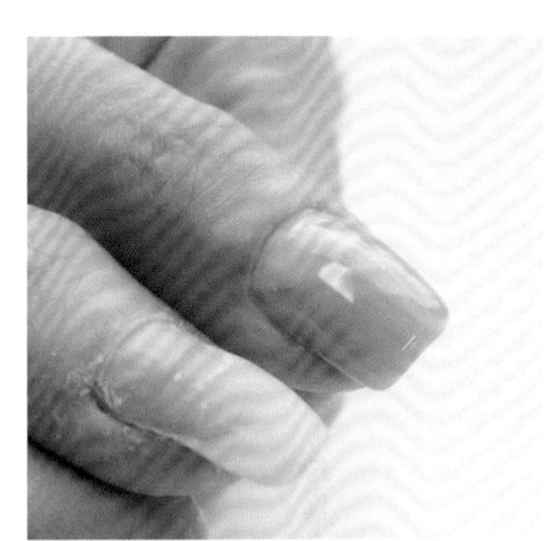

4.5 扇形指甲的处理方法

扇形指甲是指，随着指甲长长，指甲后缘相对于指尖显得窄，指甲整体呈扇形。扇形指甲的甲面通常比较扁平，有一部分扇形指甲的甲面会向上翘。在美甲时，建议将扇形指甲修成椭圆甲形，使指甲更加修长。

处理方法

01

用棉片蘸取 75% 的酒精，为顾客的双手消毒。

02

用钢推棒把死皮往指甲后缘推，令甲面显得更修长。

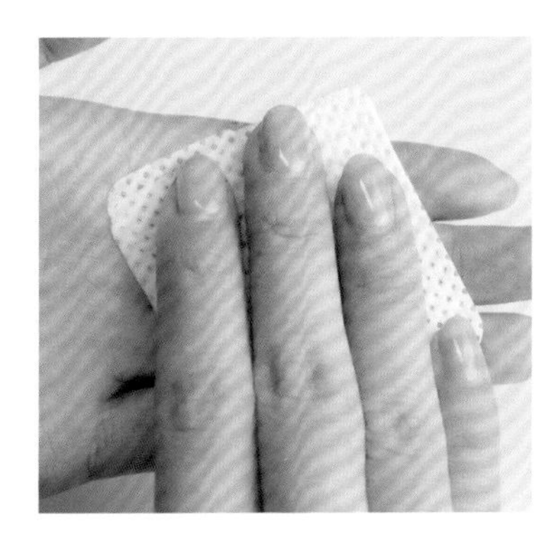

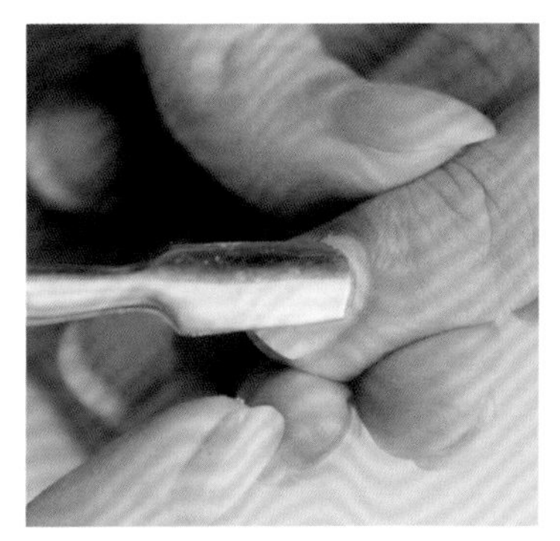

03

用电动打磨机去死皮专用磨头去除死皮，尽可能将细微处的死皮和垃圾清除干净。

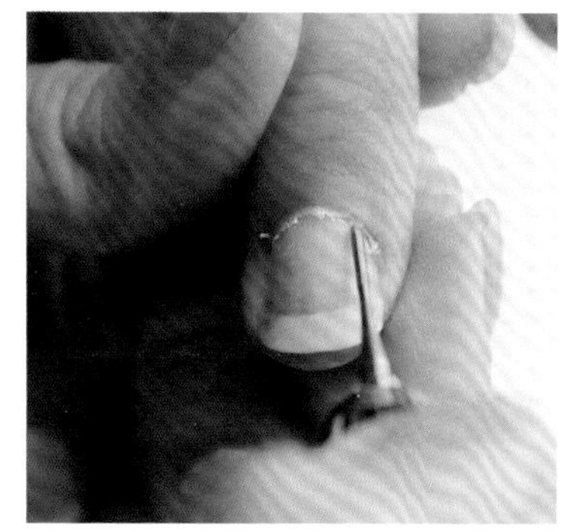

04

用手拉开左右两侧甲沟边的皮肤，将替换的去角质磨头轻轻地放在皮肤上，去除角质。

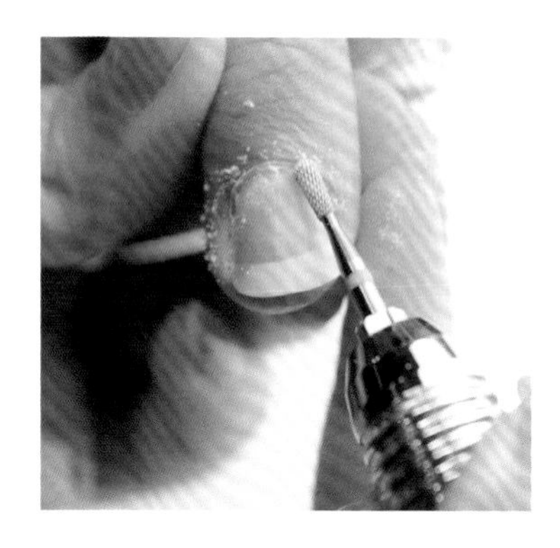

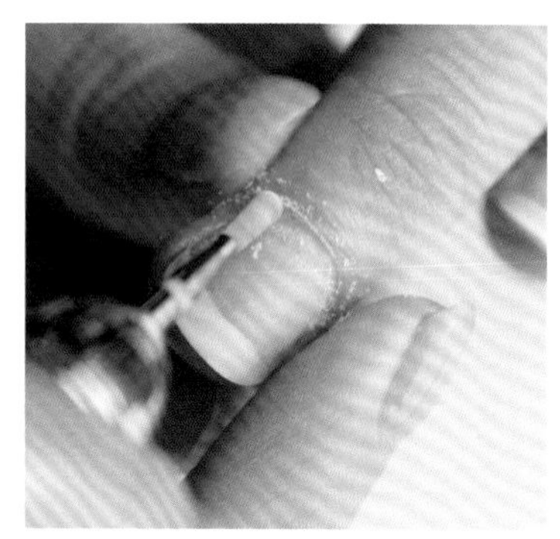

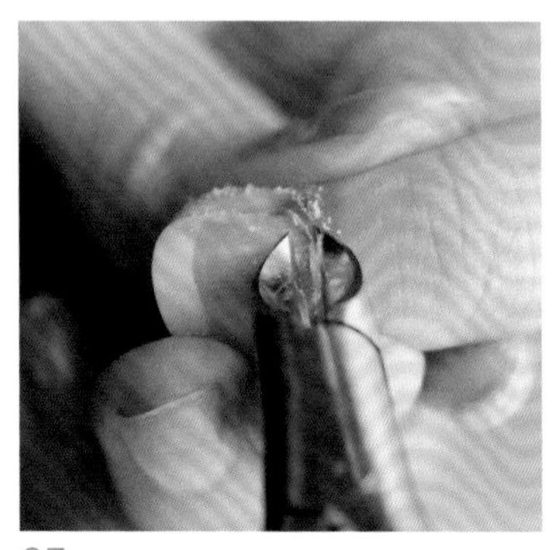

05

用指皮钳小心地去除指甲边缘和角落里的死皮。

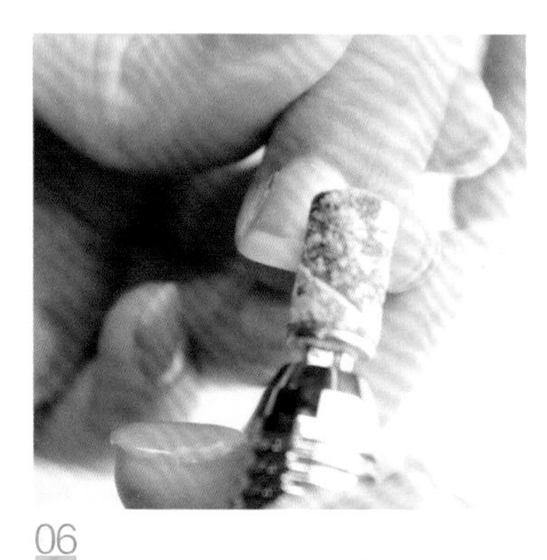

06

选择 180 目的磨头对指甲表面进行刻磨。将砂圈平放于甲面上，由指甲前缘向后缘横向打磨。注意，处理边缘位置时，砂圈一定要倾斜 45° 。

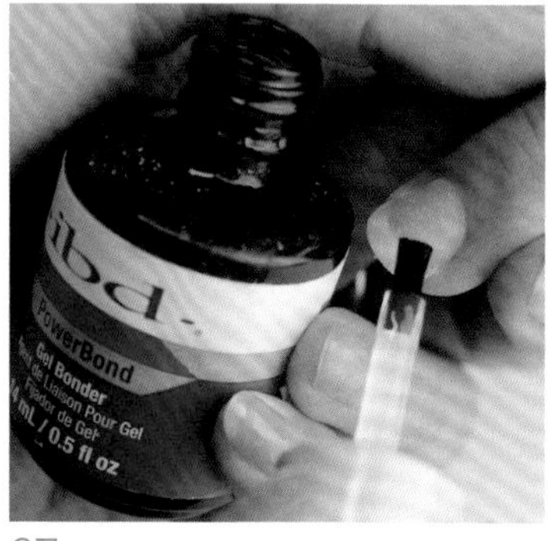

07

在打磨过的甲面上涂上一层干燥剂。

08

在甲面上涂上一层接合剂，然后照灯 40~50 s。

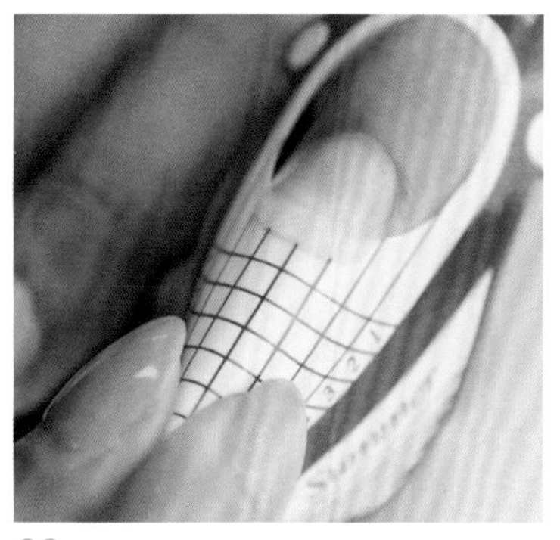

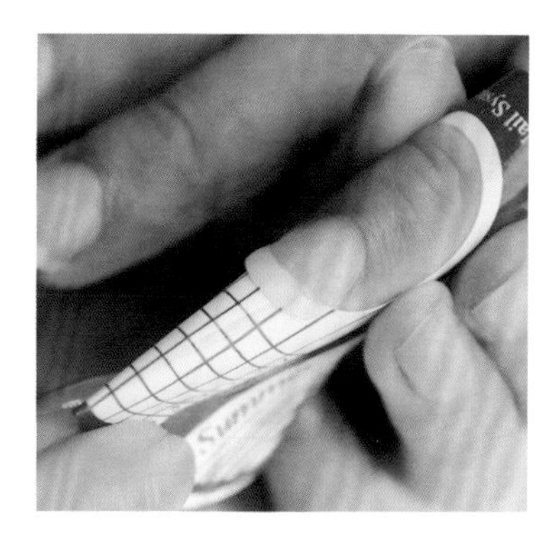

09

在指甲周围套上延长纸。注意真甲与延长纸之间应紧密贴合，不要有空隙。

10

用笔刷蘸取适量光疗胶，将其放置于真甲与延长纸之间，并向左右两边推，使之形成均匀的长条状。然后照灯 40 s。

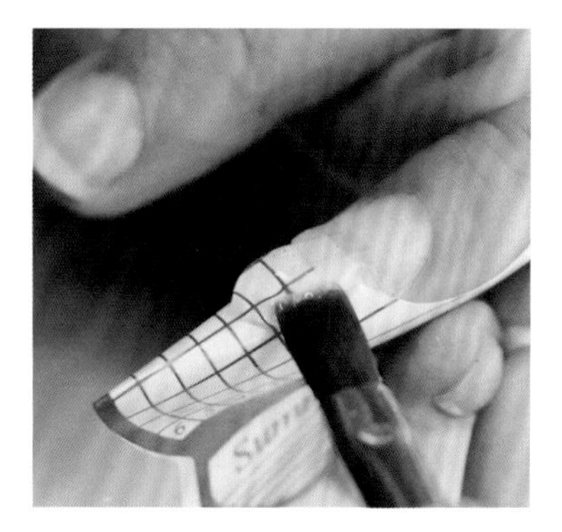

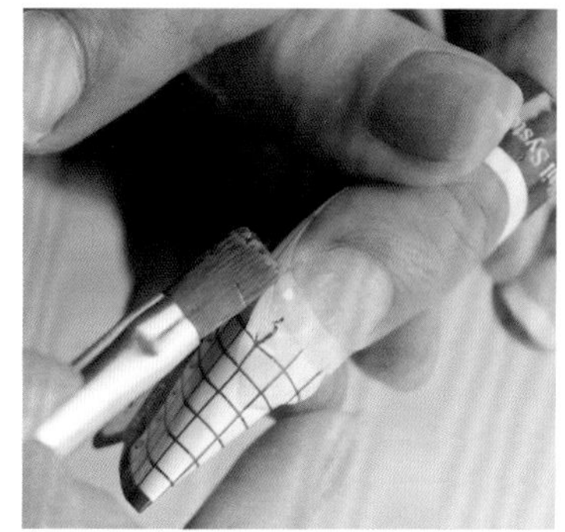

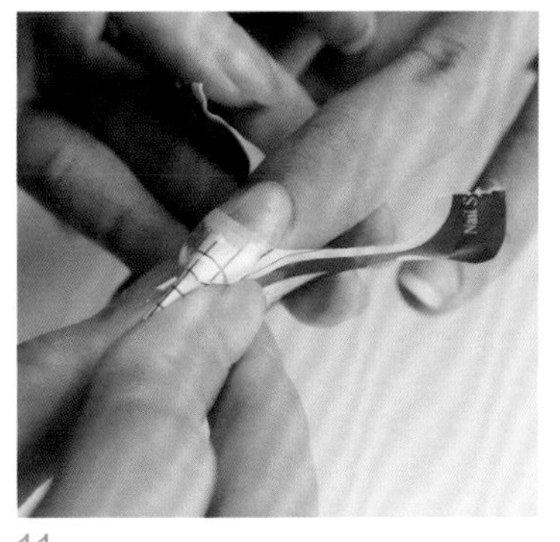

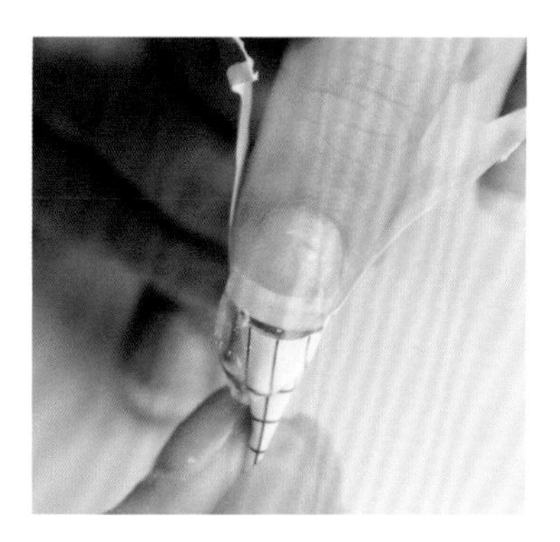

11

待光疗胶凝固后，将延长纸撕掉。

12

确定延长甲的长度、厚度与弧度。然后照灯 40 s。

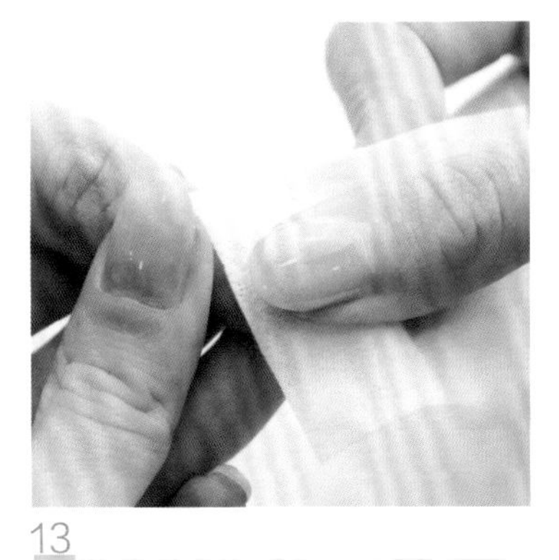

13

用蘸有美甲清洁啫喱或95%酒精的棉片轻抹甲片，以去除浮胶。

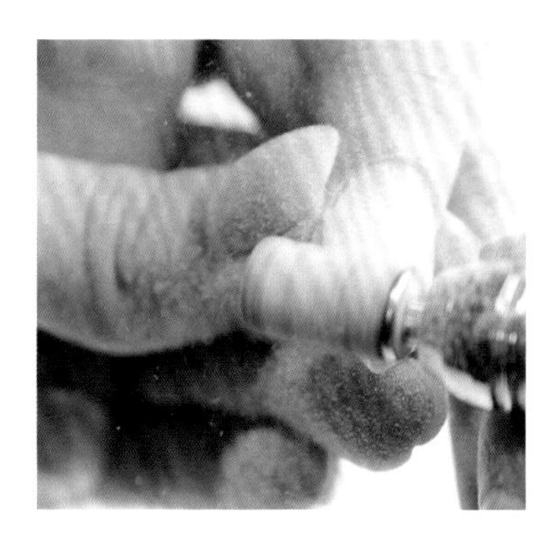

14

用砂圈打磨甲面和指甲两侧。

15

用磨砂条修整指甲的两侧，使其平直，两侧要对称。

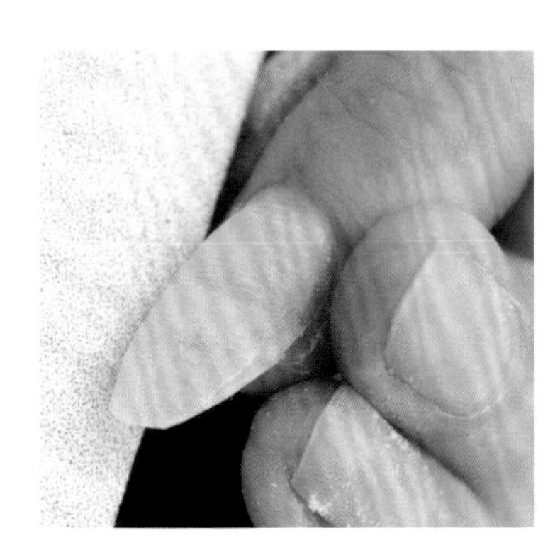

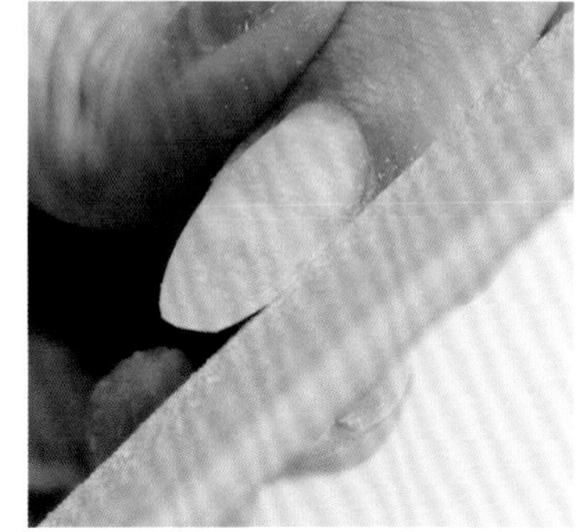

16

打磨指甲的边角，使指甲尖呈弧形，注意两侧要对称。

17

对比处理前后的指甲。

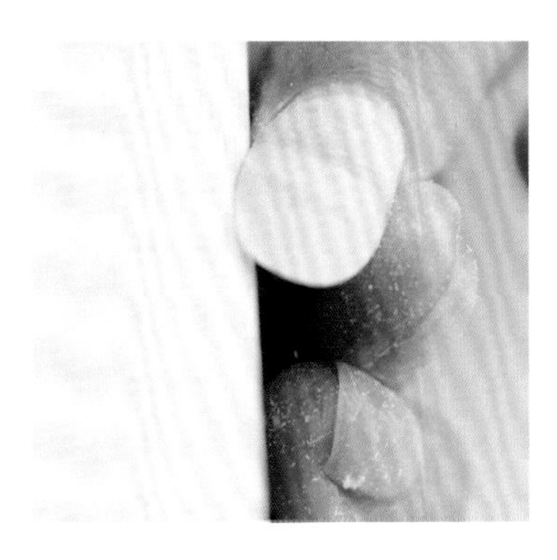

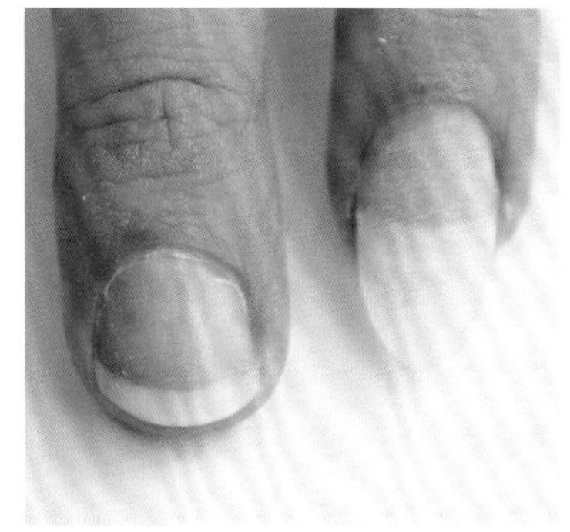

4.6 啃咬的短指甲的处理方法

观察啃咬后的指甲，可以看到甲缘凹凸不平，呈现出不健康的状态。

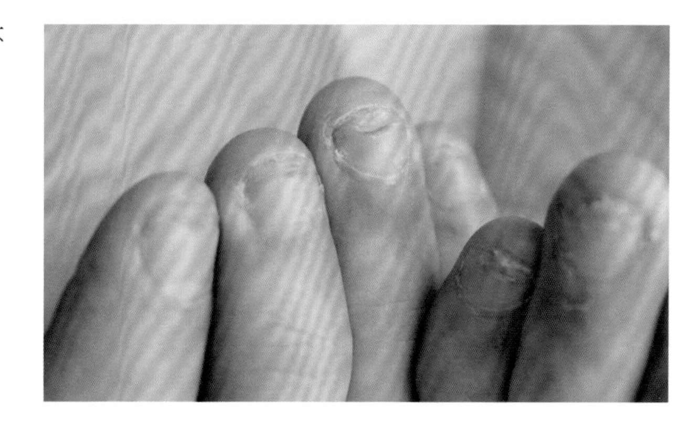

处理方法

01

用棉片蘸取 75% 的酒精，为顾客的双手消毒。

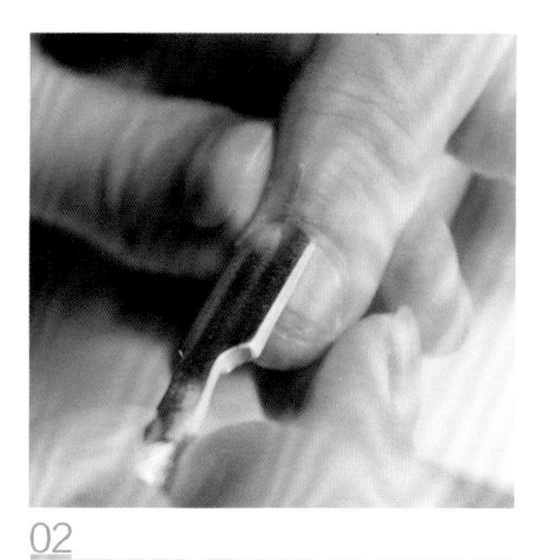

02

用钢推棒将死皮上推，以令甲面显得更修长。

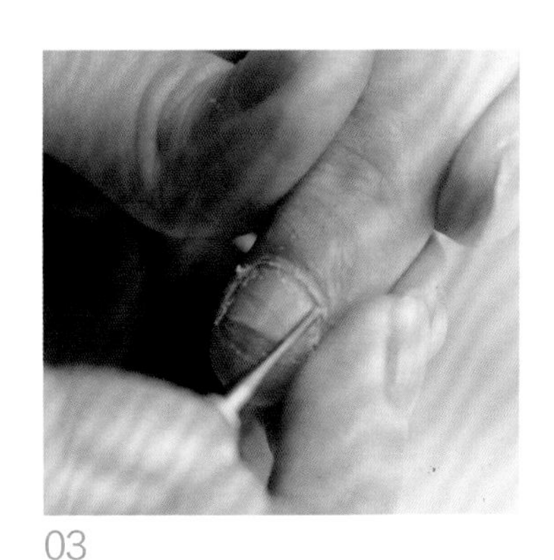

03

在打磨机上装上去死皮专用的磨头，去除死皮。

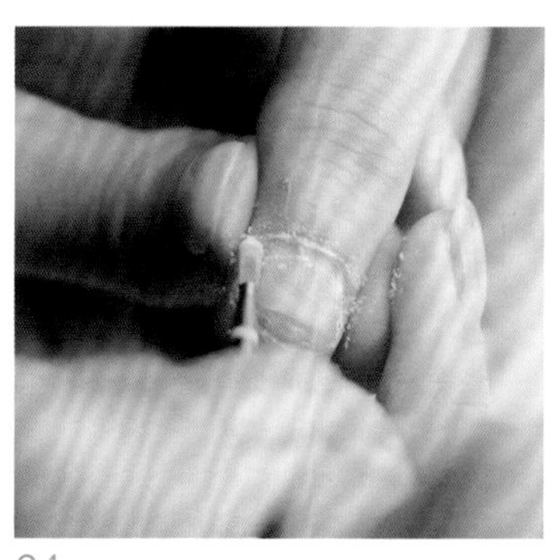

04

在打磨机上装上去角质专用的磨头，去除指甲周围的角质。

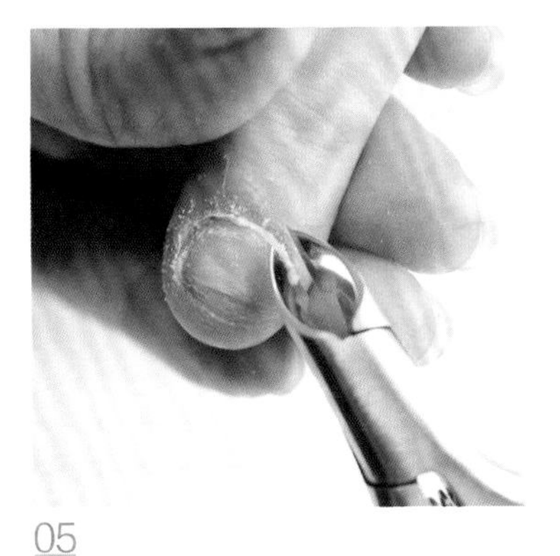

05

用指皮钳修剪指甲周围的死皮。

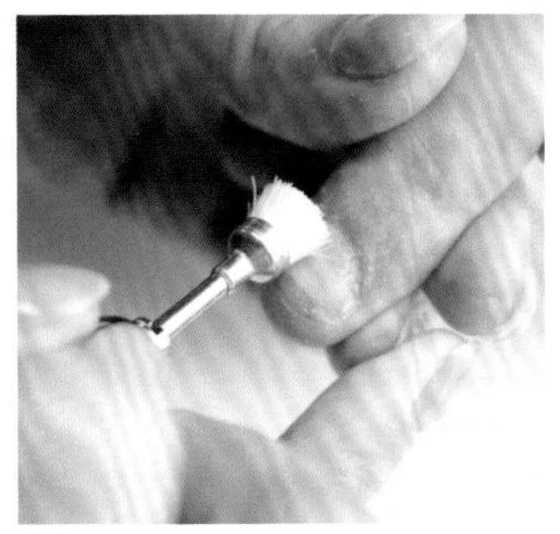

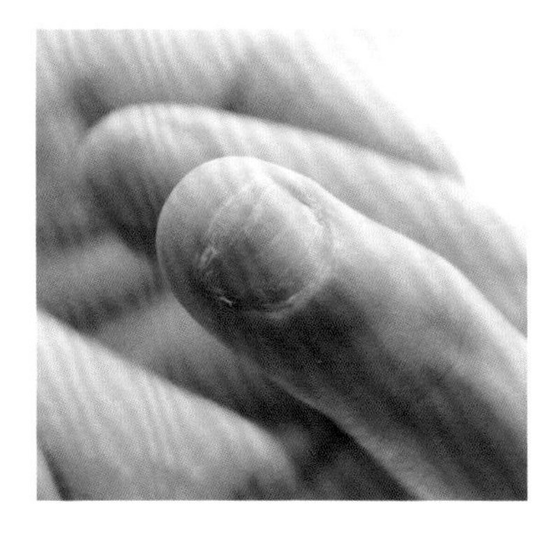

06

在打磨机上装上扫除粉尘用的磨头，从中间开始向指甲两侧和指甲前缘的方向清扫。

07

选用 160 目的磨头对指甲表面进行刻磨。

08

在甲面上涂一层干燥剂，使甲面保持干燥。

09

在甲面上涂适当分量的接合剂，然后照灯 40~50 s。

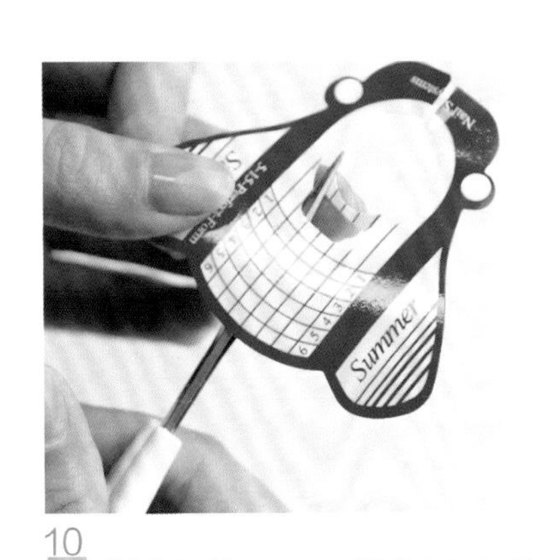

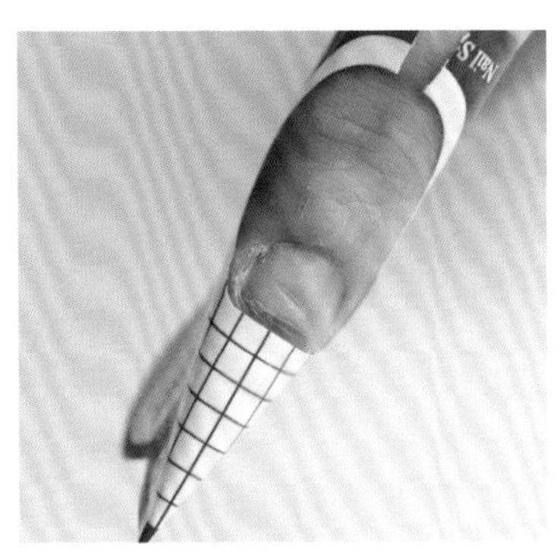

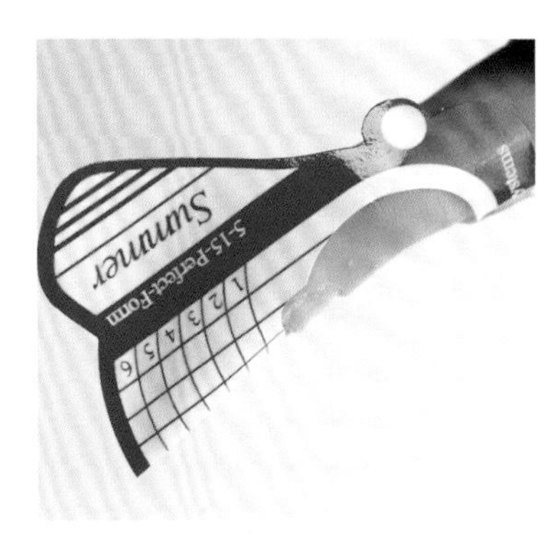

10

根据指甲的特点修剪延长纸，将延长纸套到手指上。真甲与延长纸应保持在一条直线上且紧密贴合。若有空隙，则需要重做。

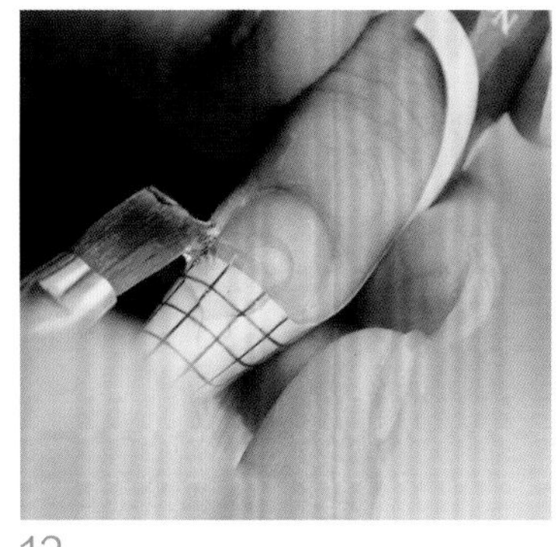

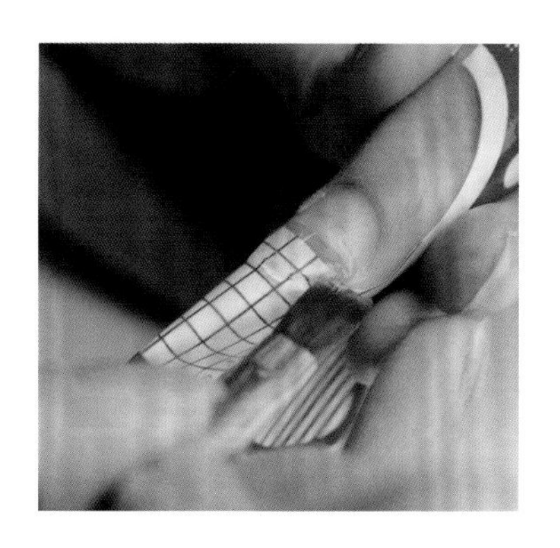

11

用笔刷蘸取黄豆大小的光疗胶。

12

在延长纸和真甲连接处涂抹光疗胶。涂抹均匀后照灯 40~50 s。

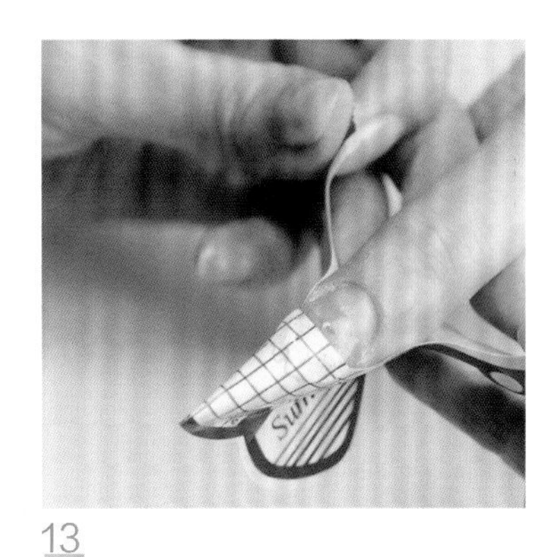

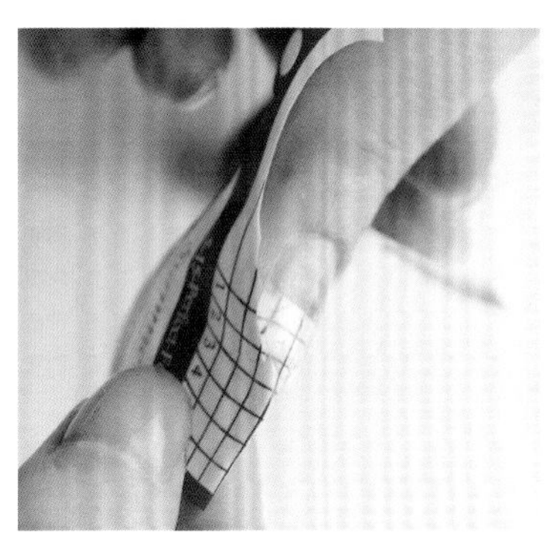

13

取下延长纸，确定延长的长度，并照灯 20 s。

14

调整甲面的弧度，借用弧度加强对整个指甲的保护。

15

进行甲面装饰，先贴上较薄的材料。

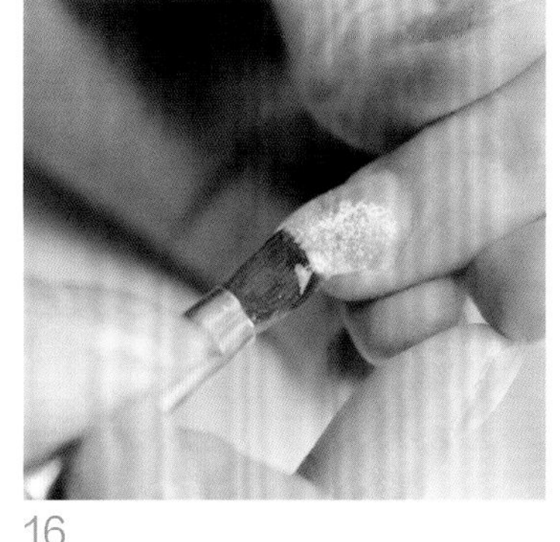

16

涂上一层渐变闪粉胶，覆盖底部明显的延长过渡位置。照灯固化。

17

再涂上薄薄一层多功能光疗胶，用于粘贴材料（不用照灯）。

18

在指甲表面贴一层较薄的材料。

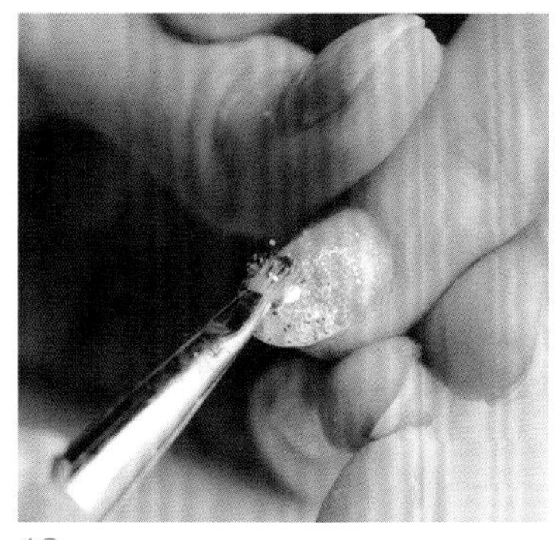

19

在指甲表面贴上一些闪片。

20

照灯，涂上两粒大豆分量的功能胶，将所有饰品包裹在内。

21

将不可卸光疗硬胶涂到指甲中间靠近后缘的位置。笔刷倾斜45°，将1/5的光疗胶刷到指甲前缘。然后，笔尖轻扫，使光疗胶均匀地覆盖整片指甲，并照灯约30 s。

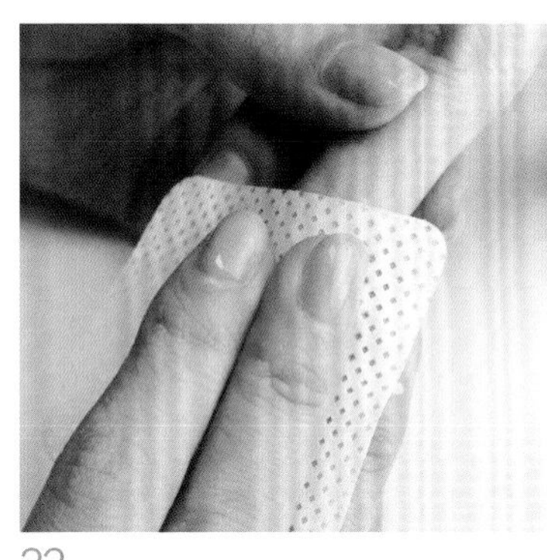

22

用蘸有美甲清洁啫喱或95%酒精的棉片轻抹甲片，以去除浮胶。

23

用砂圈打磨甲面。

24

用磨砂条从两边往中间将指甲前缘打磨成弧形，注意两侧要对称。

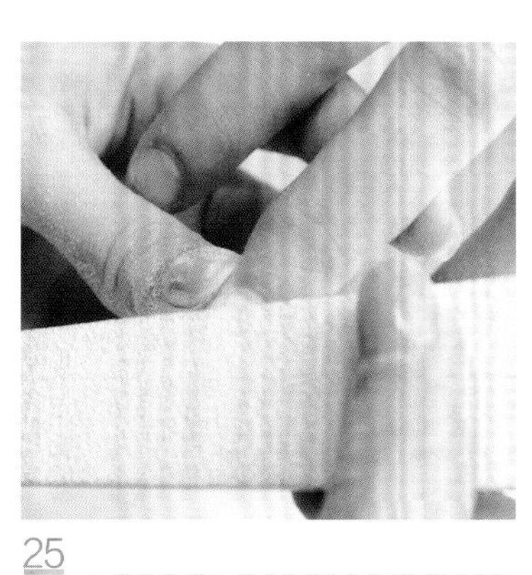

25

打磨指甲表面，塑造一定的弧度。

26

用抛光海绵打磨甲面，抚平磨砂条造成的细微凹凸的痕迹。

27

涂抹免洗封层，并照灯 40~50 s。

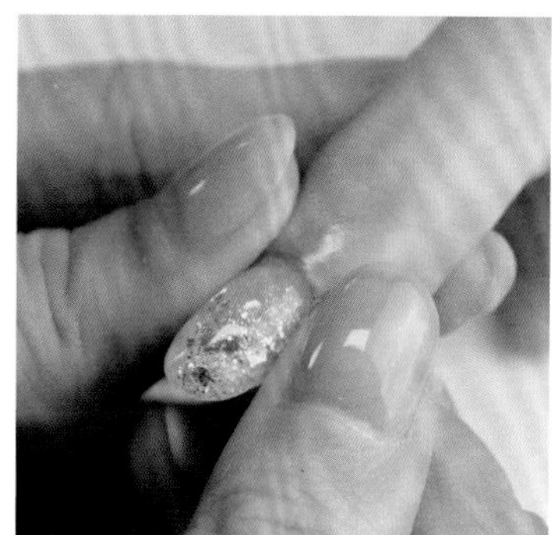

28

涂上指缘油，并按摩至吸收。

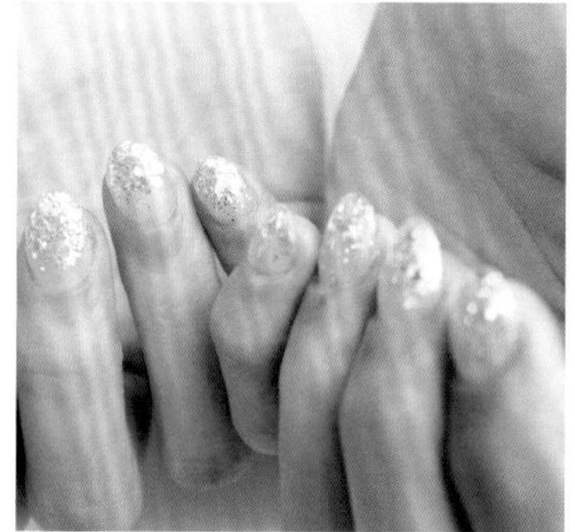

29

检查甲面，确保甲面干净、无残留。

4.7 指甲甲床分离的处理方法

指甲甲床分离常表现为指甲松动，甲弧影逐渐改变，弧线向指甲内侧伸展，不规则区域渐渐扩大，指甲下方出现中空的现象。污垢、刺激性物质等都会直接侵蚀甲床，并且很难清洁，长期如此会导致感染。

甲床分离跟人的日常生活密切相关。

（1）人体自身免疫力低下、亚健康、压力过大，以及睡眠质量差等，导致自身抵挡环境影响的能力相对薄弱。

（2）隐藏在分离甲床上的污垢、刺激性物质等得不到有效清洁，日积月累地侵蚀着甲床，导致甲床分离越来越明显。

（3）正常情况下，随着指甲长长，甲床分离位会随之长出指皮，以平衡指甲的整体压力。如果指甲太长，没有及时进行修剪，就容易受到外力伤害，从而造成甲床分离。

（4）药物和感染等也会造成甲床分离。这类情况必须及时就医。

建议：必须把顾客的指甲修整到最短，以减轻指甲受到的压力，同时也便于清洁。采用正确的手法给顾客做适当厚度的光疗美甲，使指甲在适当的外力下形成稳定的生长轨迹，以达到慢慢矫形的目的。嘱咐顾客注意日常清洁与消毒，密切留意指甲的生长状况。矫形过程中，应该定时用磨砂条修短指甲（约每周一次），3 周重做一次光疗美甲。持续做光疗美甲 3 次或 4 次，甲床分离情况会逐渐得到改善。

处理方法

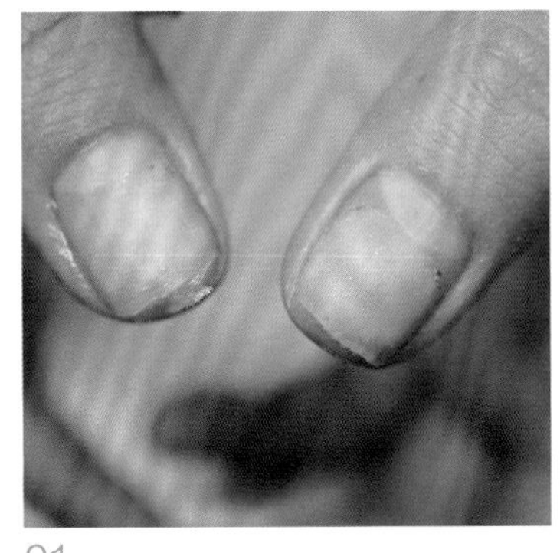

01

观察手部和指甲的状况，确定指甲或皮肤没有外伤，指甲红润、有光泽，没有其他异常体征（如感染、色素沉淀等）。如有异常或自己不能判断，建议让顾客就医。图中可见，此指甲属于指甲甲床分离的情况。

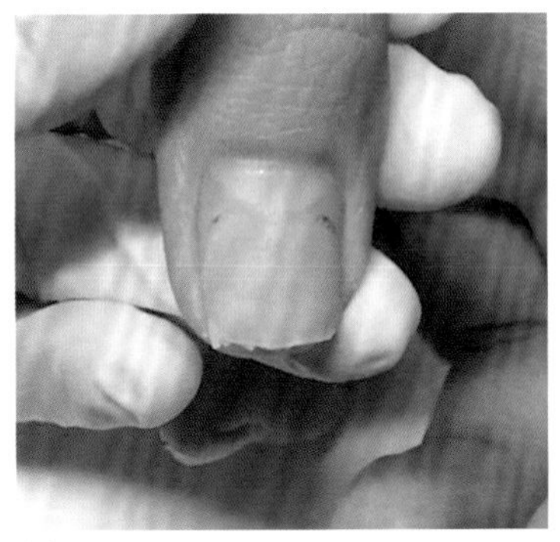

02

仔细观察分离的部位，预估修整的范围。然后戴上手套操作。

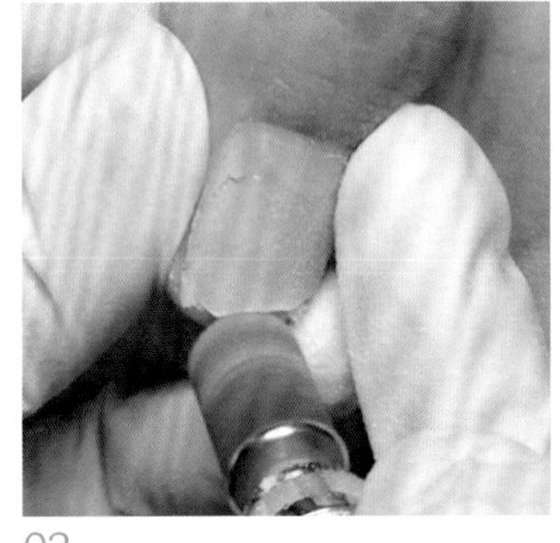

03

给打磨机装上 180 目的砂圈，将转速调到中档。注意使顾客大拇指的正面朝向美甲师。美甲师用左手固定住顾客的拇指，使拇指第 1 指节呈 90° 弯曲，指尖朝下，同时拉开指甲两侧的皮肤。美甲师右手紧握打磨机，右手小指支撑左手，使操作更稳定。使砂圈与指尖呈 90° 角，砂圈边缘紧贴指尖右侧，均匀用力，慢慢向上推动。注意，在操作过程中，要多次观察打磨范围，避免伤到顾客的手指。左侧采用同样的方法处理。

04

用钢推棒较锋利的一端将残留物清除。注意，操作时一定不能伤到手指。

05

用 75% 的医用酒精为指皮钳和大拇指进行消毒，清除残留污渍。然后指皮钳剪去小皮屑。

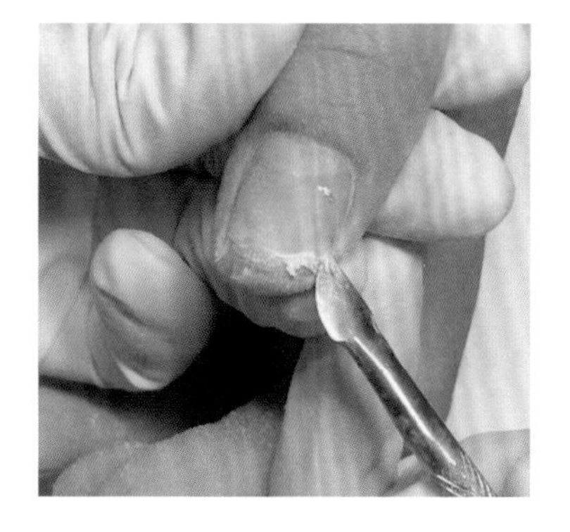

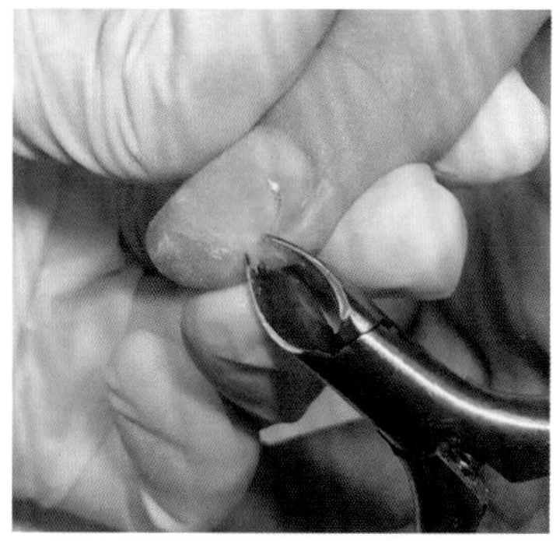

06

再次给打磨机装上 180 目的砂圈，将指甲打磨到尽量接近弧形区域，并将指甲前缘磨圆滑。打磨完成后，之前指甲中空的部位已经全部暴露出来，中空部位的皮肤完好、红润，无感染，稍显干燥。

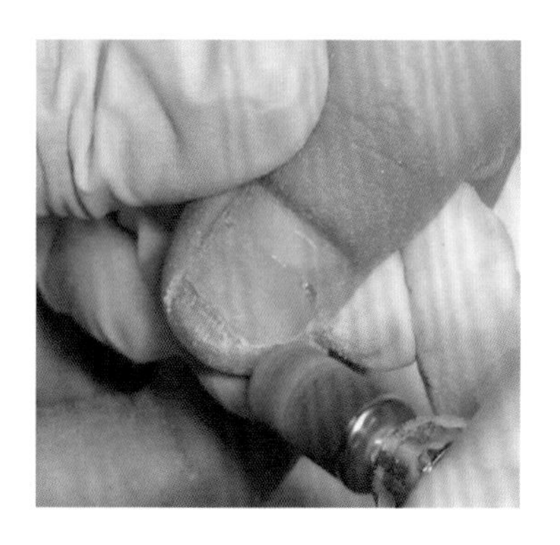

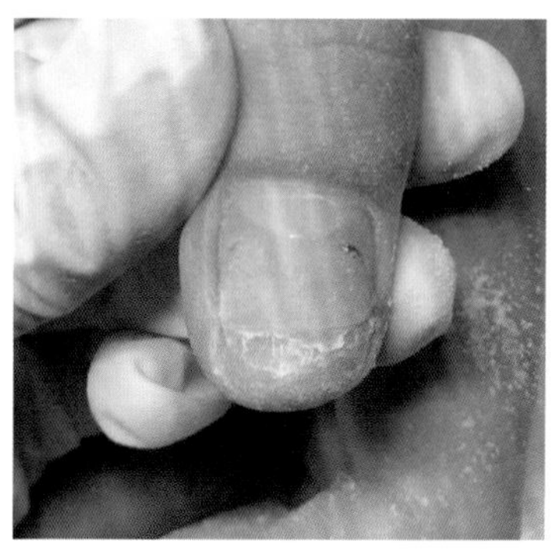

07

将打磨机的转速调到最小，对整个甲面进行刻磨。刻磨完成后，整个甲面轻微磨花而并没磨薄。

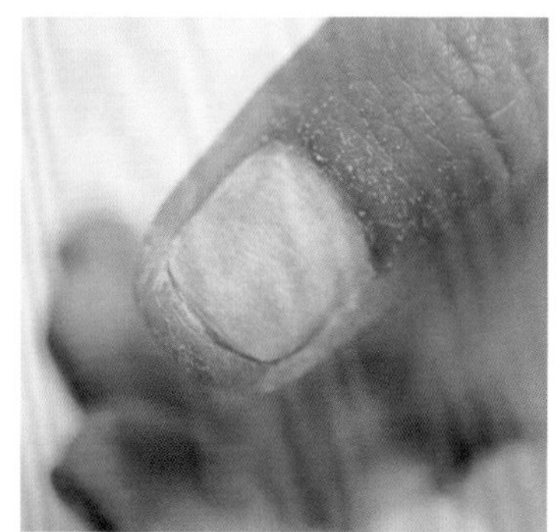

08

在甲面上涂一层干燥剂，不需要照灯。

09

在甲面上涂一层接合剂，照灯30~40 s。

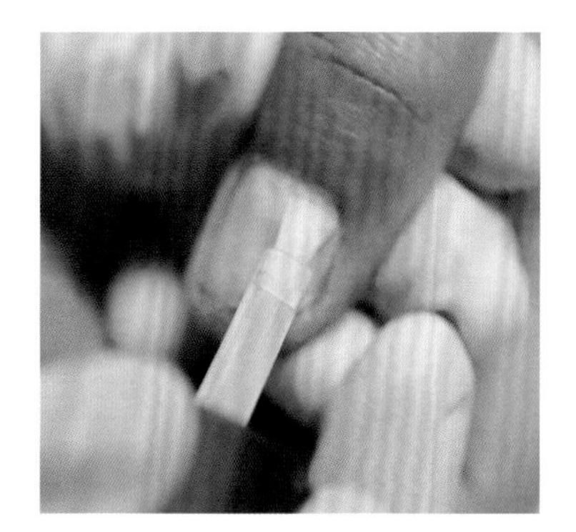

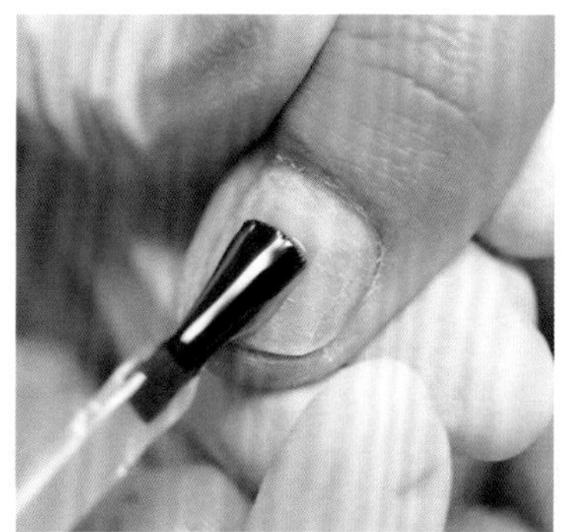

10

用笔刷蘸取适量的多功能胶，给指甲做出适当的弧度。照灯 20 s。

11

选用 Dion Nail Art 的 NUDE02 半透裸粉色指甲油。

12

用笔刷蘸取适量指甲油，对大拇指进行单色处理。

13

涂上免洗封层，照灯 40 s。

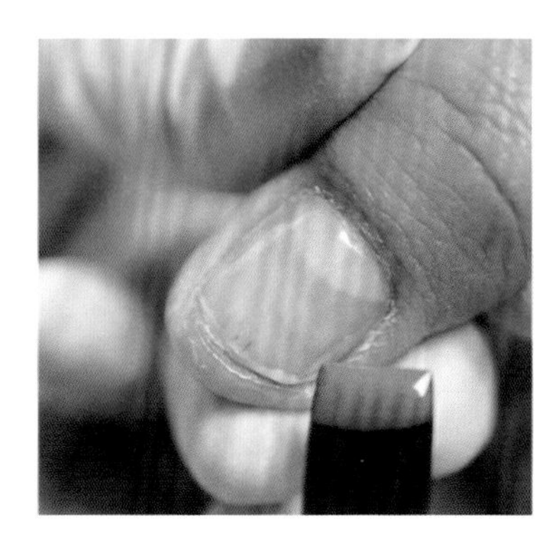

05

常用款式技法解析

5.1 真手百搭款式

百搭款式的美甲适合大部分人，不挑肤色。真手百搭款式都有各自的特色，显手形修长。

5.1.1 清新闪片百搭美甲

设计灵感

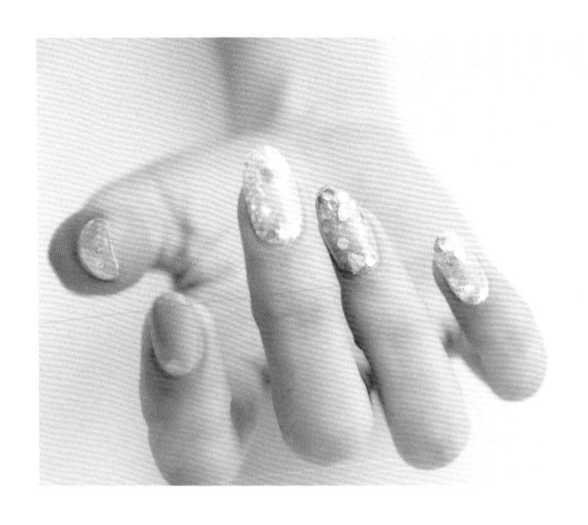

这一套造型的重点是不同闪粉（片）的混合运用。选择闪粉作为主材料，五指采用相同的做法会使整套美甲显得过于庸俗。此套造型运用不同闪片做出不同的风格，在主题不变的情况下使搭配更柔和、元素更丰富。为寻找灵感，可将不同的闪片整理整齐，以方便查看。通过仔细观察与思考，找出材料之间的联系，并结合顾客甲面的大小综合考虑而设计出合适的款式。这套美甲有两种款式：第一种选用了大小不同、形状各异的混合闪粉，并在最后加上心形闪片来打造层次，比较随性，不死板；第二种采用单色美甲，以心形闪片点缀，风格简约。

所用材料

细闪粉、大小不同的金色和银色闪片、心形闪片、方头笔刷、尖头小笔、多功能光疗胶、免洗封层、指缘油、轻奶茶色指甲油。

操作步骤

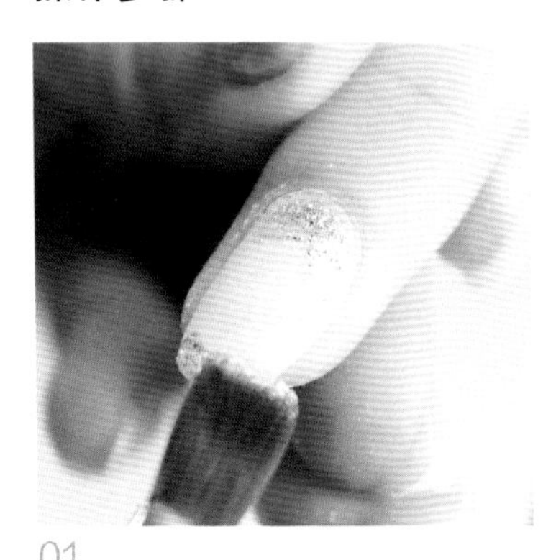

01

对手指做好前置处理。在中指指甲的任意 3 个边涂上少量多功能光疗胶。然后，用方头笔刷蘸取适量的细闪粉，将其粘到甲面上。

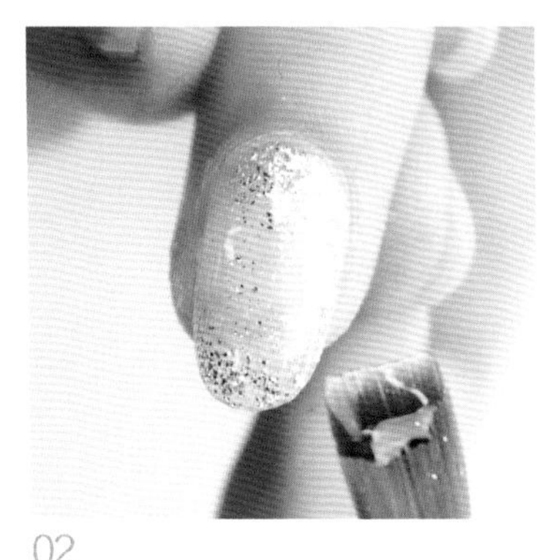

02

使细闪粉按照一定的规律分布，做出周边多、中间少的渐变感觉。照灯固化。然后，在甲面上涂一层薄薄的多功能光疗胶。

03

用尖头小笔蘸取相对较大的银色闪片，使其零星分布在细闪粉比较密集的部位，强化渐变的感觉。然后，取几片银色的心形闪片作为点缀，让整个甲面的元素更丰富。照灯固化。

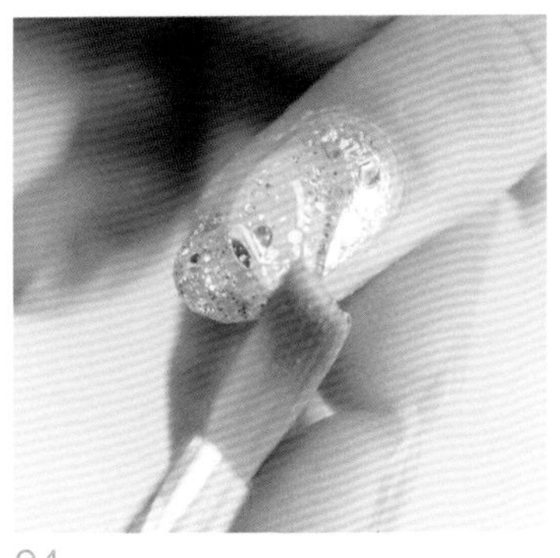

04

细闪粉会使甲面呈现出凹凸不平的状态，因此，取相对较多的多功能光疗胶，包裹住整个甲面。照灯固化。

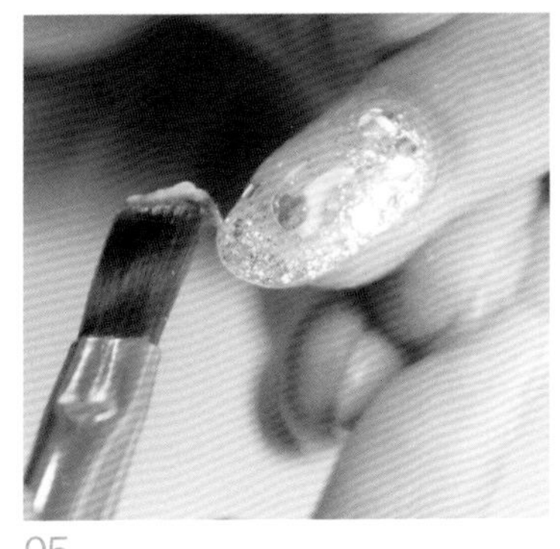

05

检查闪粉是否包好，且不能令甲面变形。

06

涂上免洗封层，照灯固化。

07

在指甲边缘涂上指缘油。

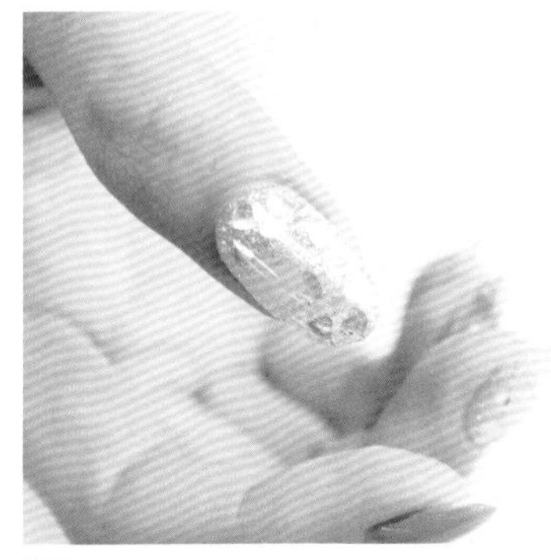

08

用同样的手法处理拇指、无名指和小指。拇指甲面的面积大，可以多加一些心形闪片。为形成差异，无名指采用金色闪片。

09

在食指的指甲上涂上一层轻奶茶色指甲油，照灯固化。

10

将多功能光疗胶涂于指甲后缘，贴上一片金色心形闪片，并照灯固化。

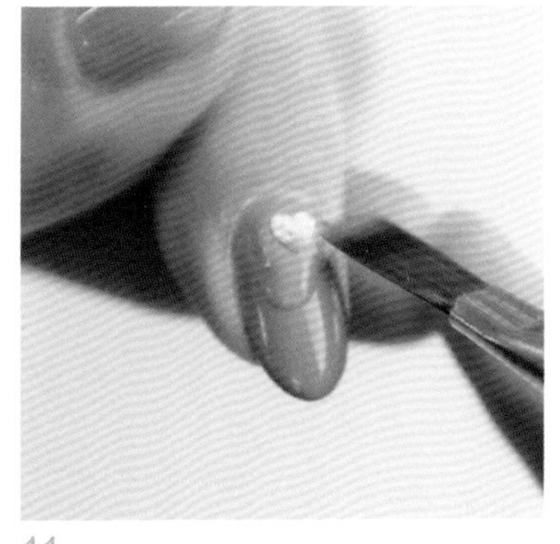

11

再涂上一层多功能光疗胶，包裹甲面，使其平整，并照灯固化。

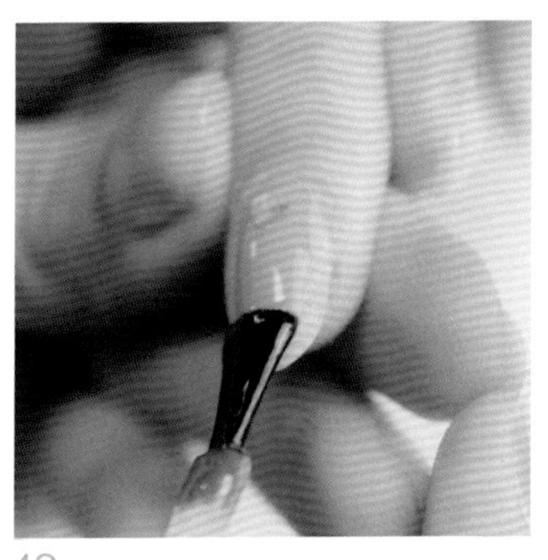

12

涂上免洗封层，并照灯固化。

13

在指甲周围的皮肤上涂上指缘油，按摩，以促其吸收。造型完成。

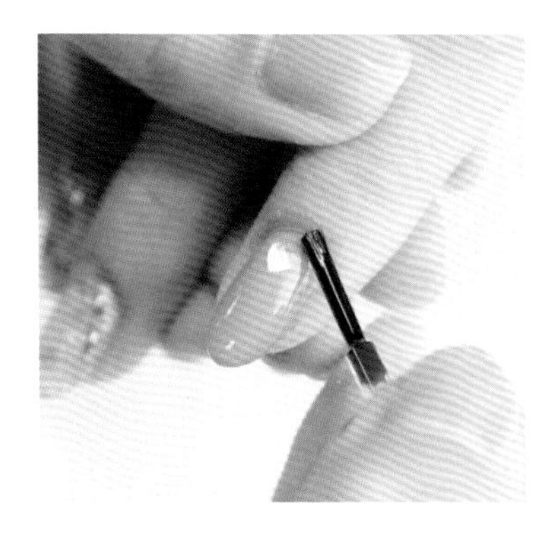

5.1.2 法式手绘蕾丝搭配大型饰品美甲

设计灵感

这款美甲的基础是清新的法式甲与贝壳甲，加上不同的元素，立马由小清新变得高贵起来。提到高贵，可以让人联想到钻石等奢侈品。法式甲和贝壳甲都属于比较基础的美甲款式，在基础款式上加上不同的元素可以做出多种效果的美甲。

所用材料

拉线笔、白色彩绘胶、多功能光疗胶、钻石胶（硬胶）、万能笔、镊子、粉色的六边立体钻、淡粉色球状珍珠、球状透明小珠、金属配件、免洗封层、指缘油。

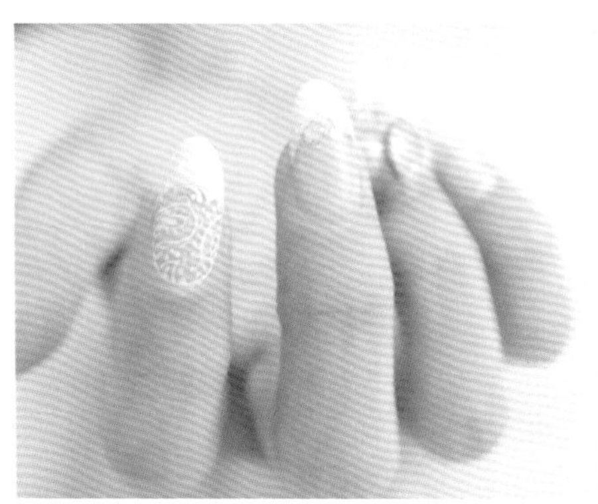

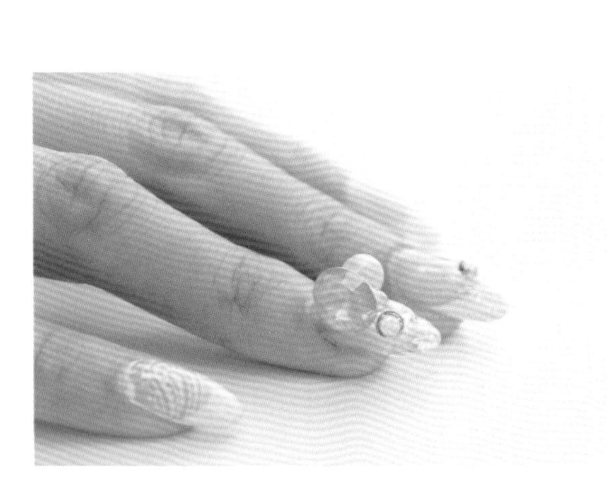

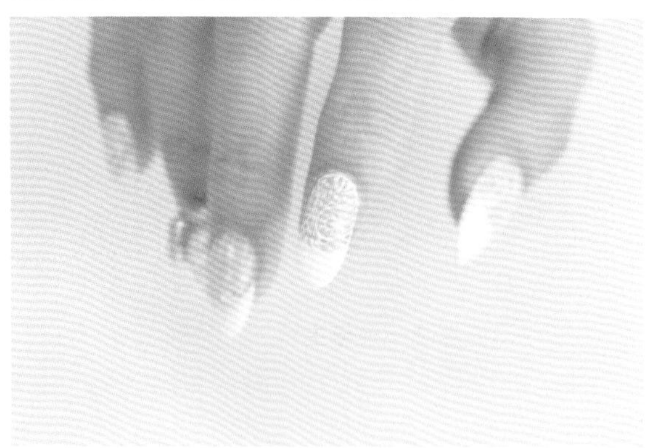

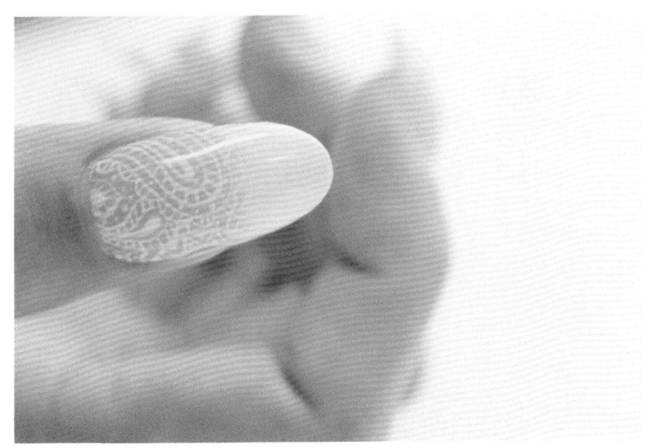

法式手绘蕾丝美甲操作步骤

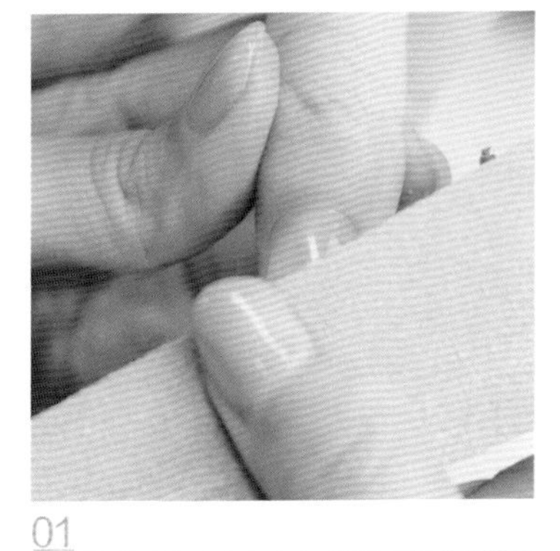

01

先画出法式微笑线，用免洗封层封好，并照灯固化。然后，用抛光海绵的细面抛磨甲面，以便在甲面上绘制图案。

02

选用白色彩绘胶和拉线笔，准备进行蕾丝的绘制。该美甲图案由3个主要图形组成。

03

在指甲上画一条曲线，作为第一个图形的主线。

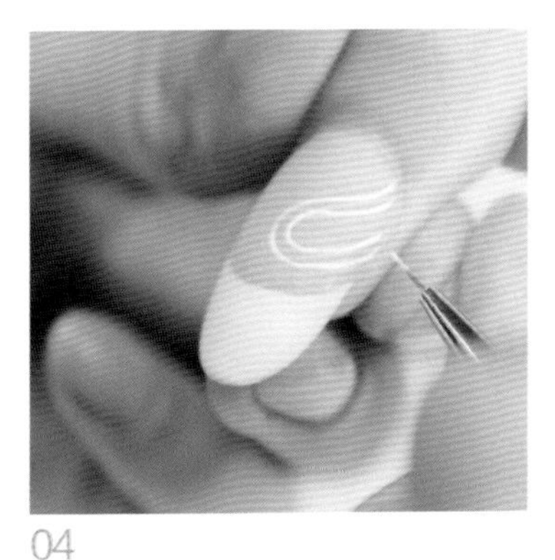

04

在第一个图形内部画一条与主线平行的曲线。

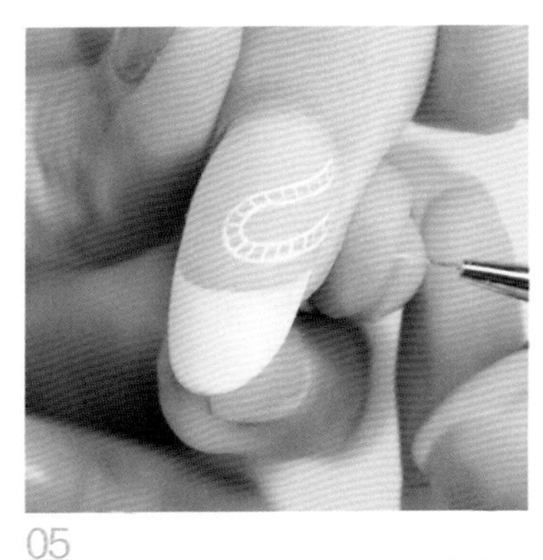

05

在两条曲线之间画出垂直于曲线的细线，分隔出若干均匀的小格子，呈现出既和谐又统一的效果。

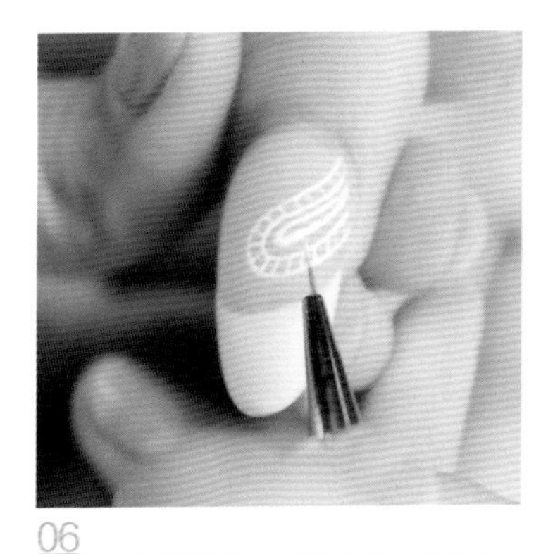

06

在曲线围合的空间中，画一条更窄的曲线，与前两条曲线基本保持平行。

07

在主线外面加上半圆形花边。画蕾丝时不要拘泥于图形内部，蕾丝的可塑性很强，换个角度会有惊喜。

08

在半圆形花边的内部画上细线，使图形内外成为和谐统一的整体。

09

规划第二个和第三个图形，先大致画出轮廓。

10

与第一个图形呼应，画出第二个图形的内容。

11

参考图形内空间的大小，画的内容应根据实际情况作出调整。这里在第二个图形内画出实心的填充内容。

12

第三个图形是半圆形的，与前两个图形不同，因此调整了两条弧线之间细线的画法，将空间分割成均匀的小三角形。

13

根据已有的图形丰富第三个图形的内容，不需要画得过于繁复。

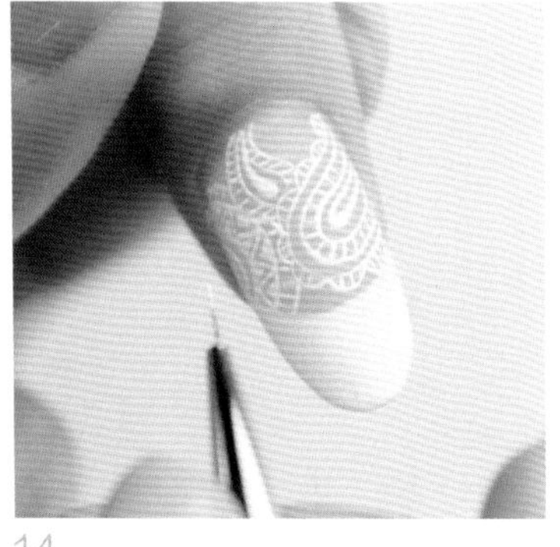

14

3个图形之间欠缺连贯性与层次感，可以在外围加一圈装饰，使之产生叠压的效果。总览整个甲面，可以在空隙处添加小花纹，直至纹样看起来完整。

提示

每位美甲师对线条掌握的程度不同，可以根据实际情况把握照灯固化的节奏。建议新手采用保守做法，画好部分线条后就立刻照灯。

15

直接涂上免洗封层，免洗封层不能涂得过薄。照灯固化。

16

在指甲周围涂上指缘油。

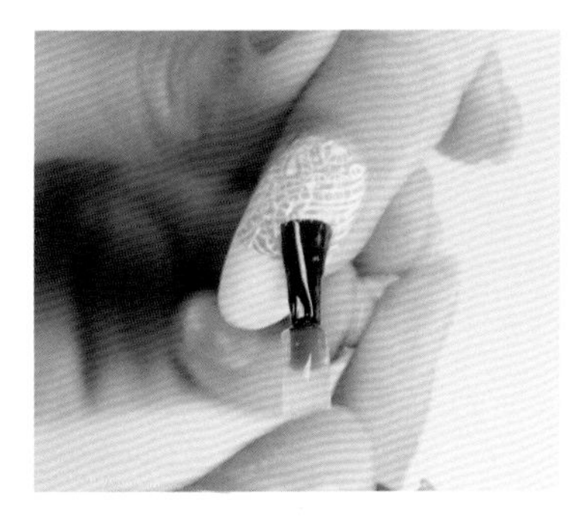

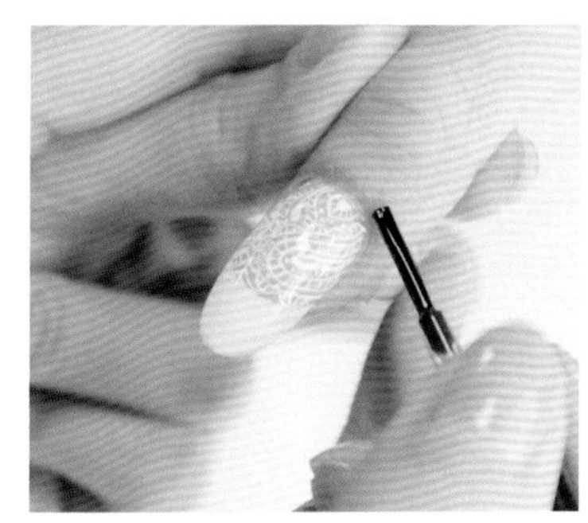

大型饰品装饰美甲操作步骤

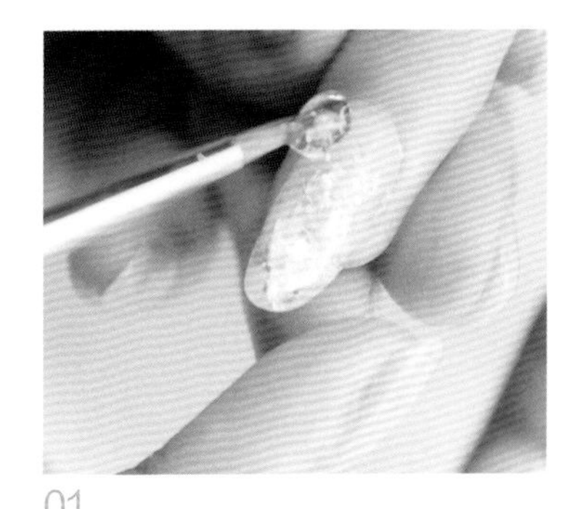

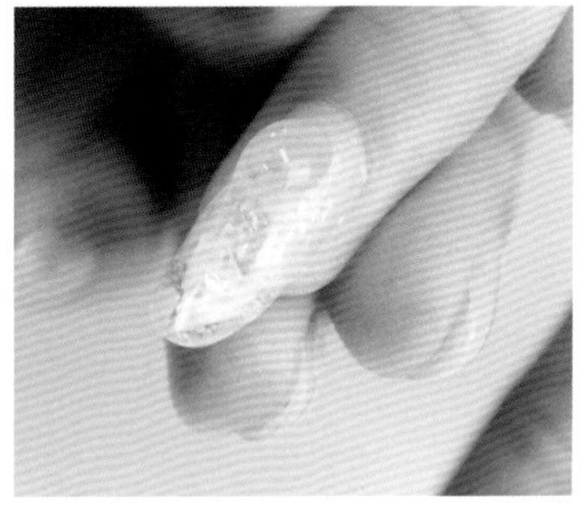

01

做出贝壳底纹，用万能笔蘸取钻石胶（硬胶），将其抹到甲面上，不抹开，使之保持半球状。

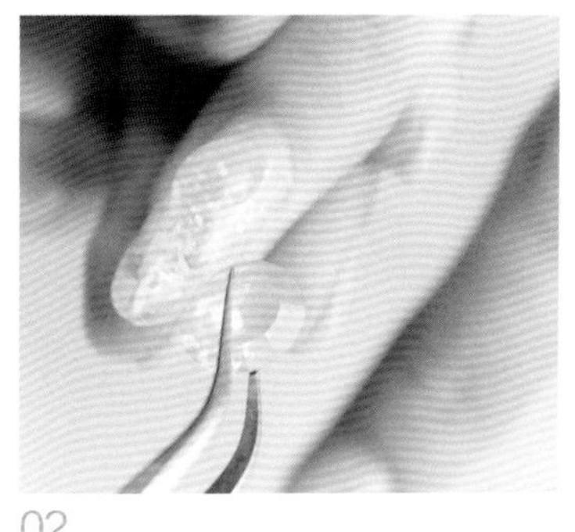

02

用镊子将粉色的六边立体钻置于钻石胶（硬胶）上，与美甲的底色相呼应。

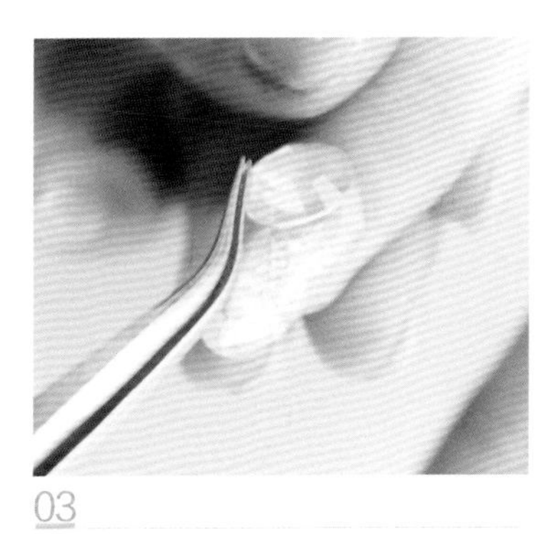

03

调整立体钻的角度，为接下来的饰品配搭做好铺垫。然后照灯固化。

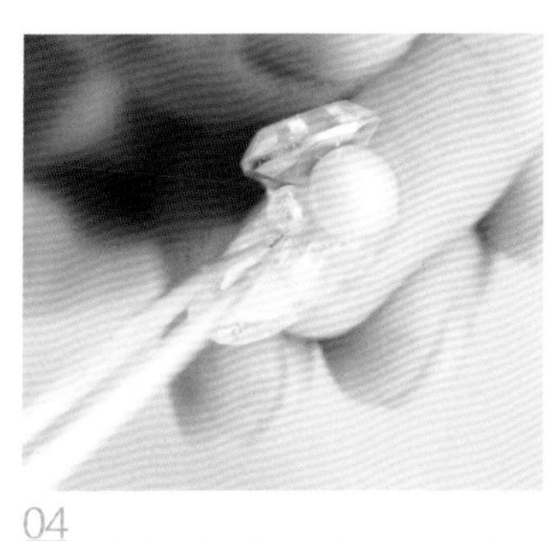

04

选择比主钻小一点的淡粉色球状珍珠和更小的球状透明小珠，将3个饰品围成稳定的三角形。然后照灯固化。

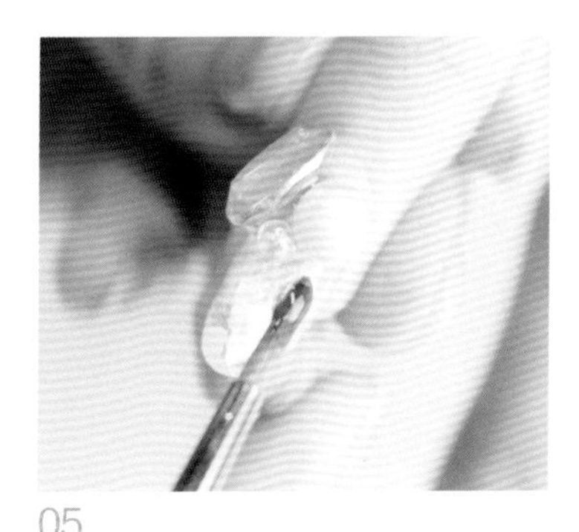

05

用万能笔蘸取多功能光疗胶，包裹住3个饰品。主体钻的表面不用包裹，以免失去光泽感；两颗珠子需要封上一层胶，以免掉色。上胶的时候注意，不能使指甲外扩，可由正面观察甲形是否有变化。然后照灯固化。

06

在空出的甲面上涂一层多功能光疗胶，用于粘贴金属配件。

07

在指甲前缘和后缘都放上金属配件，以平衡整个甲面，避免头重脚轻。然后照灯固化。

08

在所有涂胶的地方都涂上免洗封层，再次照灯固化。

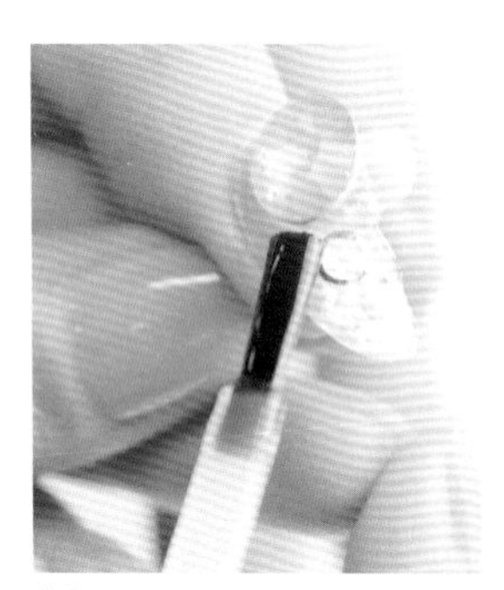

09

检查细节，查漏补缺。然后照灯固化。

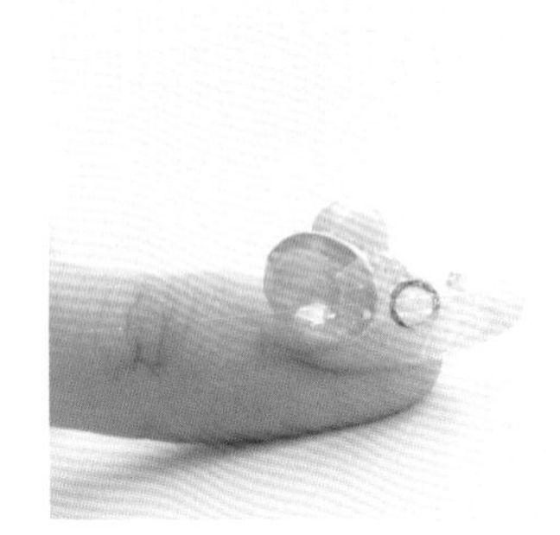

10

检查甲形是否有改变。

提示

拆除立体饰品时要找到适当的角度。将饰品钳倾斜 45° 卡于饰品底部，以不松动为准。手持饰品钳的柄，向下用力，即可剪去饰品。如果封胶太多，可先剪去饰品周围的胶，再进行以上步骤。注意，不可以向前用力，以免伤到顾客或者自己。

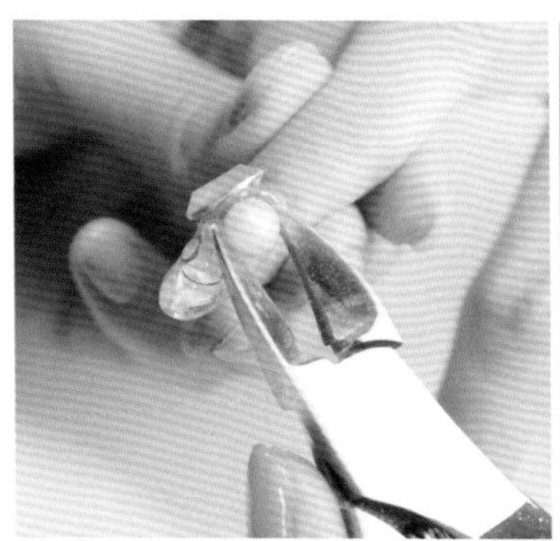

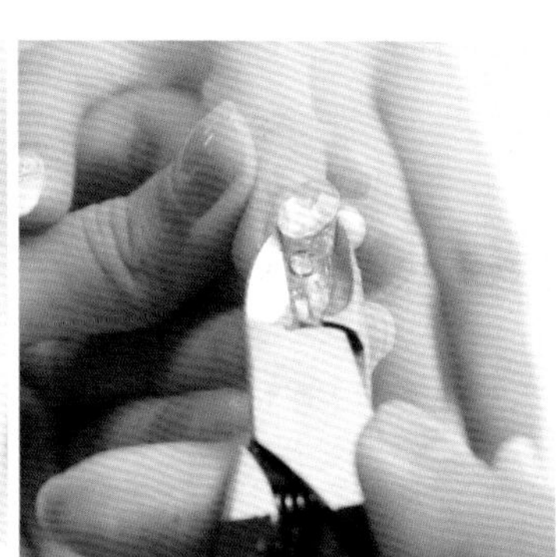

5.1.3 基础红色大理石美甲

设计灵感

笔者无意之中看到一颗带有玫红色纹理的天然水晶，十分通透，于是就萌生了把这种纹理做在指甲上的念头。这种大理石纹采用的是一种轻晕染手法，由同一种颜色做出不同深浅的效果，同时保留了线条感，风格简约、优雅。

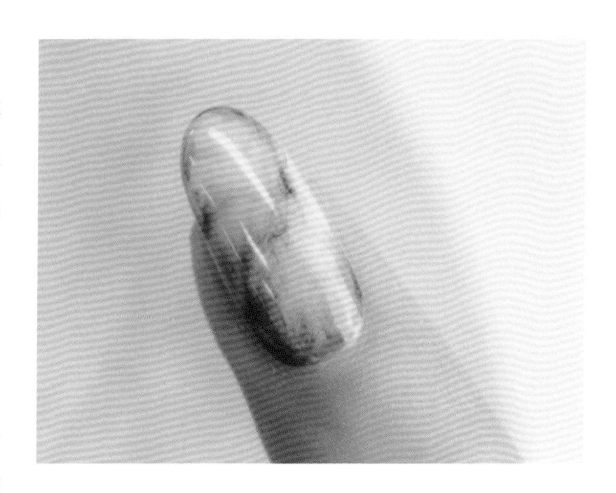

所用材料

Dion Nail Art 透白色胶、Dion Nail Art 72 号玫红色色胶、流动性大的多功能胶、免洗封层、万能笔、方头笔刷。

操作步骤

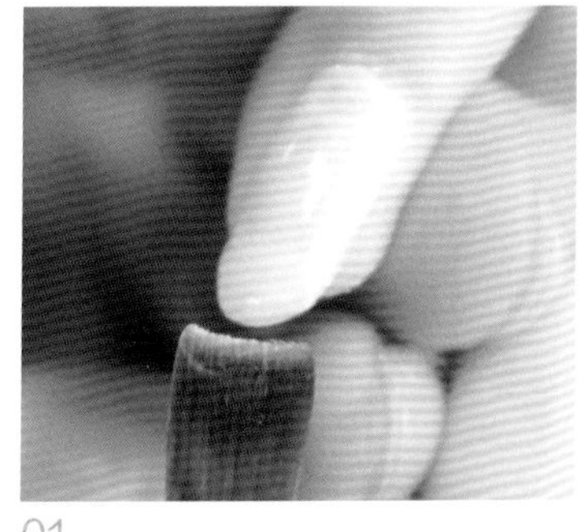

01

用方头笔刷在甲面上涂一层透白色胶。透白色胶的作用是增加后续步骤的通透感和层次感。照灯固化。

02

用方头笔刷蘸取流动性大的多功能光疗胶，在甲面上涂薄薄的一层，做晕染效果。然后，用万能笔蘸取少量玫红色色胶，从指甲右后缘到左前缘做淡淡的晕染。注意，主体线条不要垂直于指尖，斜向或呈闪电状会显得更自然，同时也需要顾及指甲的边位。边位的颜色可以较深，向中间逐渐晕染开。照灯固化。

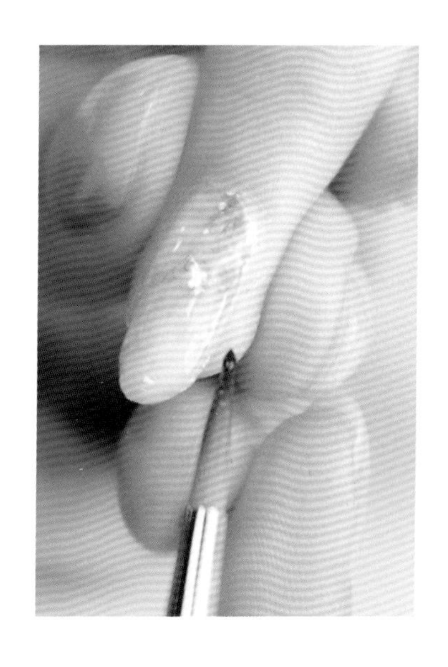

03

涂第二层多功能光疗胶，并用玫红色色胶延伸一条或若干条颜色较深的细线，以增强层次感。将细线部分晕开，部分位置可做成棉絮状效果，使其看起来不那么生硬。照灯固化。

04

涂上免洗封层，照灯固化。

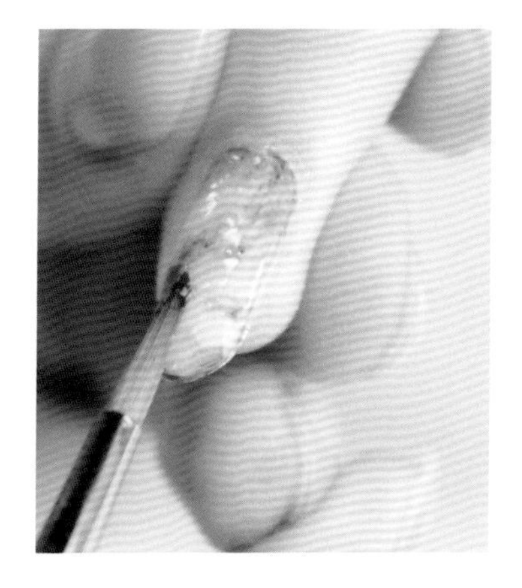

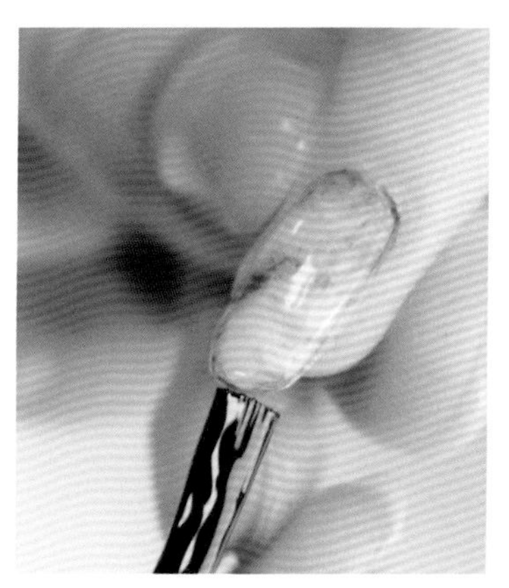

5.1.4 延长美甲

设计灵感

延长美甲是一种绝对经典的美甲款式，加上不同的元素会呈现出不同的风格。此款美甲搭配小饰品，可以表现出优雅、清新的气质。

所用材料

前置处理需要的材料：钢推棒、前置处理磨头、去角质专用的磨头、砂圈磨头、打磨机、指皮钳、干燥剂、接合剂。

款式材料：延长纸、方头笔刷、细头笔刷、万能笔、磨砂条（100/180 目）、多功能光疗胶、免洗封层、抛光海绵、指缘油、棉片、贝壳片、云感粉、Dion Nail Art 45 号白色色胶、细闪粉、爪钻、黑色色胶、闪片。

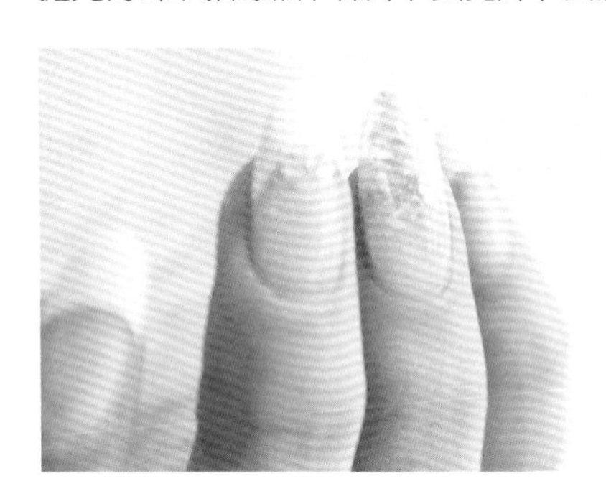

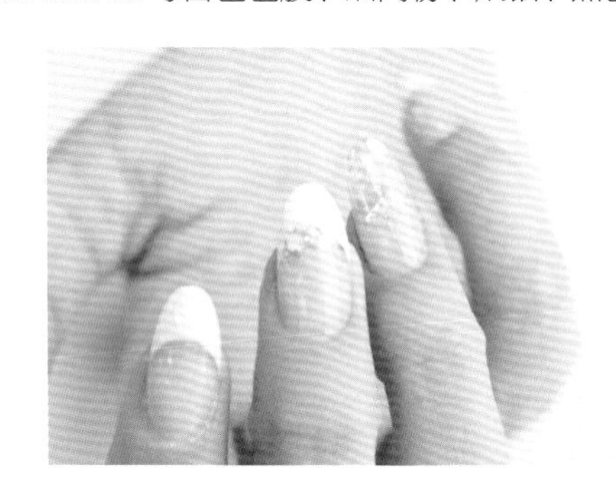

提示

此款美甲包含的知识点均属于基础范畴，看上去简单，但要做好也需要扎实的基本功。越是看上去简单的款式，越难拿捏得恰到好处。不少美甲款式都是由基础款式演变而来的，后面将会继续讲解不同元素叠压的魅力。

快速内包延长美甲操作步骤

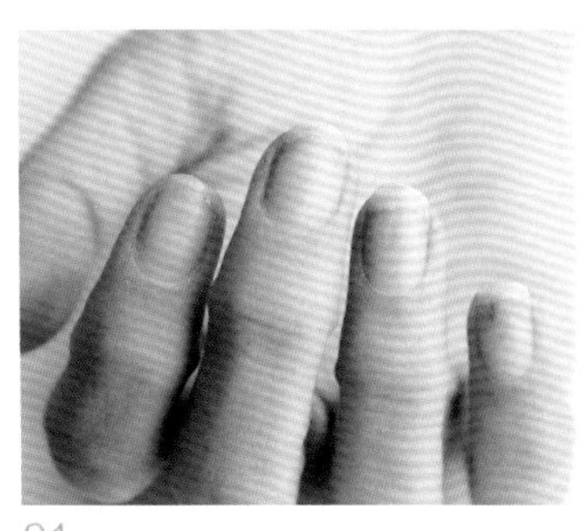

01

在做指甲延长前，如果已经做了美甲，需要先将其卸除干净。

02

用75% 的酒精对钢推棒进行消毒。然后，将弧形推头倾斜 45°，置于指甲后缘，轻推后缘的死皮。注意速度不要过快，力度不能过大，以免伤到真甲甲面。

03

将前置处理磨头装在打磨机上，握紧打磨机，用最小强度将磨头轻轻嵌入后缘已推开的死皮与真甲的空隙中，由右向左轻轻地将死皮推开。

04

在打磨机上装上去角质专用的磨头，清除指甲两侧和指甲后缘皮肤上的角质。

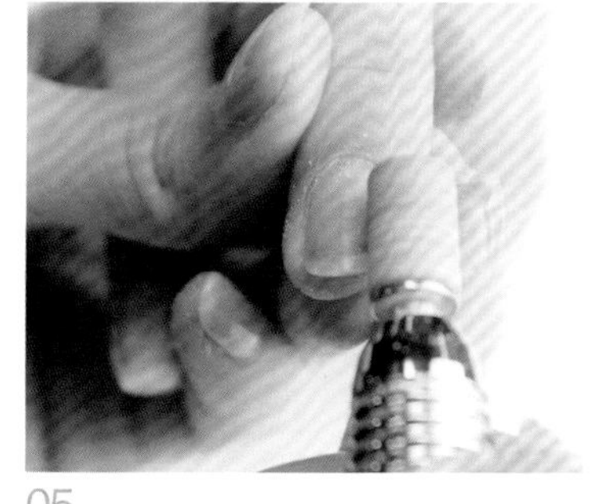

05

选用 120 目的砂圈磨头，对甲面进行刻磨。将打磨机调到最小强度，横向来回打磨。注意，刻磨指甲后缘的时候，要将死皮推高，以便修剪死皮。整个甲面必须打磨完整。

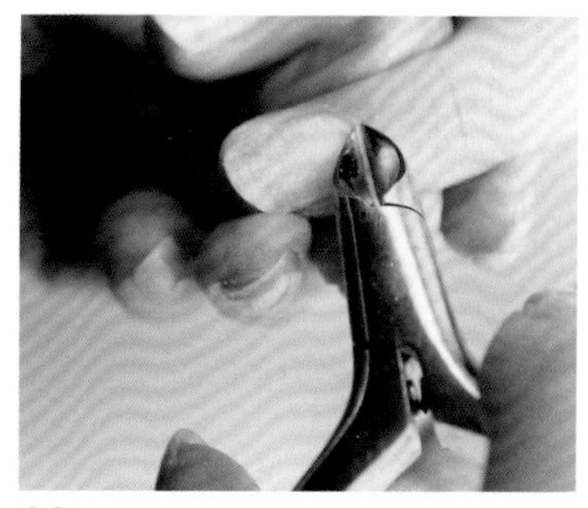

06

用消过毒的指皮钳由右往左以不同角度剪去推高的死皮。切忌向下用力，因为这样指皮钳的尖端容易伤到皮肤。

07

扫去残留在指甲上的灰尘和死皮。然后，将干燥剂涂满整个甲面，注意分量不需要太多。

08

取少量接合剂，在每个指甲中间轻轻涂一点。接合剂的分量一定不能多，太多会导致起翘。

09

用方头笔刷以轻按压的方式将接合剂均匀涂开，至涂满整个甲面。接合剂里面含有少量胶的成分，操作时注意不可以出界，以免起翘。照灯 50 s（采用 48 W 的 LED/UV 灯）。

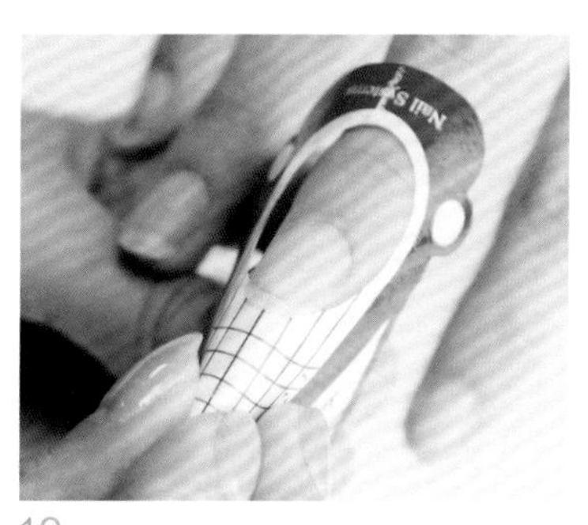

10

准备一张延长纸。

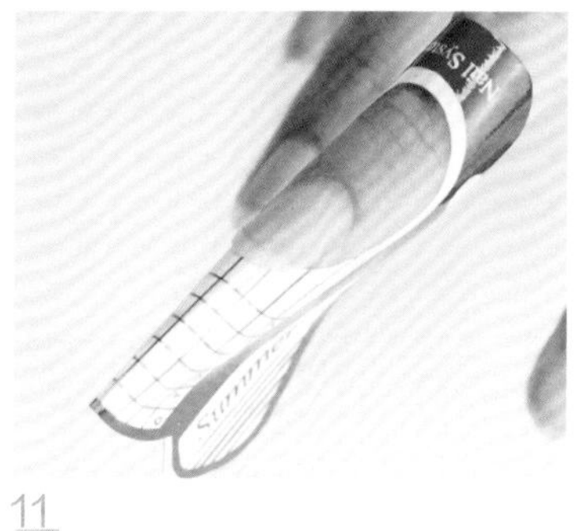

11

将延长纸按照规范粘到手指上。检查纸托和真甲的接合处，尽量避免有缝隙。

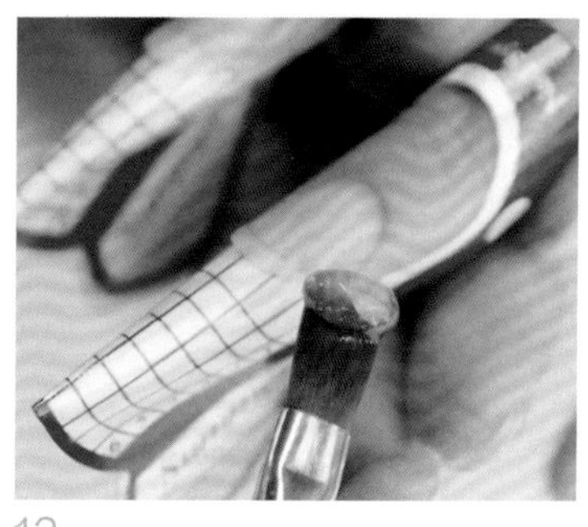

12

用方头笔刷取适量多功能光疗胶。

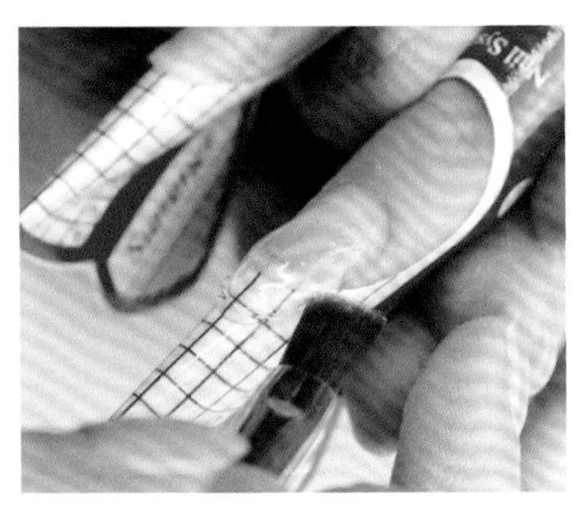

13

确定延长甲的长度，用多功能光疗胶打造出基本标准的椭圆甲形。注意，真甲与纸托应无缝连接，多功能光疗胶一半在真甲上，一半在纸托上。照灯固化。

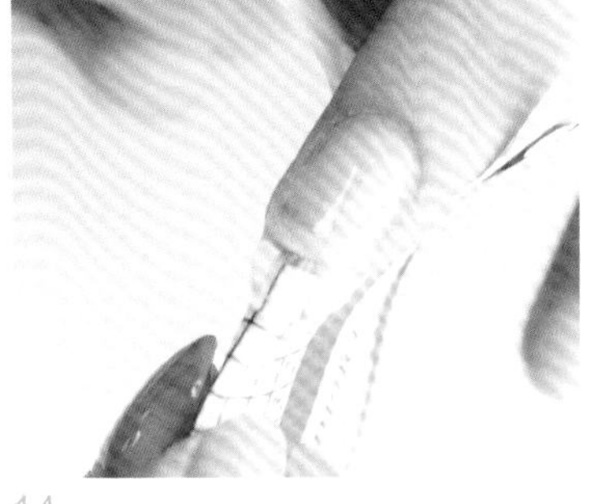

14

剪开延长纸的后端，捏紧前端网格处，使纸托收窄。向下用力，使延长纸和多功能光疗胶分离。

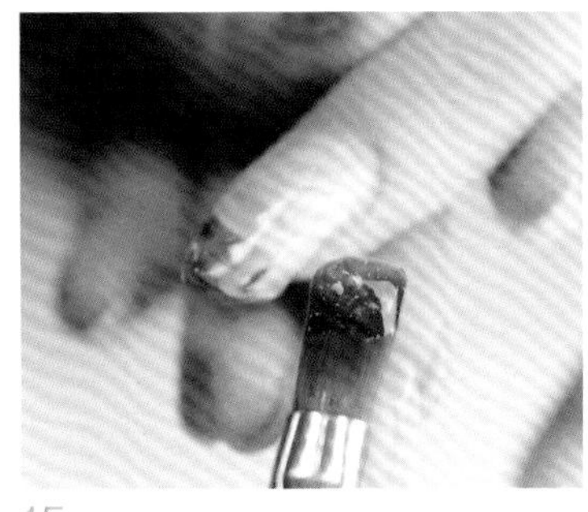

15

用方头笔刷蘸取适量的多功能光疗胶。

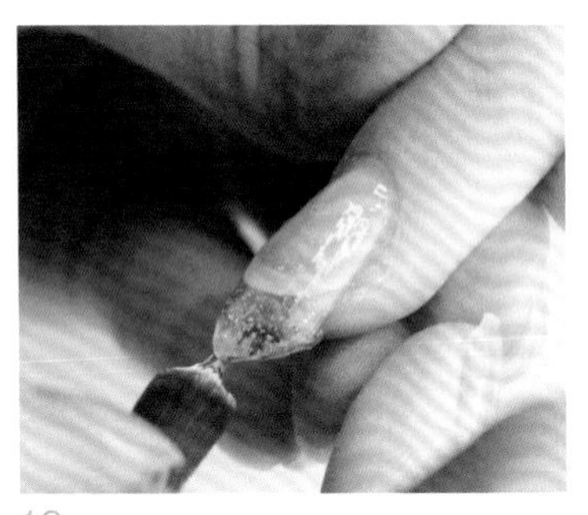

16

涂抹多功能光疗胶，使之覆盖整个甲面。由于此款做的是内包元素，因此不必做弧度，多功能光疗胶的厚度恰到好处即可。照灯固化。

17

再涂上一层薄薄的多功能光疗胶，用于粘贴云感粉和贝壳片。

18

用细头笔刷蘸取云感粉，均匀地铺在指甲中间靠前缘的位置。

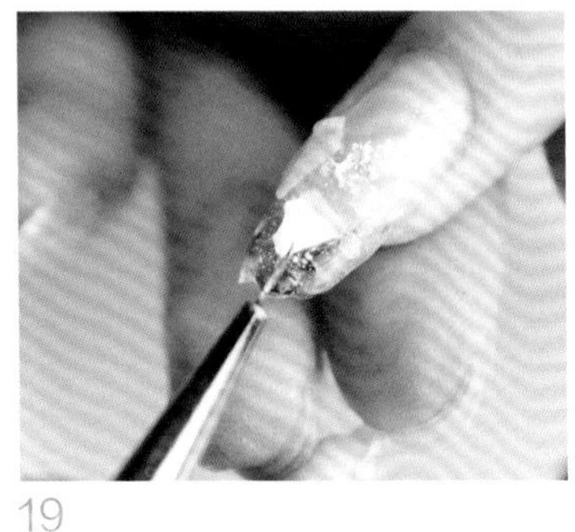

19

取贝壳片，一片一片地贴于甲面上。注意，贝壳片尽量不要重叠，以免做出的成品显得过于厚重。照灯固化。

20

蘸取相对大量的多功能光疗胶，让其包裹住贝壳片和云感粉。

21

检查多功能光疗胶是否有过多气泡。如果发现气泡，可以用细头笔刷戳穿，以免影响下一步操作。照灯固化。

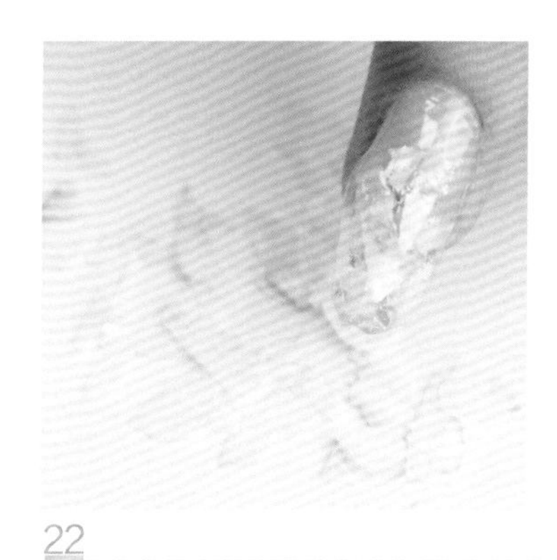

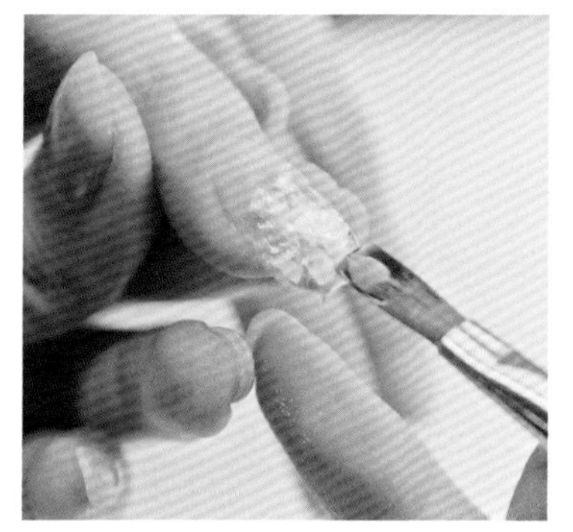

22

从正面看，甲形没有外扩，但贝壳片会使甲面呈现凹凸不平的状态。再涂一层多功能光疗胶塑形，使甲面光滑、有弧度。照灯固化。

23

用干净的棉片擦掉浮胶。

24

在打磨机上装上 180 目的砂圈磨头，将打磨机调至合适的转速，右手握稳打磨机，为指甲打磨塑形。塑形时，注意不能磨掉贝壳片。

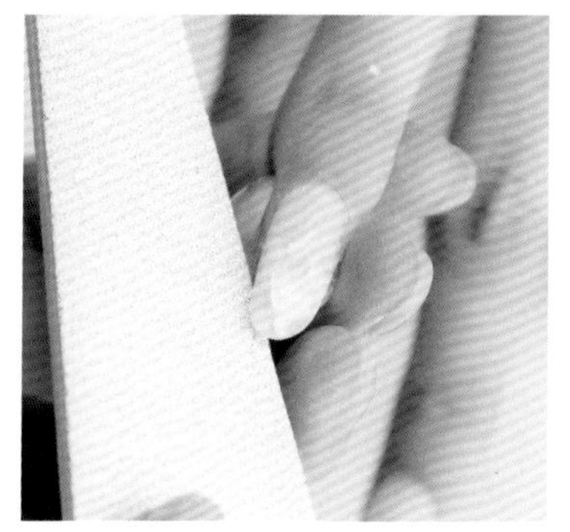

25

用磨砂条进一步打磨修整细节处。需要注意的是，磨砂条应避免过度打磨甲面，以致边位薄弱，加大延长部分脱落的可能性。

26

涂上免洗封层，照灯固化。

27

在指甲后缘和两侧的皮肤上涂上指缘油，并按摩至吸收。

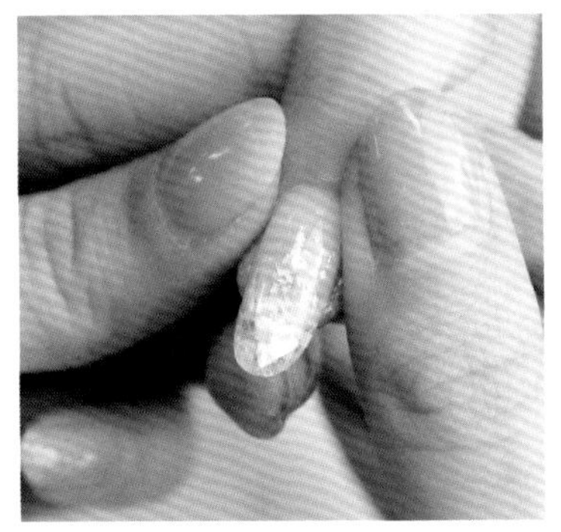

提示

此款美甲的关键在于“快速”和“内包”。“快速”在于延长后不用马上修整指甲的弧度，待款式完成后一次性修形。“内包”的元素可以有很多种，如干花、闪粉、闪片、碎石、砂糖等。

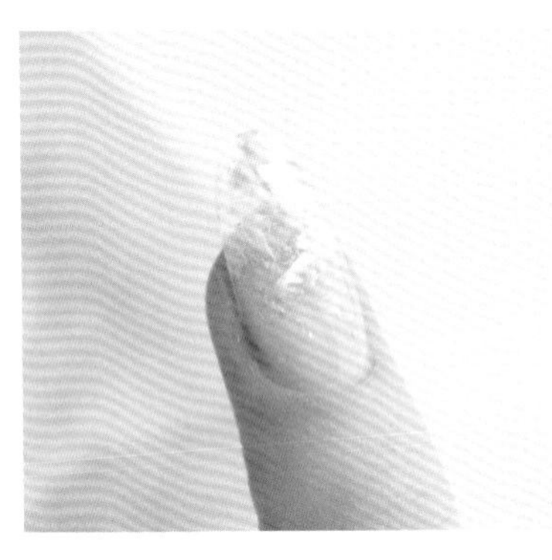

法式小饰品延长美甲操作步骤

01

在打磨机上装上砂圈磨头，对指甲的延长部分塑形并磨平甲面。

02

用磨砂条将指甲修出椭圆甲形。

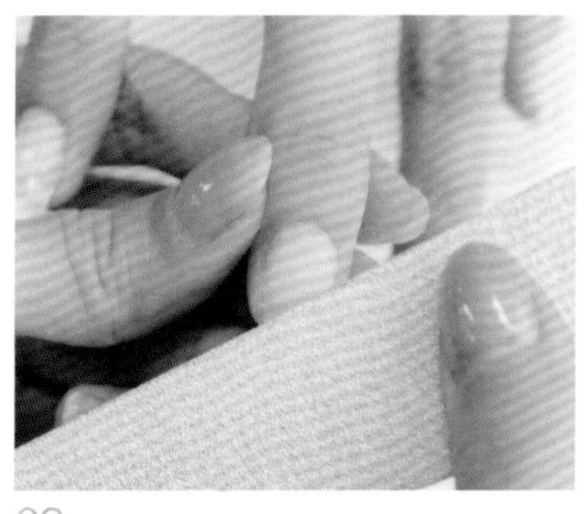

03

用磨砂条轻轻地修饰甲面，使甲面更加平整，尤其要注意指尖的平整度。

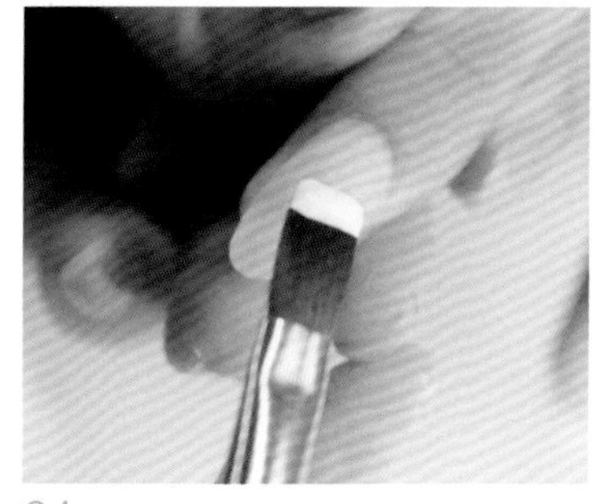

04

用方头笔刷蘸取适量的白色色胶，笔刷与指尖持平，将白色色胶刮涂于指甲尖。

05

让白色光疗胶大部分停留在指甲尖端，先不必着急涂抹均匀。

06

使方头笔刷与指甲持平，将白色色胶先从一边推出一条向上的弧线。指甲边位的操作稍难一些，将方头笔刷角度加大，小心地将白色光疗胶涂好，注意不能出界。

07

左右两边采用同样的操作手法处理，注意两边弧线的交接处要平滑。靠指甲内侧的一边应绘制成左右对称、流畅的抛物线。

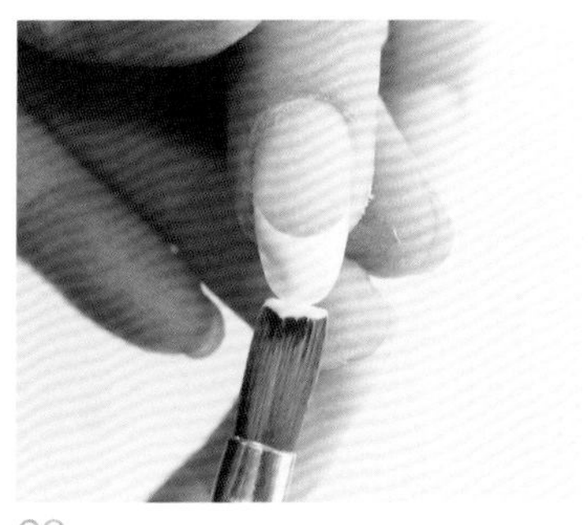

08

使方头笔刷与甲面持平，将色胶均匀地向下涂开，注意不能压笔，动作要轻。建议只涂一层，用量过多会导致甲面梯度明显。照灯固化。

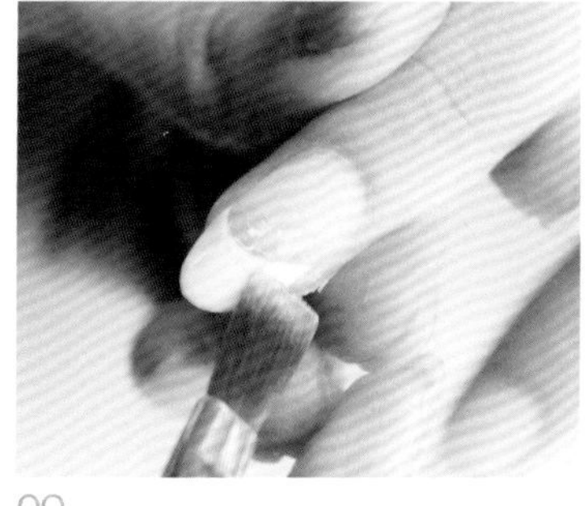

09

在白色光疗胶与真甲交接处涂上一点多功能光疗胶，用于粘贴小饰品。

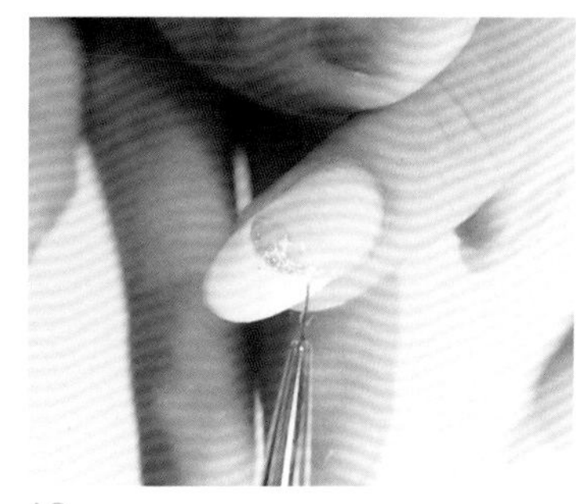

10

用细头笔刷取银色细闪粉，使之均匀地分布在多功能光疗胶上。细闪粉不要撒得太多，零星散落即可。

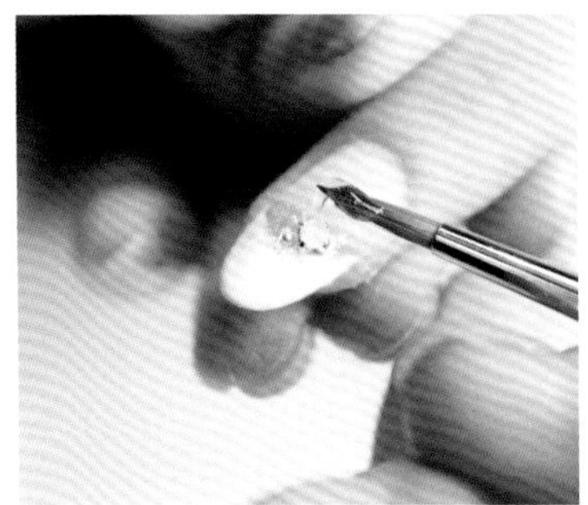

11

取小颗蛋白色爪钻，将其放置于多功能光疗胶上偏右的位置（或根据自己的喜好来决定）。照灯固化。

12

用万能笔取适量的多功能光疗胶，将其涂在爪钻周围，将爪钻的金属部位包裹起来。钻面不要包胶，以免影响钻的光泽。照灯固化。

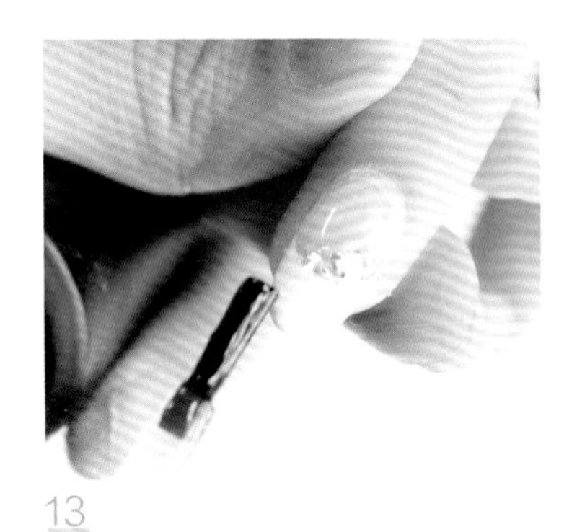

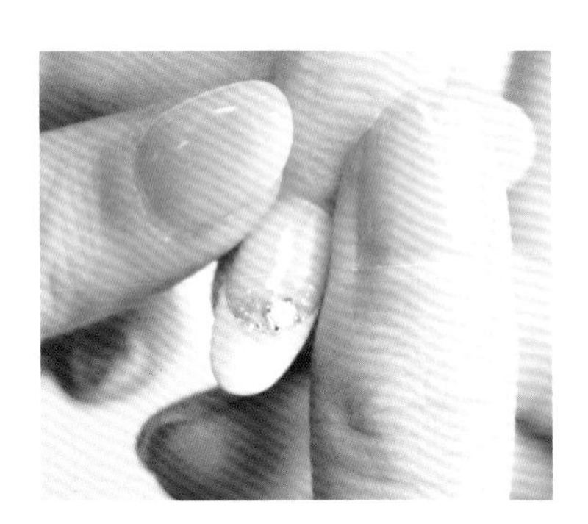

13

在甲面其余位置都涂上免洗封层。照灯固化。

14

在指甲后缘及两侧的皮肤上涂上指缘油，并按摩至吸收。

贝壳闪粉延长美甲操作步骤

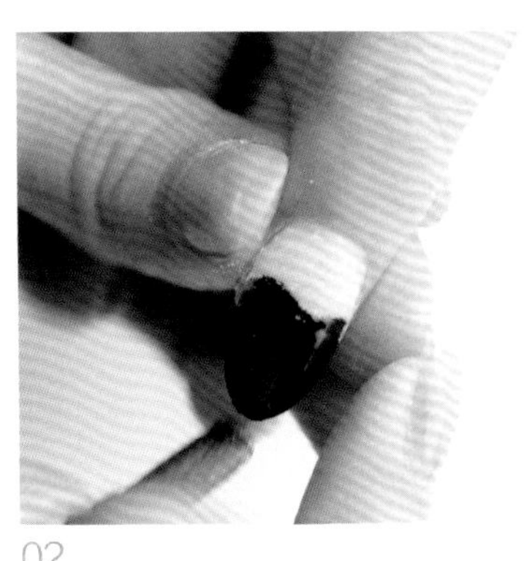

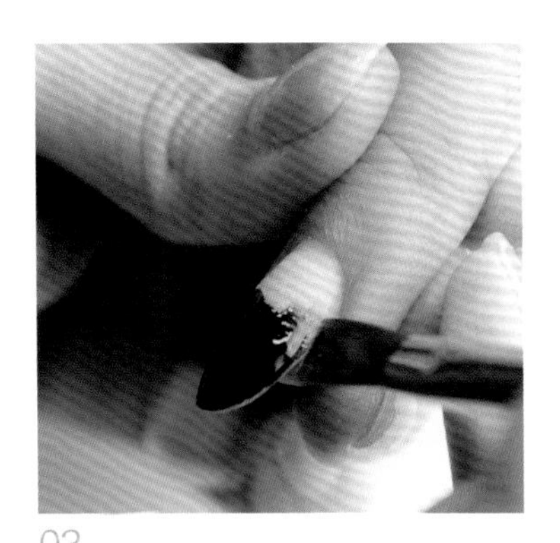

01

用方头笔刷蘸取半个指甲大小分量的黑色色胶。

02

将色胶放在甲面前端约 1/2 处。

03

将方头笔刷侧过来，涂刷指甲左右两边的边角处，做出颜色散开的效果。

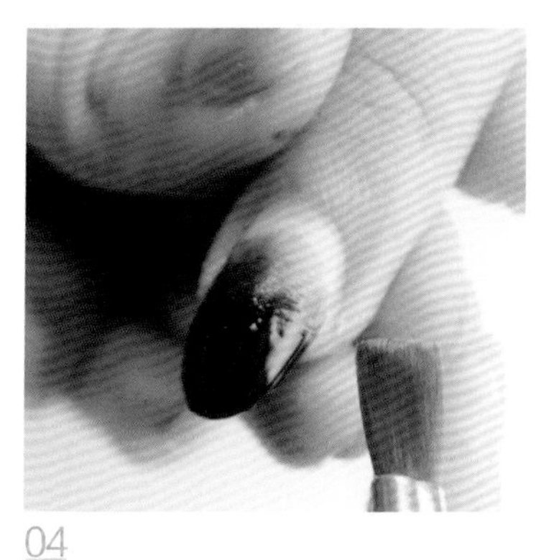

04

用同样的手法使整个甲面的颜色晕染开，然后照灯 20 s。

05

在甲面上涂上薄薄一层多功能光疗胶（用于粘贴，不用照灯），并准备好所需的材料。将闪片有条理地放于中间渐变的位置，以突出底部的黑色。

06

在黑色渐变的边缘涂上细闪粉，增强渐变效果。

07

贴上显眼的贝壳片，并照灯 10 s，固化所贴的饰物。

08

涂上约两粒大豆分量的多功能光疗胶，包住之前的所有饰品，以免外露。

09

将多功能光疗胶塑造出一个足够的弧度，用于保护延长后的指甲。照灯固化。

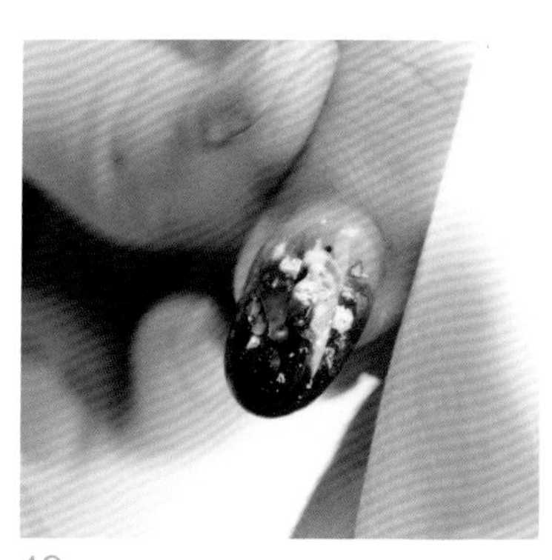

10

用棉片去除甲面上残余的浮胶。

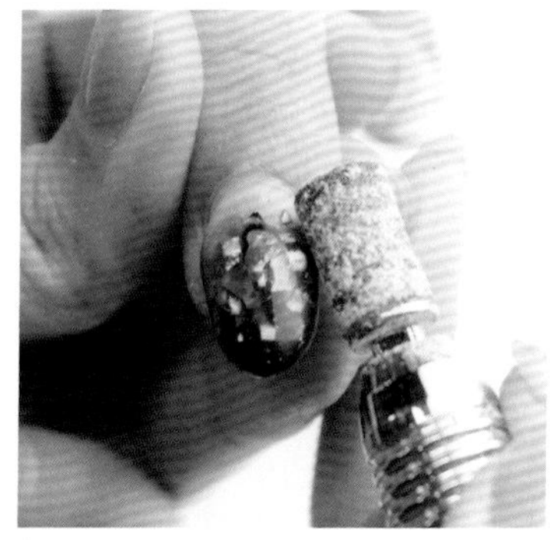

11

用砂圈由指甲前缘向后缘横向打磨甲面。

12

纵向打磨指甲正面，塑造弧形。

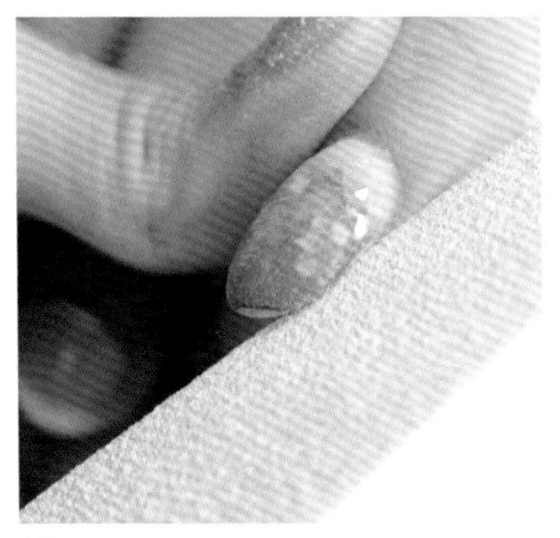

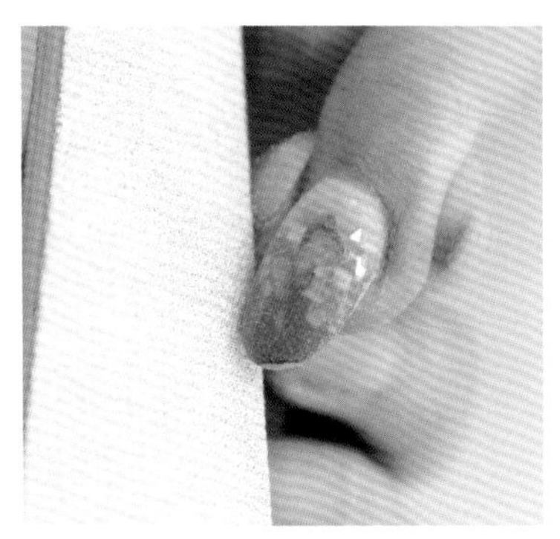

13

用最细密的磨砂条修整指甲的边缘。

14

用抛光海绵打磨甲面，抚平磨砂条造成的微细凹凸。

15

涂刷免洗封层。涂的时候要放慢速度，以免其流向边缘。然后照灯40~50 s。

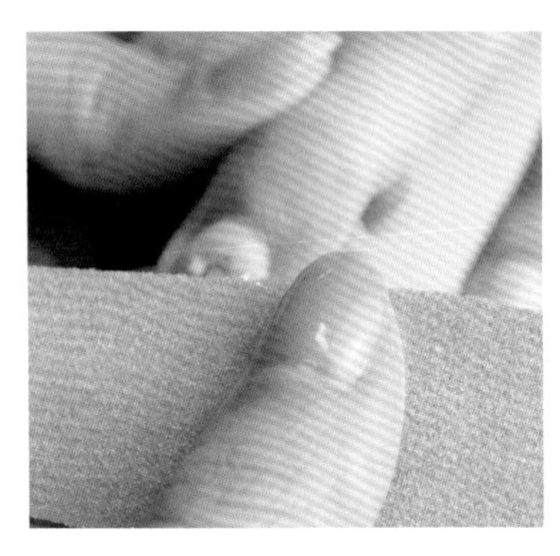

16

在指甲的后缘和两侧涂上指缘油，按摩至吸收。

17

检查甲面是否干净、无残留。

5.1.5 海洋渐变贴纸美甲

设计灵感

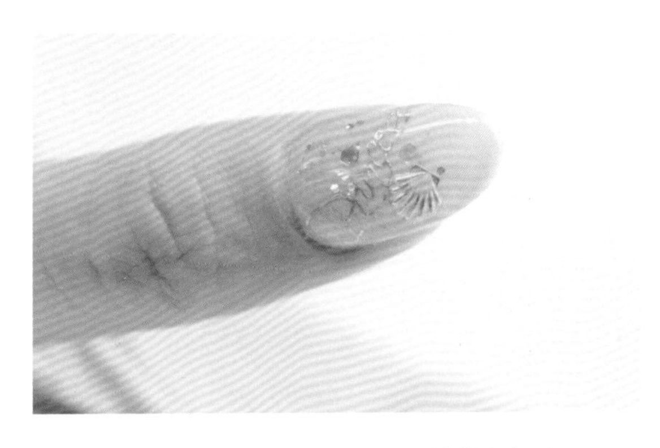

“浓缩的海滩”是这款美甲所要体现的感觉，放眼望去一片清新。这里用到了 4 种不同的元素，恰好能体现不同元素之间的巧妙搭配。在元素较多的情况下，美甲师需要分析每个元素的特性，从而决定操作的先后顺序，思考如何减少重复的步骤。

所用材料

方头笔刷、尖头细笔刷、镊子、Dion Nail Art 35 号淡粉色色胶、Dion Nail Art 51 号粉蓝色色胶、Dion Nail Art 透白色胶、金色英文字母自粘贴纸、银色闪粉、金色贝壳饰品、多功能光疗胶、免洗封层、指缘油。

操作步骤

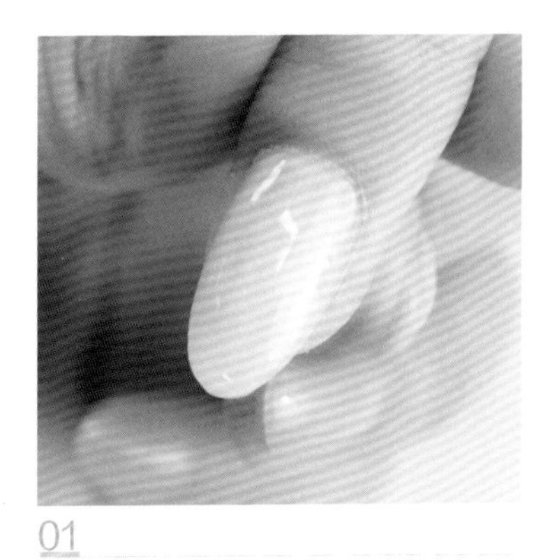

01

在甲面上涂一层透白色胶，使甲面更显颜色，并体现出通透感。照灯固化。

02

用方头笔刷蘸取淡粉色色胶，从指甲后缘到前缘做渐变效果。照灯固化。

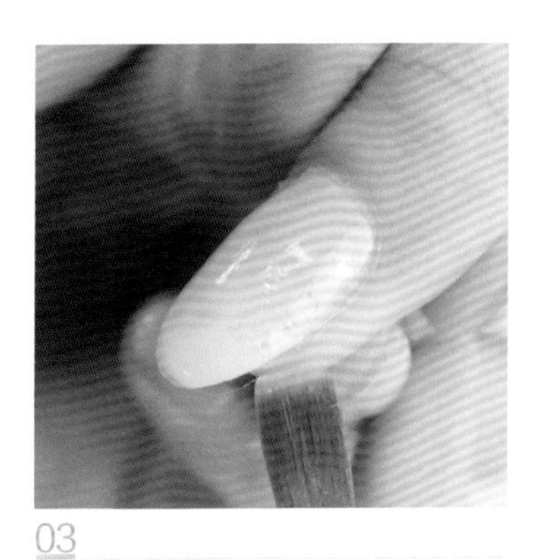

03

用方头笔刷蘸取粉蓝色色胶，从指甲前缘向后缘做渐变效果。注意，粉蓝色与淡粉色之间过渡要自然，不能有明显的分界线。照灯固化。之后，涂上一层薄薄的免洗封层，再照灯一次。

04

用镊子夹取一片金色英文字母自粘贴纸。

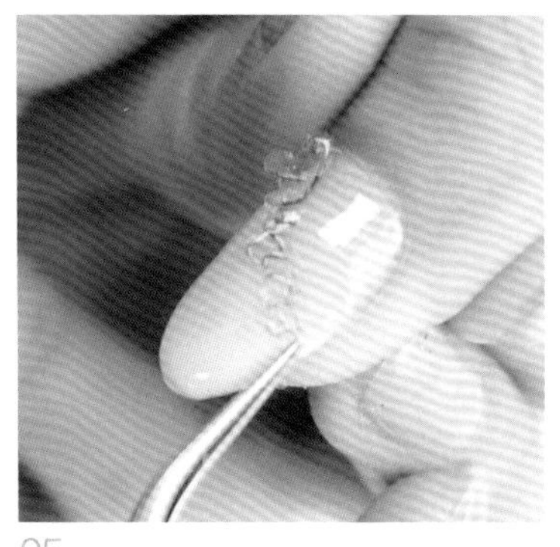

05

将贴纸斜向粘贴在甲面上。要注意贴纸的摆位，尽量做到造型不死板，且能稍微遮盖渐变时造成的痕迹为宜。用镊子稍微用力，将贴纸各方位贴紧，防止起翘。

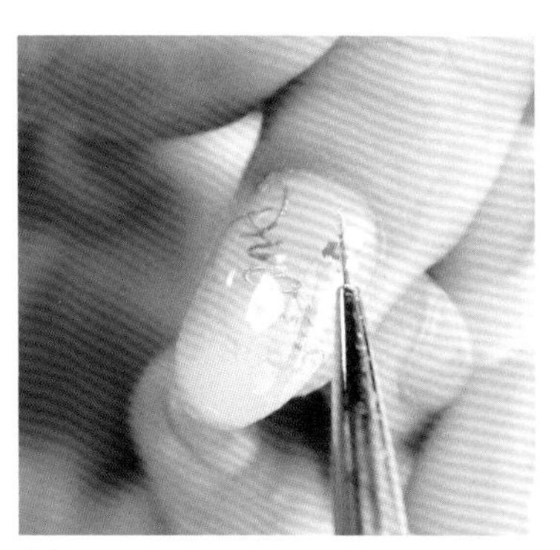

06

涂上一层薄薄的多功能光疗胶，用尖头细笔刷取银色闪粉，在贴纸周围涂刷均匀，分量不需要太多，以呈现出波光粼粼的视觉效果为佳。照灯固化。

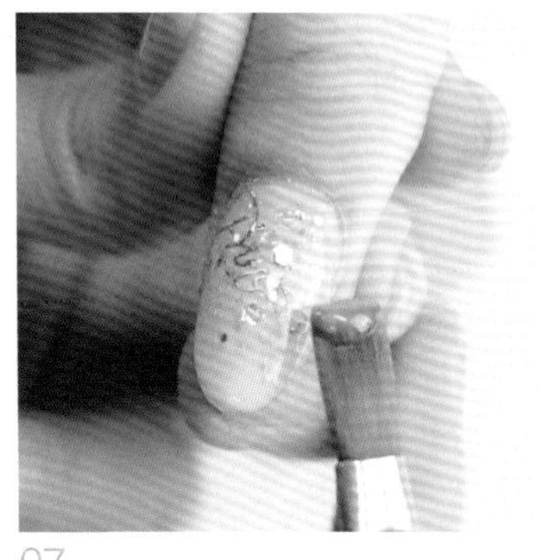

07

用方头笔刷蘸取少量多功能光疗胶，抹于左边金色字母附近红蓝交接的部位（实际操作可根据喜好选择位置），用于粘贴金色贝壳。

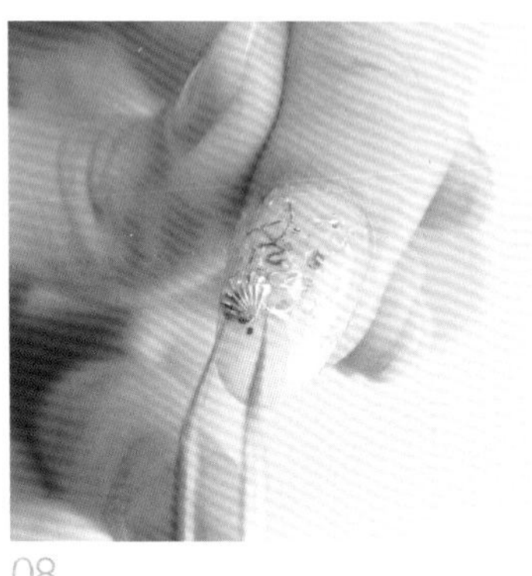

08

将金色贝壳倾斜地粘到甲面上，营造出一种海天交接的感觉，显得更俏皮。照灯固化。

09

在整个甲面上涂一层多功能光疗胶。除了能对金属饰品起到保护作用、防止掉色，还可以使整个甲面更加平滑。照灯固化。

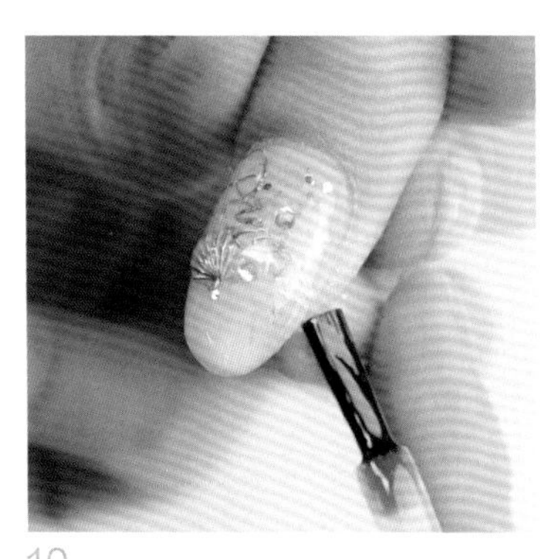

10

涂上免洗封层。照灯固化。

11

在指甲边缘的皮肤上涂上适量的指缘油，并按摩至吸收。

5.1.6 粉红色碎片美甲

设计灵感

水晶玻璃球中，雪花飘飘，慢慢坠落。指甲的面积比较小，在设计的时候可以尽量突显雪花坠落的感觉。底色采用由浅到深的渐变，衬托雪花的坠落感。案例中的底色选择了粉红色，也可以选择其他颜色，一样好看。

所用材料

方头笔刷、万能笔、Dion Nail Art 35 号淡粉色色胶、Dion Nail Art 45 号白色色胶、多功能光疗胶、免洗封层、小剪刀、小纸片。

操作步骤

01

用方头笔刷蘸取适量淡粉色色胶。

02

从指甲中部的位置下笔，往指尖方向做由浅到深的淡粉色渐变，注意下笔先重后轻。照灯固化。

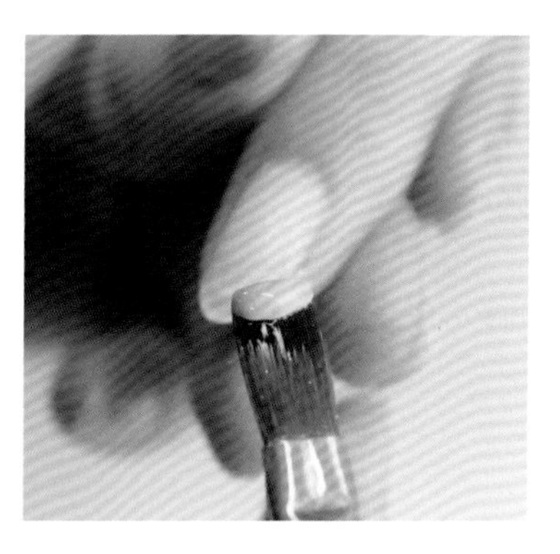

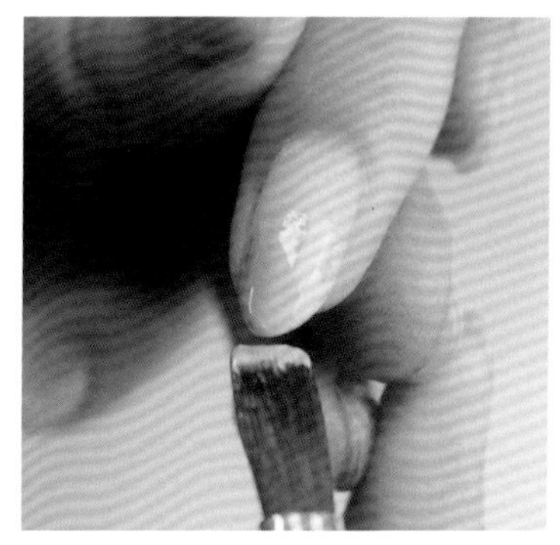

03

用相同的方法在甲面中部靠近后缘的位置做淡粉色渐变，以增强效果。照灯固化。底色完成，从指甲后缘到前缘呈现出由浅到深的淡粉色渐变。

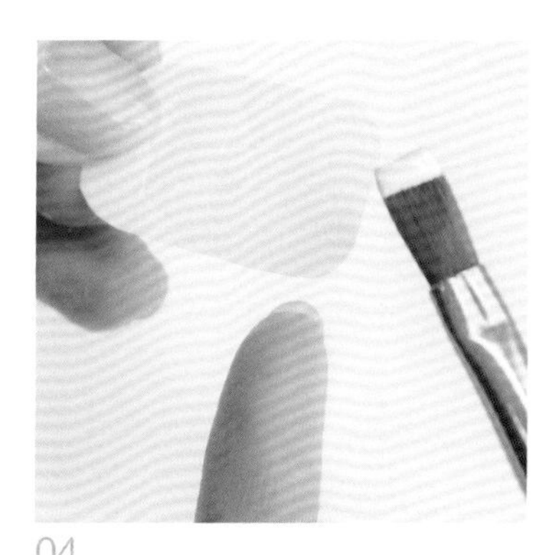

04

准备一张表面光滑的小纸片，可以使用延长纸的白色底纸。用方头笔刷蘸取白色色胶。

05

在小纸片上将白色色胶涂成一段长条。

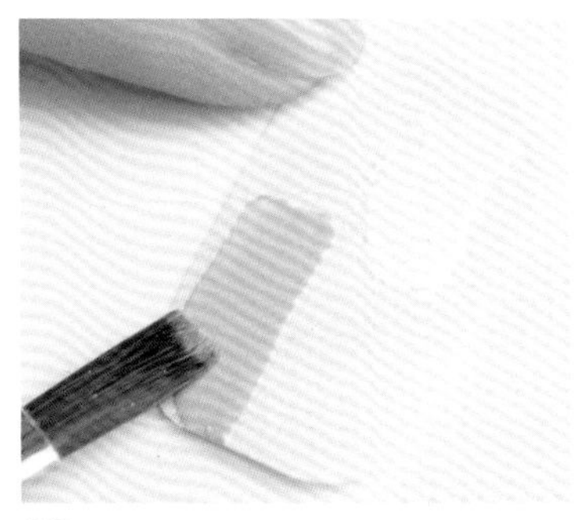

06

在小纸片的空白处，以相同的方法涂上一长条淡粉色色胶。照灯固化。

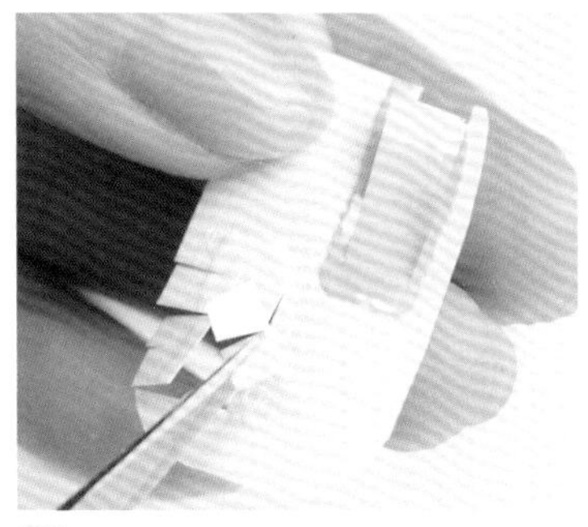

07

用小剪刀将干透的色胶块剪成一个个小方格。多余的色胶块可以剪成条状和小碎末，放好备用。

08

在整个甲面上涂上一层薄薄的多功能光疗胶。

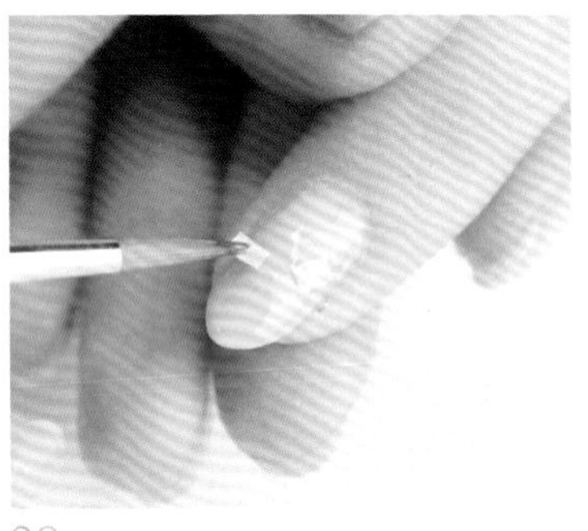

09

用万能笔将淡粉色小方块逐片地放于甲面的中间位置。小方块的颜色与底色是一样的，只是存在深浅的差异，能营造出一种若隐若现、即将消失在远处的感觉。照灯固化。

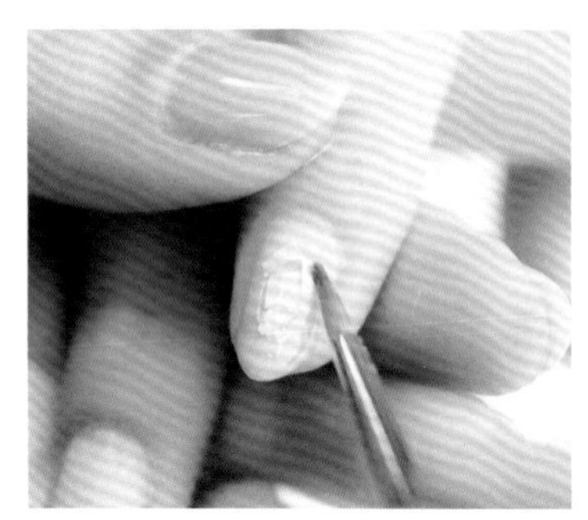

10

用同样的方法将白色小方块贴上，可以与淡粉色小方块交错重叠。用前面剪成的白色条和碎末加以点缀，注意整体要有向下坠落的感觉。照灯固化。

11

用多功能光疗胶包裹整个甲面，打造出适当的弧度。（新手如果包胶后觉得甲面不够平整或甲形有变，可以适当用打磨机塑形。）

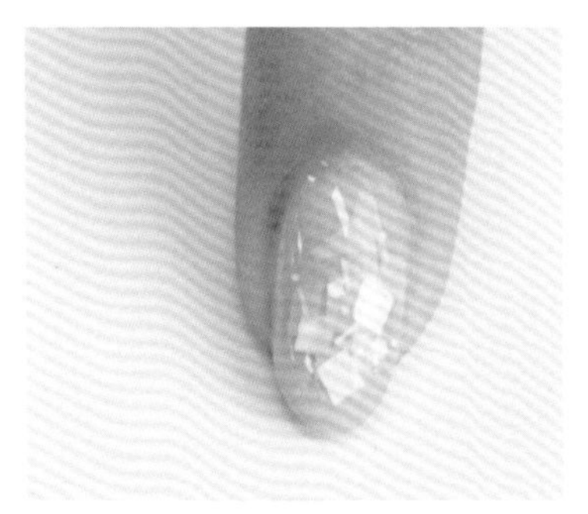

12

涂上免洗封层，照灯固化，造型完成。从图中可以看出，整体造型的层次很分明，有深有浅，有远有近。

5.1.7 蓝绿宝石金箔美甲

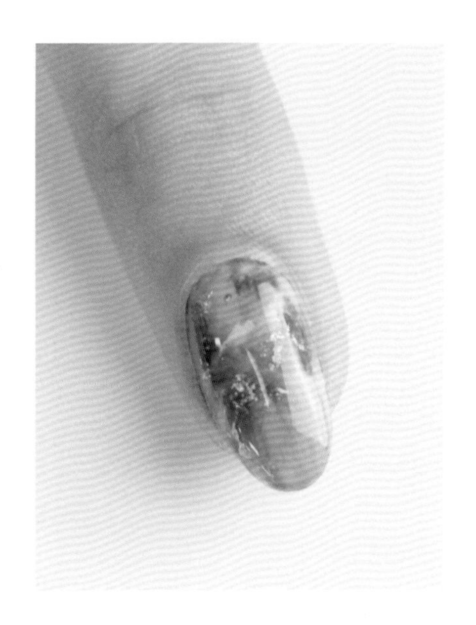

设计灵感

宝石美甲造型千变万化，每次做出来的效果都是独一无二的，而且每个美甲师都有自己独特的风格，所以在学习的时候不用追求与书中案例做得一模一样。此案例选择蓝绿色，是大众比较喜爱也是比较百搭的款式，在上面加金箔会更显层次。也可以在此基础上点缀不同的饰品，会产生另一种感觉。

所用材料

方头笔刷、万能笔、透白色胶、湖蓝色色胶、绿色色胶、黑色色胶、白色色胶、免洗封层、金箔转印纸。

操作步骤

01

用方头笔刷蘸取适量的透白色胶。

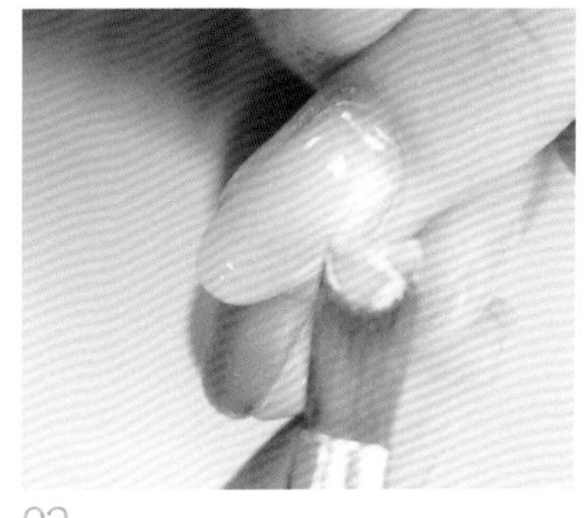

02

在甲面上均匀地涂一层透白色胶，并照灯固化。涂透白色胶的作用是增强层次感，使后续的颜色看上去更透亮。

03

用方头笔刷的一角蘸取少量湖蓝色色胶，做晕染准备。

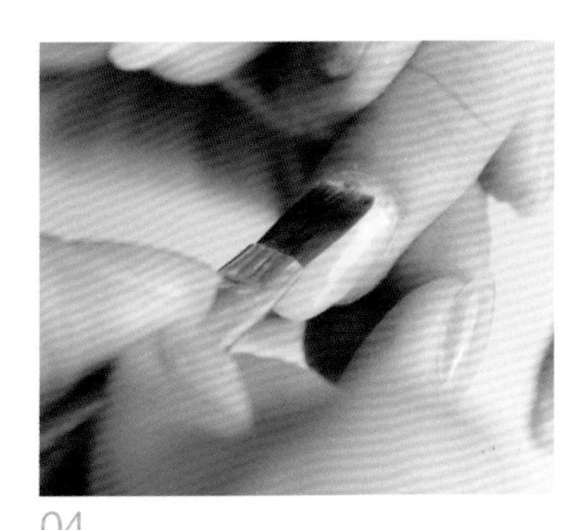

04

将湖蓝色色胶放置于指甲后缘靠中部的位置。

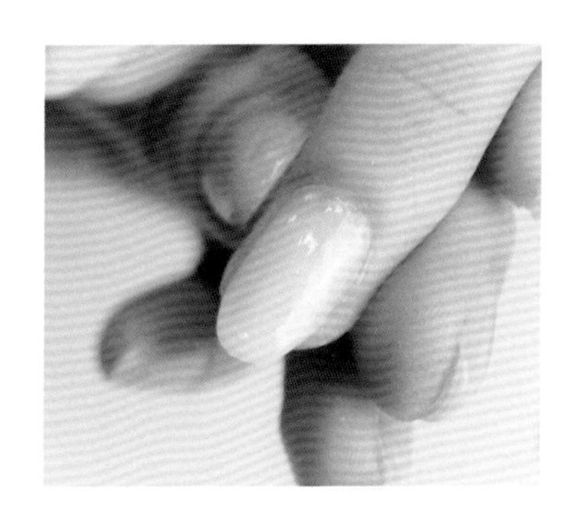

05

使方头笔刷和甲面呈 45° 角，力度由轻到重，使颜色呈现不规则的渐变效果。从后缘到前缘由深到浅变化，过渡自然。照灯固化。

06

在甲面左边以同样的手法画出另一条纹路。注意，线条的走向和位置要自然，且要做出渐变的效果。照灯固化。

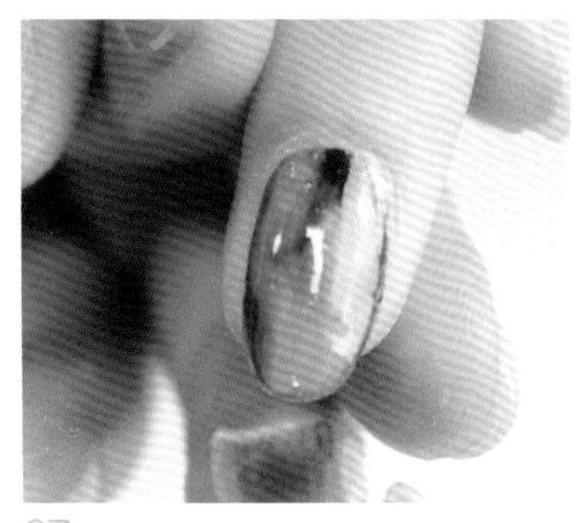

07

用同样的手法做绿色晕染，不必覆盖蓝色的纹路，使绿色与蓝色之间自然过渡，深浅得当。照灯固化。在边位用黑色色胶做少量渐变点缀。注意，黑色渐变要干净利落，晕染范围不能过大。照灯固化。

08

涂上一层薄薄的免洗封层。

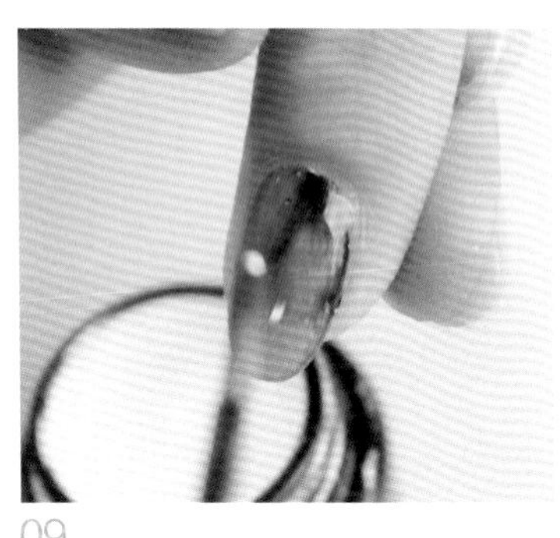

09

用万能笔取适量的白色色胶，从指甲后缘右侧开始上色。蓝绿色色胶晕染的纹路基本都是以竖纹为主，用白色色胶做出不一样的纹路，层次才不会单一。

10

使万能笔与甲面呈 15° 角，依靠封层的流动性，将白色色胶从指甲后缘右侧带到靠近左边的中部位置，画出主线，然后局部晕染开。照灯固化。

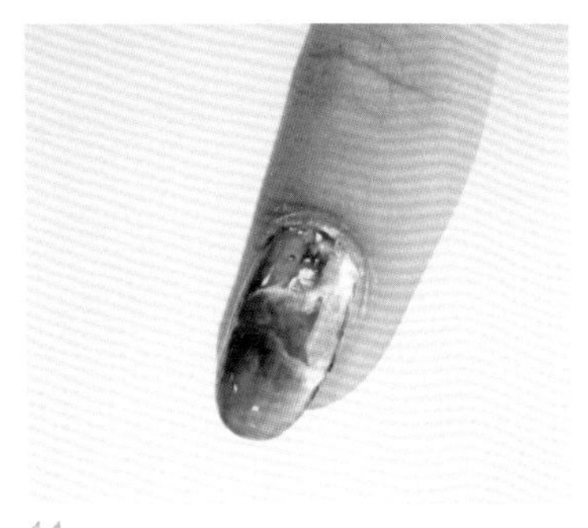

11

用同样的手法画出另外一条纹路。绘制出来的效果有一种雾的感觉，自然，不生硬。

12

剪一小块金箔转印纸备用。转印纸用于有浮胶的甲面。

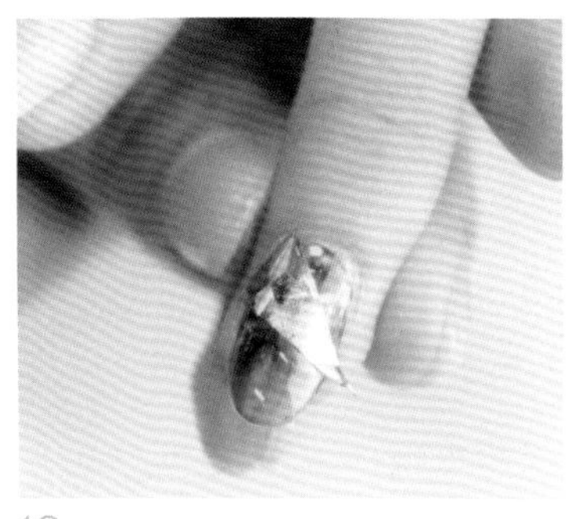

13

将剪下来的金箔转印纸贴在甲面中间偏后的位置，稍加按压，然后快速将其掀开。

14

用方头笔刷将金箔分散成颗粒状。涂上免洗封层。仔细观察可以发现，该款造型至少有 3 个层次。

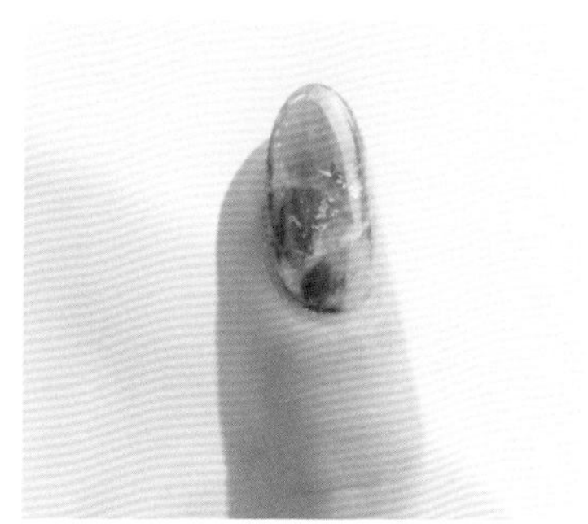

5.2 光疗甲经典款式

5.2.1 淡粉渐变花朵

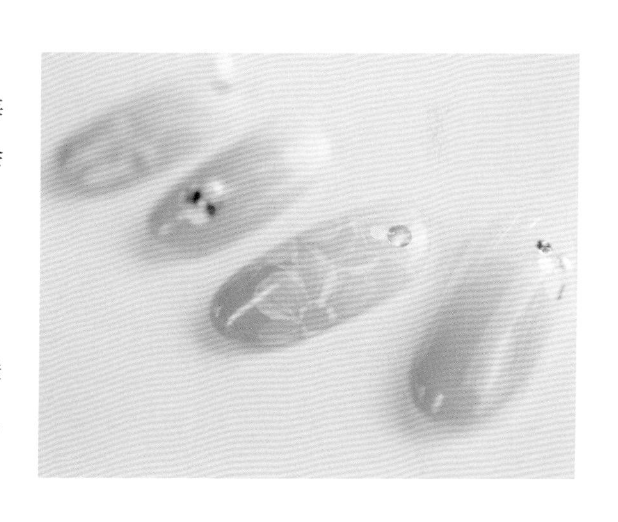

设计灵感

“那片笑声让我想起我的那些花儿，在我生命每个角落静静为我开着……”笔者喜欢花花草草，总会看着它们，拿起笔，伴随着旋律慢慢勾勒。

所用材料

方头笔刷、万能笔、拉线笔、假甲片、闪片、Dion Nail Art 205 号粉红色色胶、Dion Nail Art 透白色胶、Dion Nail Art 45 号白色色胶、多功能光疗胶、免洗封层、磨砂封层。

操作步骤

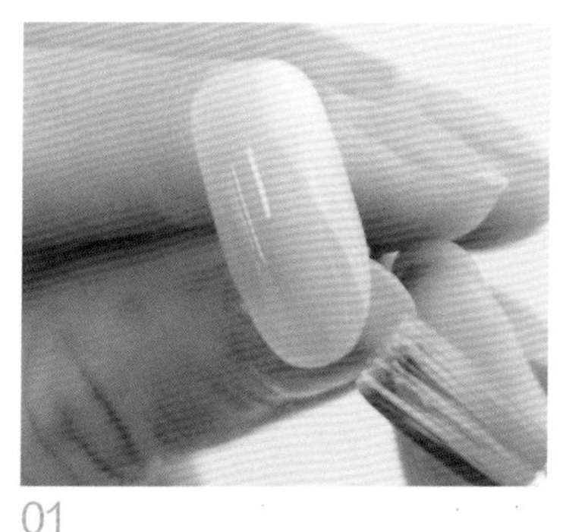

01

用方头笔刷在假甲片上涂一层透白色胶，用粉红色色胶做上浅下深的单色渐变。照灯固化。

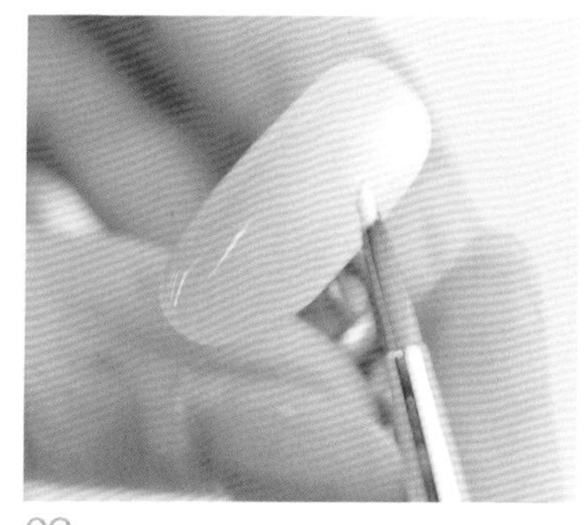

02

用万能笔蘸取适量白色色胶。

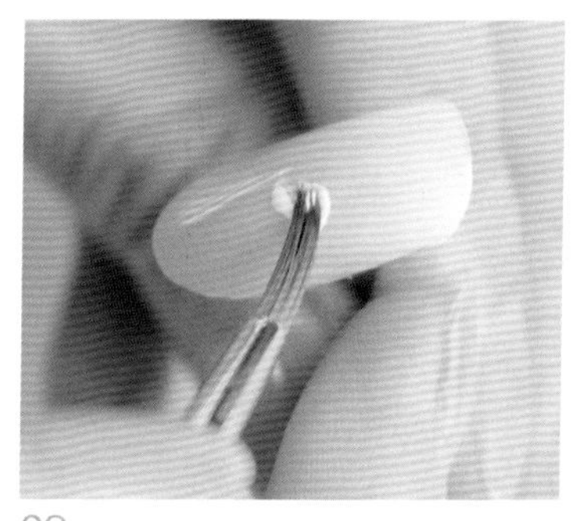

03

在指甲中部向靠近前缘右侧的位置抹上白色色胶。

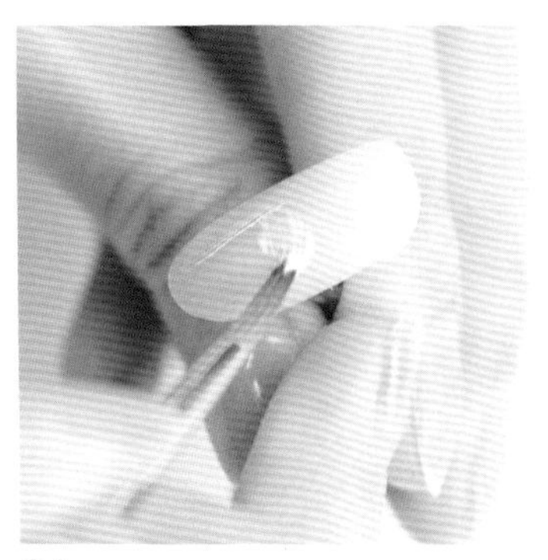

04

稍加压笔，刻画花瓣的纹路，转角处画得圆润一些。然后，轻轻提笔收尾，勾出一个小尖，完成第一片花瓣的绘制。切勿将花朵画成卡通的正圆形，那样会影响整体风格。照灯固化。

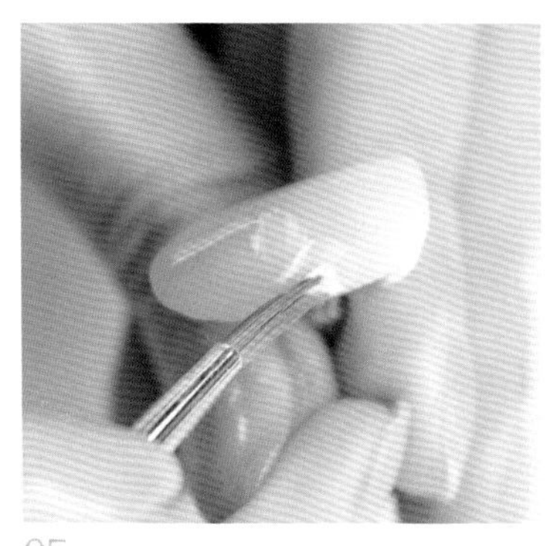

05

绘制第二片花瓣。第二片花瓣可以与第一片花瓣有部分重叠，使效果更自然。照灯固化。

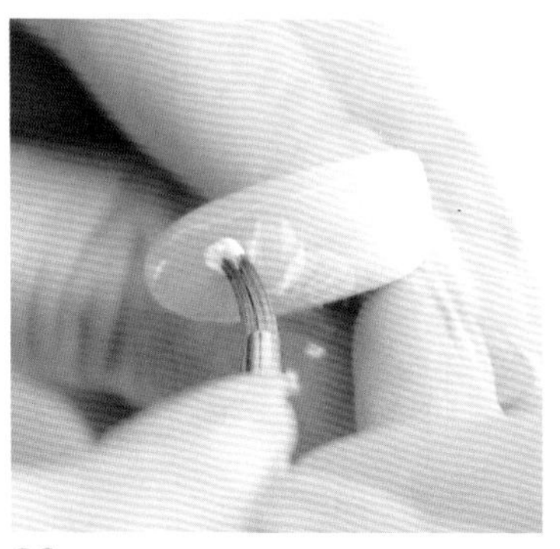

06

在第一片花瓣的左边绘制第三片花瓣，绘制方法与前两片花瓣相同。花瓣的大小可以做一些调整，可以画得稍大一点。照灯固化。

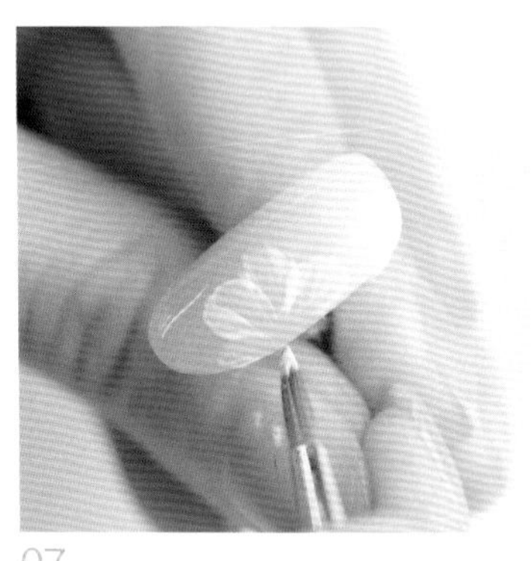

07

第四片花瓣画得稍微小一点，约为第三片花瓣的一半大小。注意，这 4 片花瓣的尾部都是朝向一个中心的。照灯固化。

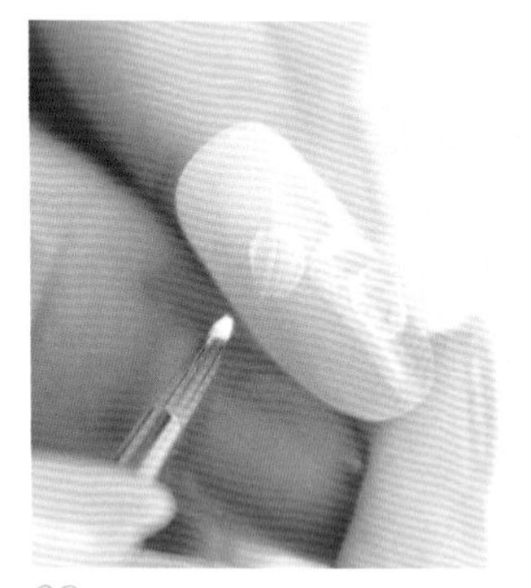

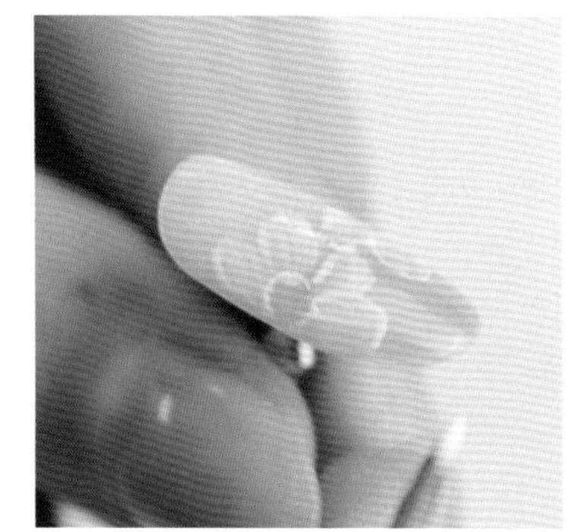

08

第二朵花与第一朵交错呈现，可以稍微靠上一点。切忌将两朵花画在同一水平线上。第二朵花的绘制方法与第一朵相同。绘制好之后照灯固化。

09

用万能笔蘸取白色色胶，在 4 片花瓣交汇的中心绘制不规则的圆圈。花芯不是一个十分工整的圆圈，线条有粗有细，可连可断，自然即可。照灯固化。

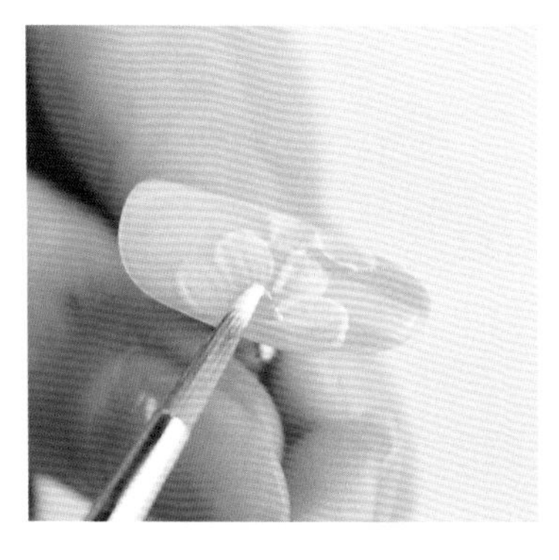

10

涂上免洗封层，包裹画好的花朵。照灯固化。

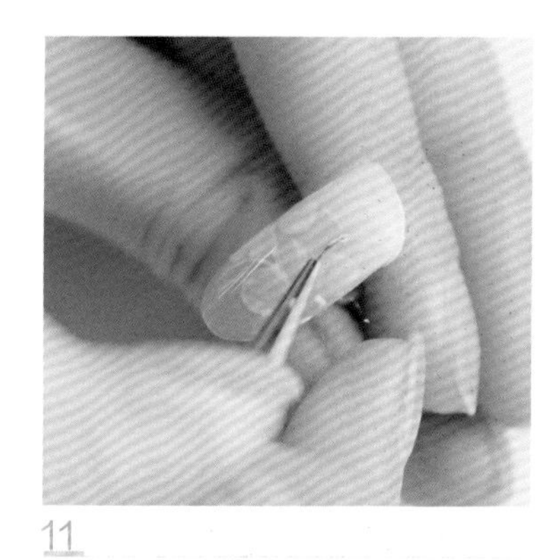

11

用拉线笔蘸取白色色胶，画出细长的花蕊。照灯固化。

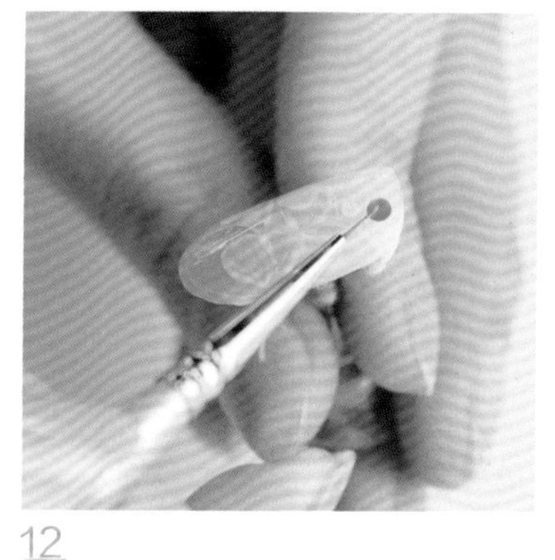

12

在指甲后缘空白处涂一层多功能光疗胶，在光疗胶上贴上一大一小两片闪片，用于点缀。照灯固化。

13

涂上磨砂封层，照灯固化。

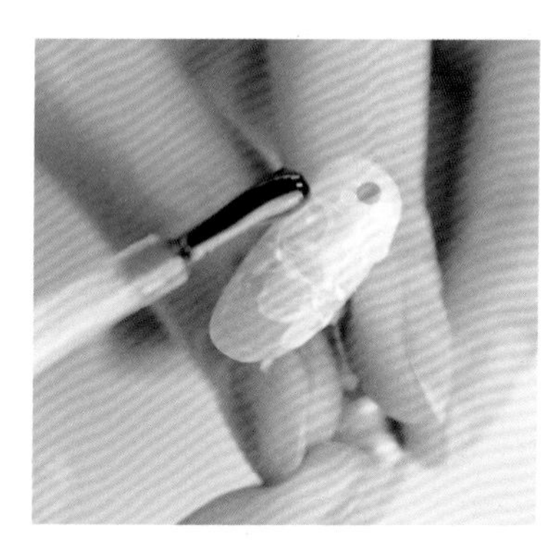

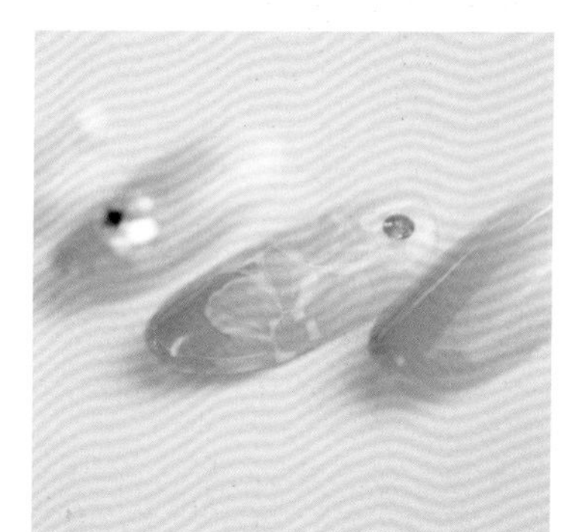

5.2.2 经典黑白毛呢

设计灵感

想走走轻熟优雅路线，即使是黑色的也不会显得黯然。想要给黑色添点白，做个微立体的造型，经久不衰的黑白毛呢美甲自然地浮现在笔者的脑海中。

所用材料

扇形渐变笔、锯齿晕染笔、拉线笔、Dion Nail Art 78 号黑色色胶、Dion Nail Art 45 号白色色胶、假甲片、免洗封层、方头笔刷。

操作步骤

01

用方头笔刷蘸取白色色胶，为假甲片涂一层底色。照灯固化。

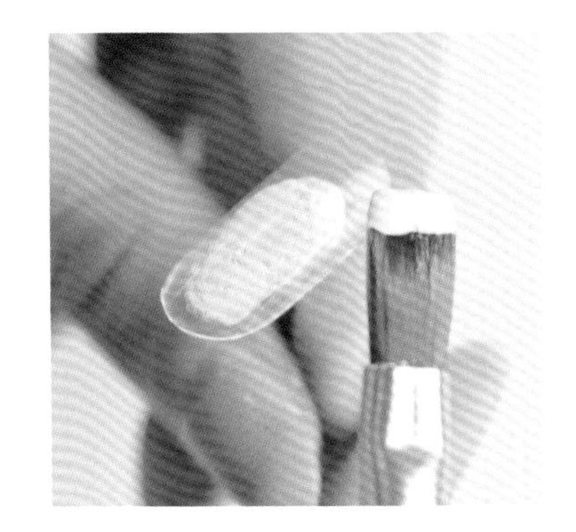

02

用扇形渐变笔蘸取少量黑色色胶。

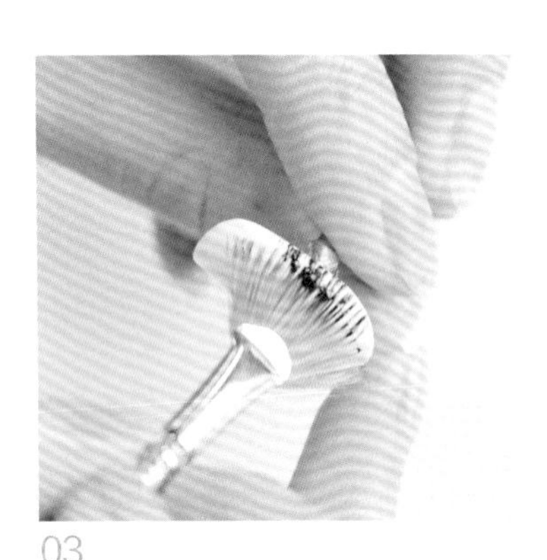

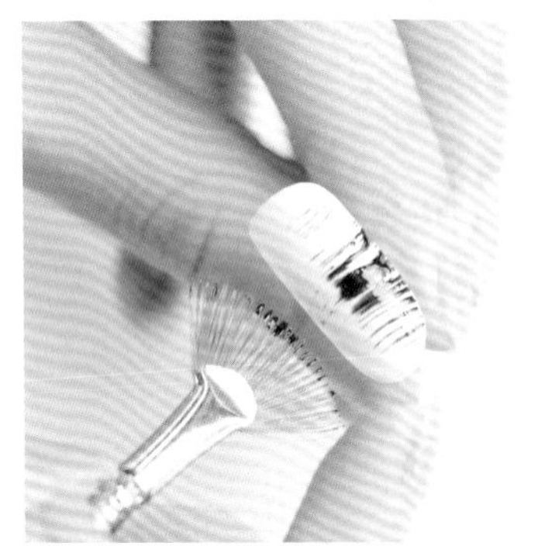

03

使假甲片向左倾斜，让右半部分移到正面。使扇形渐变笔与假甲片右边垂直，由右往左扫。随意扫出来的直线粗细不同，显得自然，不必做得过于工整。

04

用同样的方法处理假甲面的左半部分。

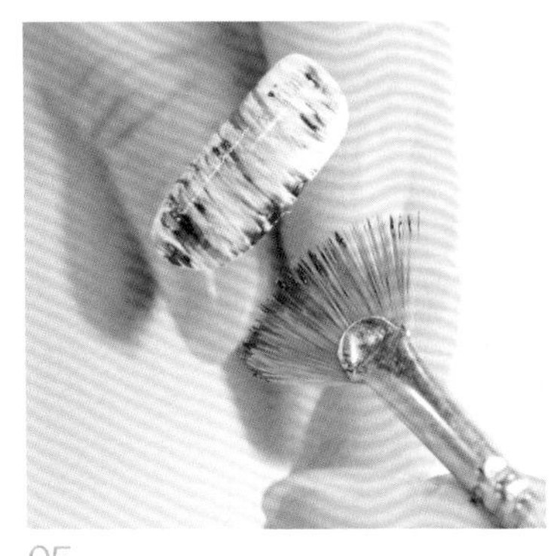

05

来回操作几次，注意边位细节处的效果。照灯固化。

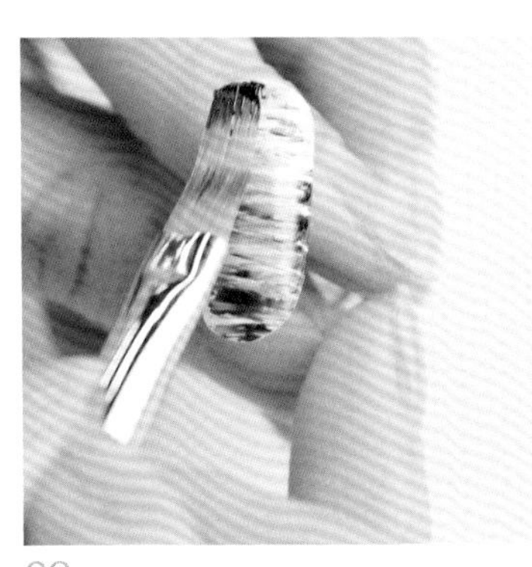

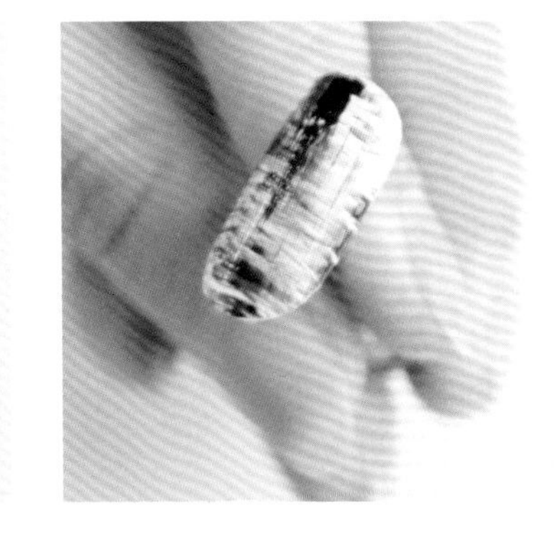

06

用锯齿晕染笔蘸取黑色色胶，由假甲片后缘向前缘画出不规则的直线。竖向的线条与横向的线条一样，有粗有细，随意分散。重复几次，做出横竖交错的格子的形状。照灯固化。

07

用锯齿晕染笔蘸取白色色胶，画出间距较宽的竖线，照灯固化。

08

用同样的方法画白色横线，注意白色色胶不能过多。照灯固化。

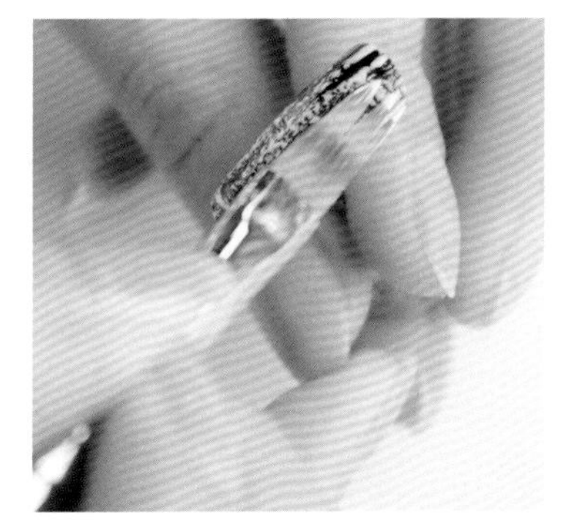

09

用拉线笔蘸取白色色胶，画出比较明显的横线、竖线及小色块，体现出轻立体的感觉。照灯固化。

10

为了增强层次感及突出黑白交错的感觉，用拉线笔蘸取黑色色胶，填补白色横竖线间的空隙。照灯固化。之后，涂上一层薄薄的免洗封层，照灯固化。

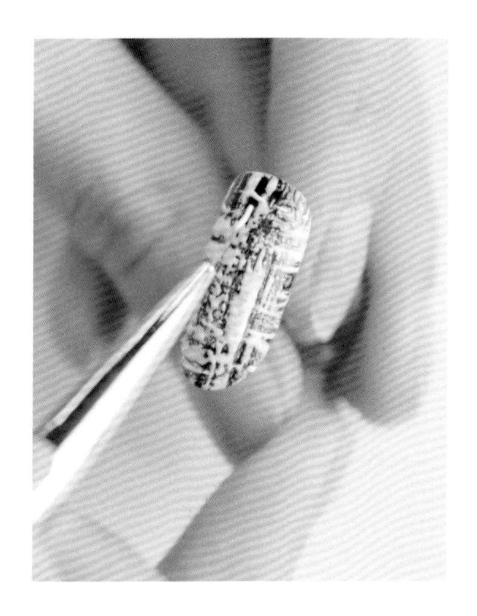

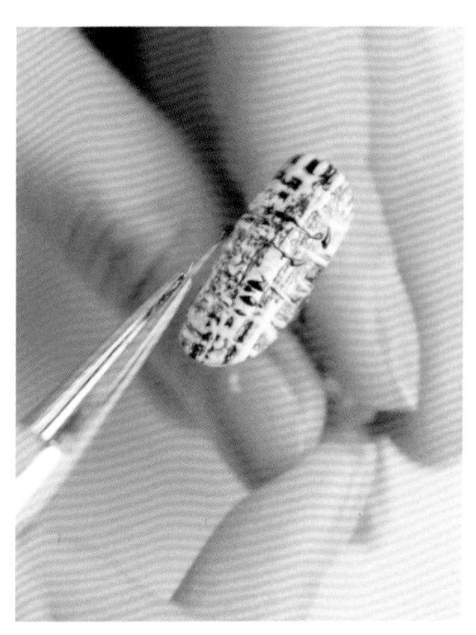

5.2.3 俏皮英伦多色格仔

设计灵感

学生时代，女孩都有个期盼：校服能不能好看一点？答案是“No”！将学园风体现到指甲上，感觉也是很棒的！这款美甲非常好看，手法也十分新颖。

所用材料

方头笔刷、万能笔、拉线笔、Dion Nail Art 160 号灰色色胶、Dion Nail Art 90 号宝蓝色色胶、Dion Nail Art 360 号深粉红色色胶、Dion Nail Art 228 号黄色色胶、Dion Nail Art 78 号黑色色胶、Dion Nail Art 45 号白色色胶、假甲片、免洗封层。

操作步骤

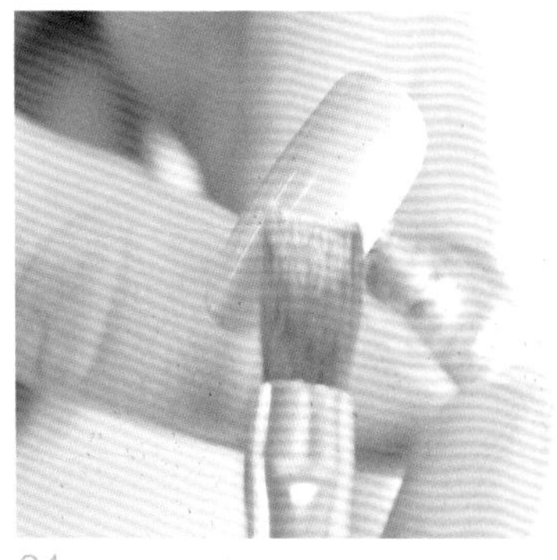

01

用方头笔刷蘸取灰色色胶，给假甲片涂一层底色。照灯固化。

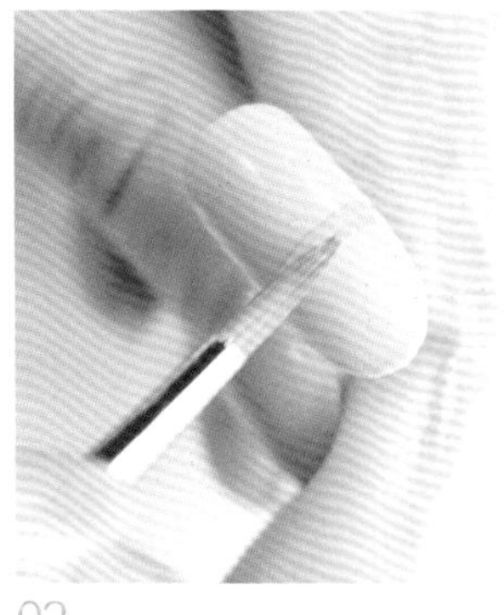

02

用万能笔蘸取黄色色胶，在中间画一条横向的线条，将假甲片均匀地分为上下两个区域。

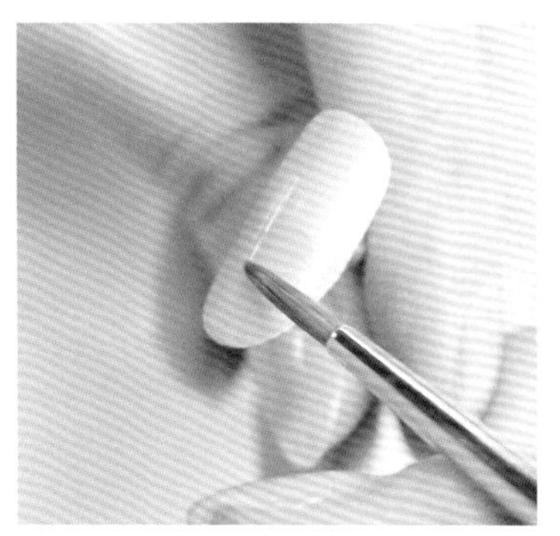

03

用万能笔将黄色线条靠指甲前缘的一侧横向抹开，做出渐变效果。注意，操作的时候将万能笔平放。

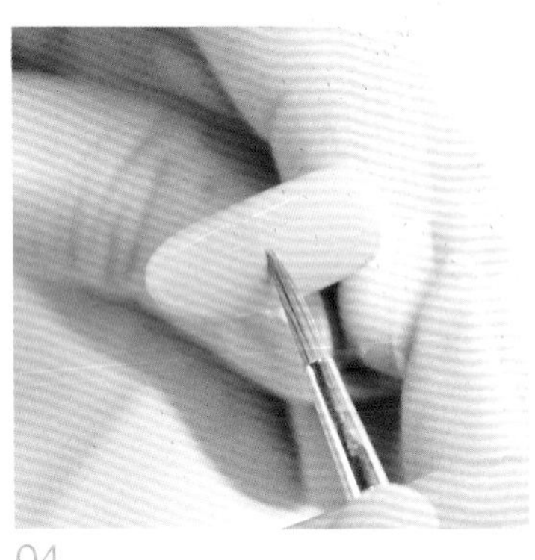

04

用干净的万能笔沿着黄色线条深色部分的边缘擦拭，让边缘看上去更整洁。照灯固化。

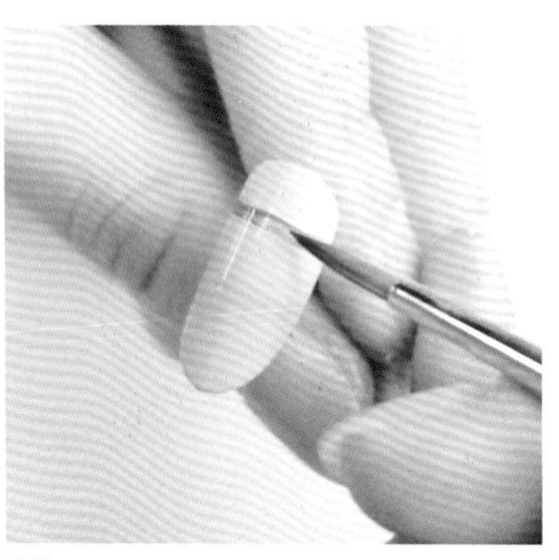

05

在假甲片后缘的空白处，用万能笔画出一条横向的粉红色线条，将假甲片后缘的空白处再分成两等份。

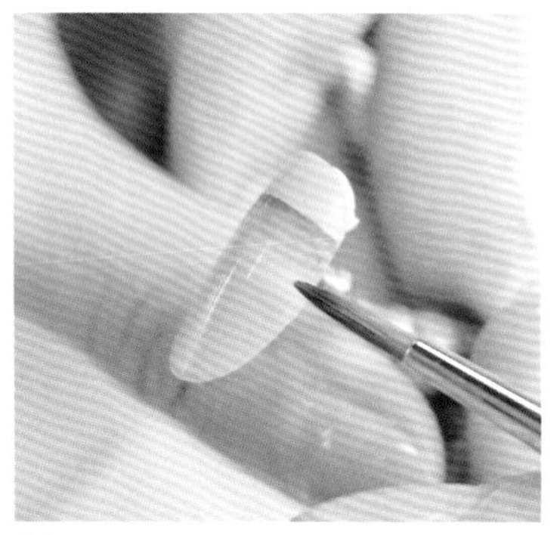

06

采用与做黄色渐变相同的方法做出同一个方向的粉红色渐变。照灯固化。

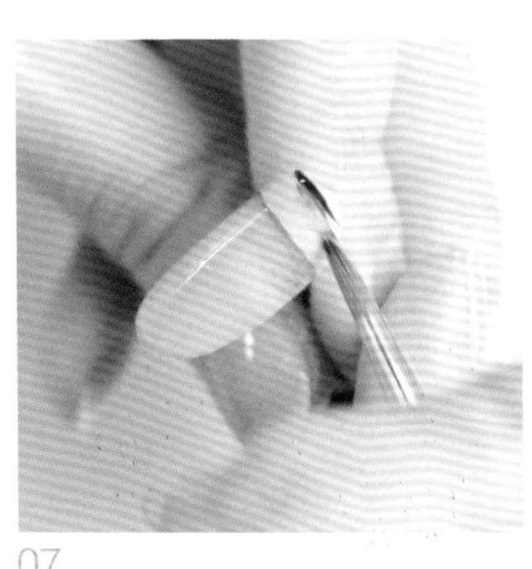

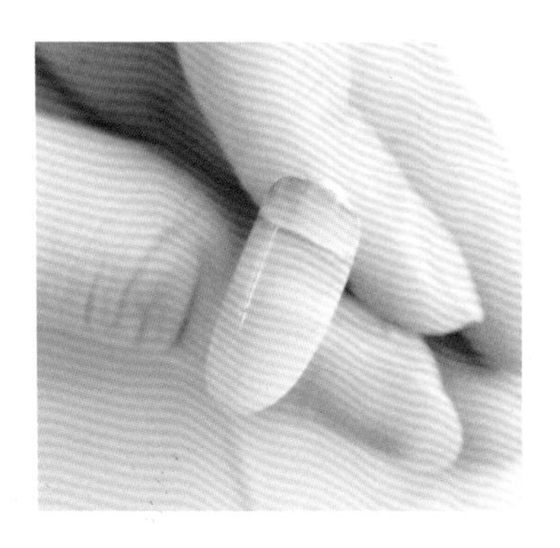

07

用万能笔蘸取宝蓝色色胶，在甲片的后缘画出一条横向的线条。将宝蓝色线条做出渐变效果。照灯固化。

08

万能笔上沾有少量宝蓝色色胶，在黄色渐变的浅色部分进行叠加，使之混合成绿色。照灯固化。

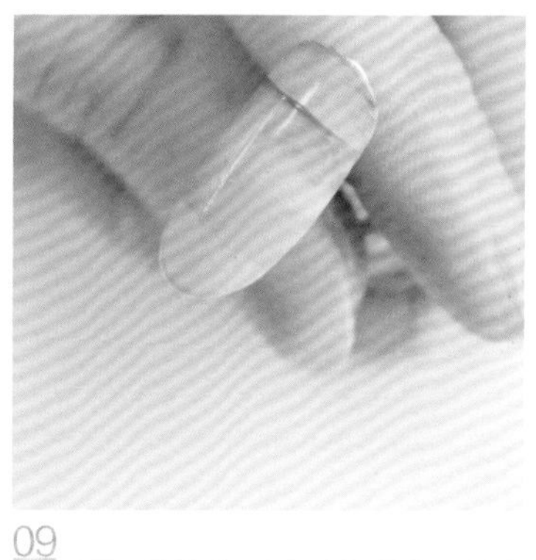

09

3 种颜色渐变自然，但其间仍有空白，衔接不够自然，此时可用相应的颜色适当进行补充。

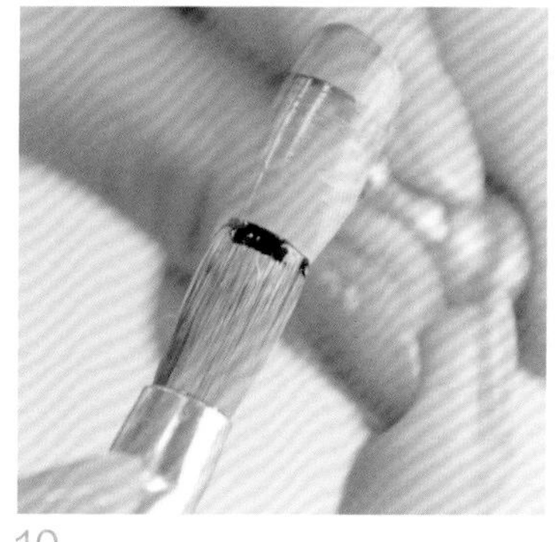

10

用方头笔刷蘸取黑色色胶，在黄色渐变色带的下方做一个平法式效果。照灯固化。

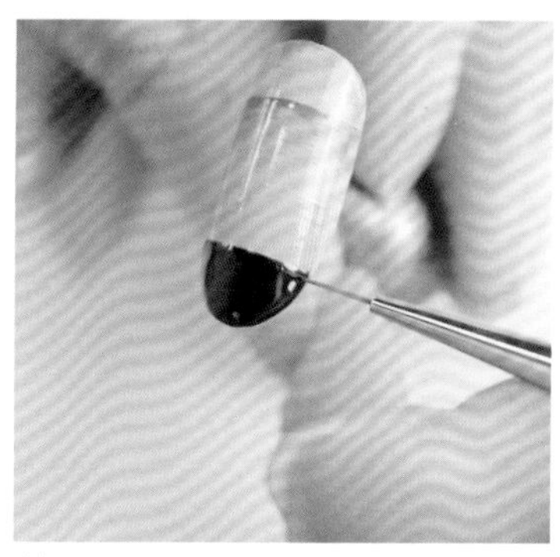

11

用拉线笔对黑色部分进行细节处理，照灯固化。

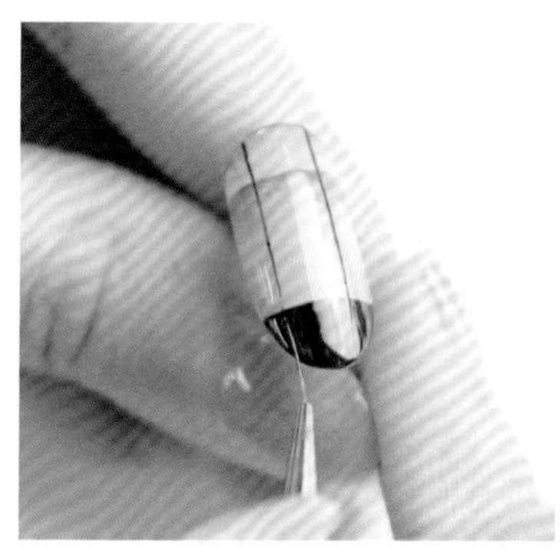

12

用免洗封层包裹整个甲面，形成一个光滑的平台。然后，用拉线笔蘸取黑色色胶，画两条竖线，将甲面纵向分成 3 份。照灯固化。

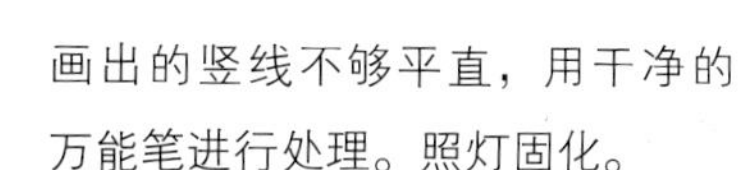

13

画出的竖线不够平直，用干净的万能笔进行处理。照灯固化。

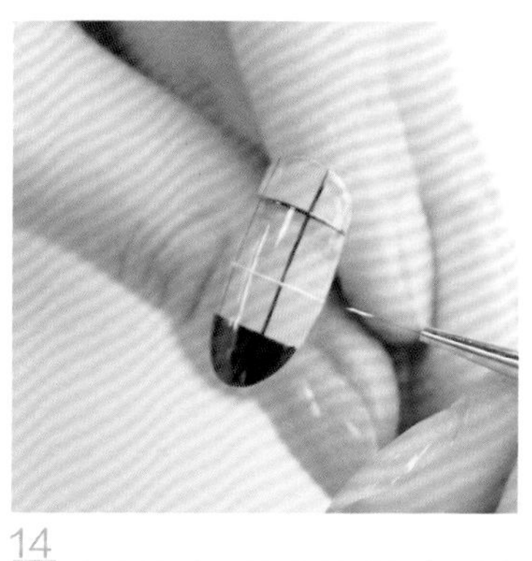

14

用拉线笔在粉红色与宝蓝色的交界处画一条横向的黑色直线，在粉红色与黄色的交界处画一条横向的白色直线。照灯固化。

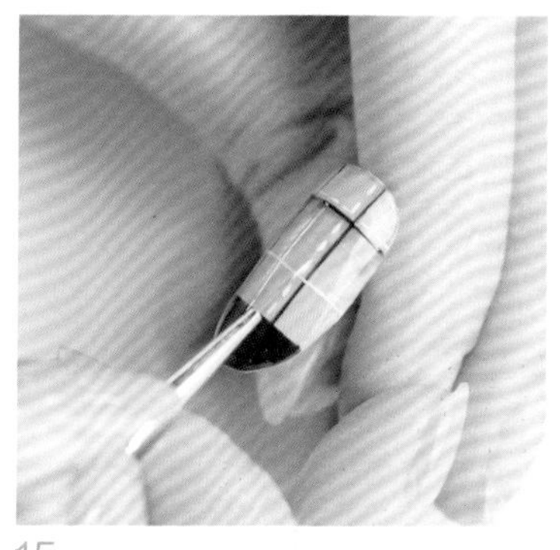

15

在黑色横线上方和右侧黑色竖线左边一点的位置分别画一条白色虚线。照灯固化。

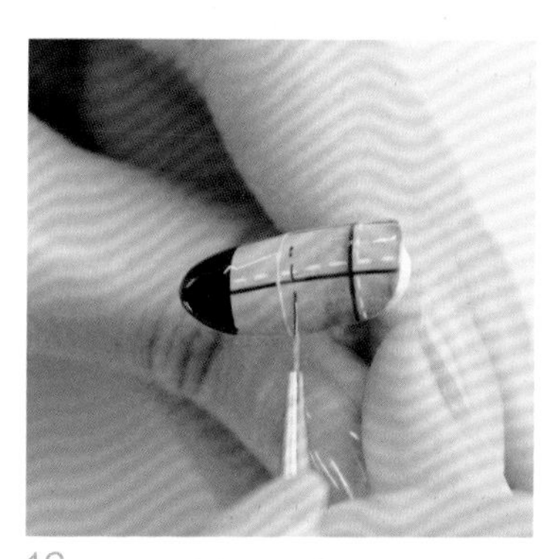

16

在黄色与黑色交界线上方及白色横实线上方分别画一条横向的黑色虚线。照灯固化。

17

涂上免洗封层，照灯固化。

18

运用不同的颜色和分区法，为其他甲片做出相似的美甲，不必一模一样。

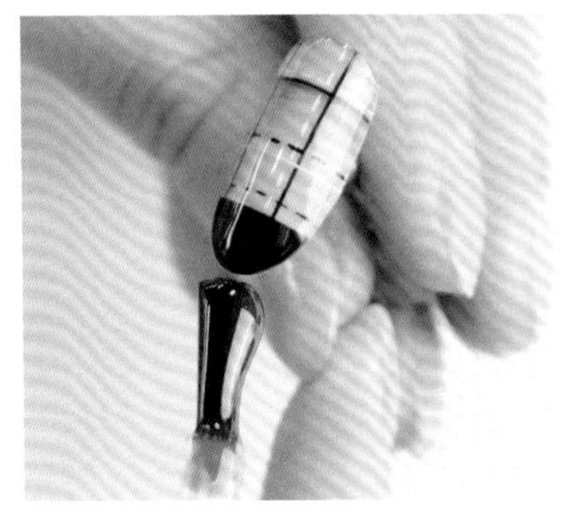

5.2.4 彩色蚕茧

设计灵感

突发奇想，一个雪白的蚕茧被染色后会如何？彩色的丝状物包裹在一起也不错。要是将细线贴在指甲上做包裹的效果未免太过烦琐，效果也不见得理想，不如试试用色胶营造出这种感觉。

所用材料

甲托、用旧的方头笔刷、万能笔、拉线笔、锯齿晕染笔、Dion Nail Art 228 号黄色色胶、Dion Nail Art 305 号枚红色色胶、Dion Nail Art 278 号绿色色胶、Dion Nail Art 349 号紫色色胶、Dion Nail Art 89 号蓝色色胶、Dion Nail Art 45 号白色色胶、Dion Nail Art 78 号黑色色胶、假甲片、免洗封层。

操作步骤

01

用甲托托住假甲片，向左倾。用方头笔刷蘸取黄色色胶，从右侧的中间部位下笔，从右向左迅速画出一条不规整的黄色色带。照灯固化。

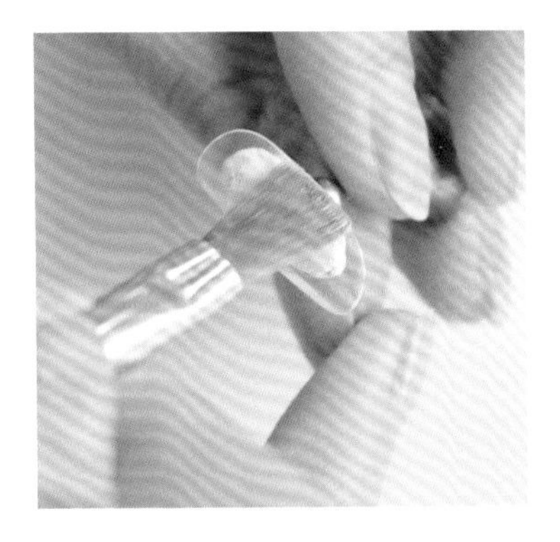

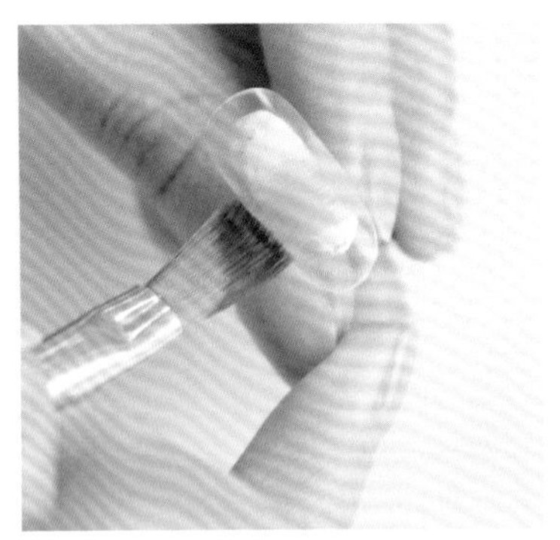

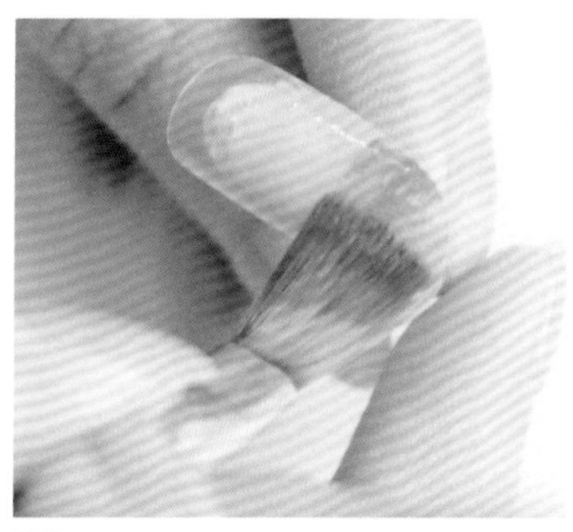

02

用方头笔刷蘸取枚红色色胶，以同样的方式在假甲片前缘画一条枚红色色带，使枚红色与黄色有部分重叠。

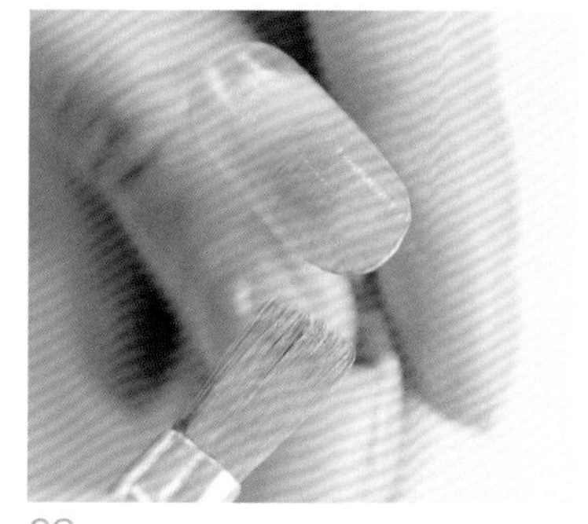

03

等待一会儿，可以看到黄色与枚红色色带相交处变成了橙色，而且效果十分自然。照灯固化。

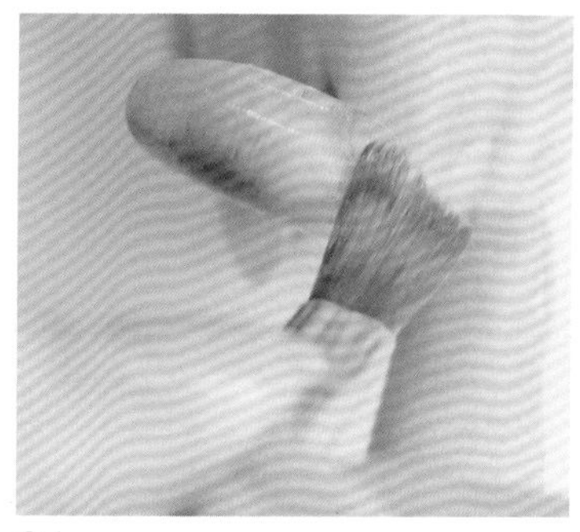

04

用方头笔刷蘸取绿色色胶，用相同的手法在甲面后缘绘制一条绿色色带。绿色部分可与黄色部分重叠。

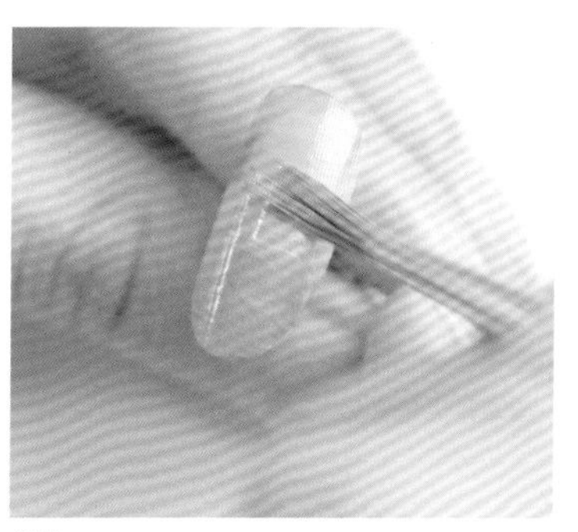

05

将万能笔的笔毛压平，涂抹绿色与黄色重叠的部分，使两种颜色过渡自然。黄色和绿色重叠生成黄绿色，色彩丰富而有层次。照灯固化。

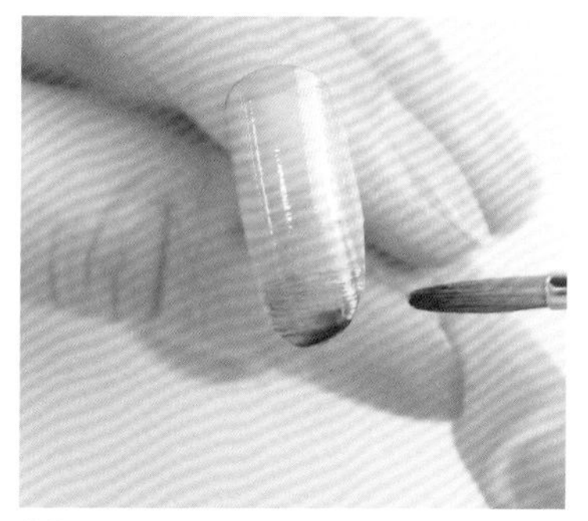

06

用紫色色胶处理一下指尖部分，使其有深浅变化。照灯固化。

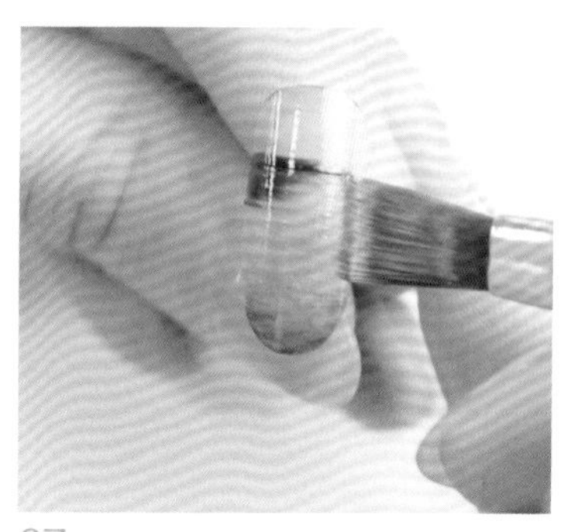

07

在黄绿色色带中横向轻画一条蓝色条纹，使蓝绿交错，以增强层次感。照灯固化。

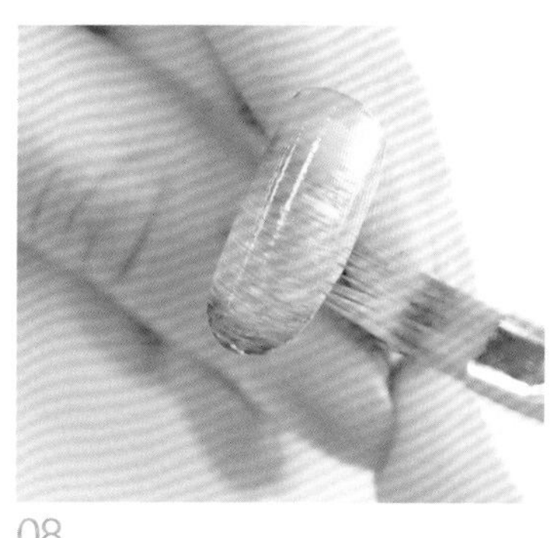

08

用锯齿晕染笔蘸取白色色胶，在整个假甲片上横向轻画。用锯齿晕染笔的好处是可以利用薄而疏的笔尖做出丝状效果。照灯固化。

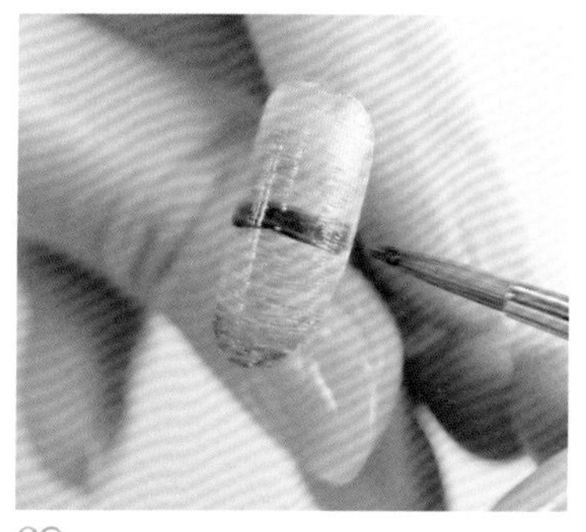

09

用万能笔蘸取黑色色胶，将万能笔的笔尖压平，在假甲片中间画一条横向的黑色粗线。

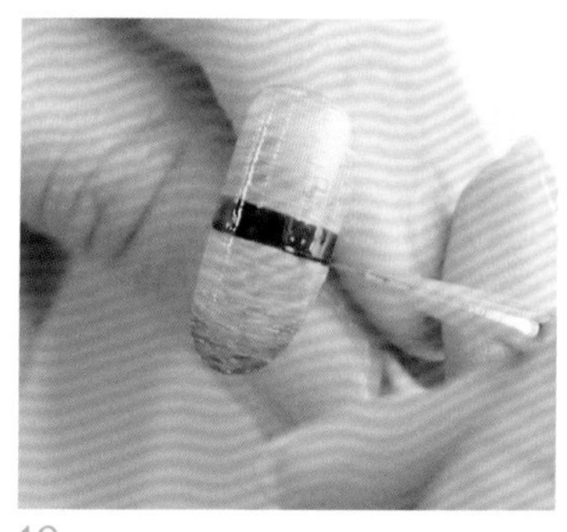

10

用拉线笔蘸取黑色色胶，处理黑色粗线的细节。黑线整体必须与甲片后缘平行，不可歪斜，且线条本身的宽度也必须一致。照灯固化。

11

在橙色部分靠近黑色粗线的位置用拉线笔画一条与之平行的横向黑色细线。照灯固化。

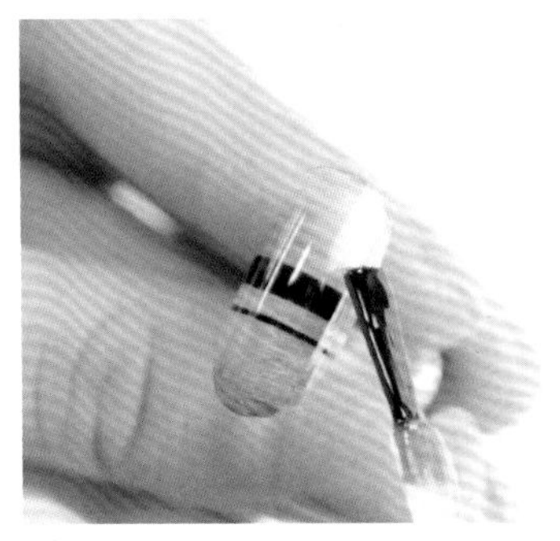

12

涂上免洗封层，照灯固化。

13

同一套假甲片做类似的款式搭配。

5.2.5 日韩风少女毛衣

设计灵感

日剧或韩剧中，冬天约会时，穿着毛衣的女孩们总是那么温柔可人。美甲整体的颜色可以选择偏淡的粉色。用磨砂封层能突显毛衣的质感，打造出来的款式也会十分百搭。

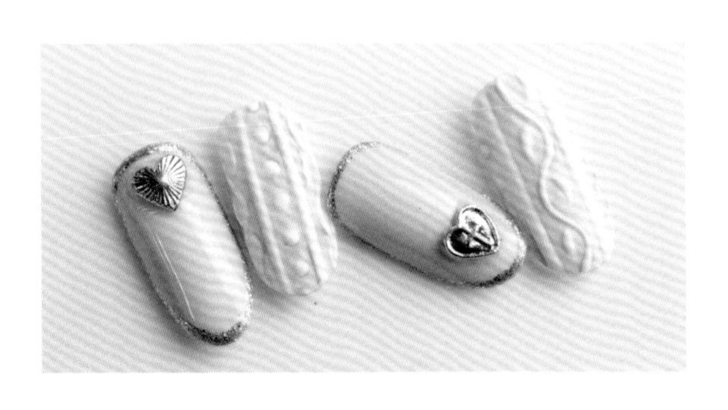

所用材料

Dion Nail Art 45 号白色色胶、Dion Nail Art 白色彩绘胶、Dion Nail Art 228 号黄色色胶、Dion Nail Art 51 号浅天蓝色色胶、Dion Nail Art 172 号荧光粉红色色胶、拉线笔、万能笔、甲托、假甲片、磨砂封层。

操作步骤

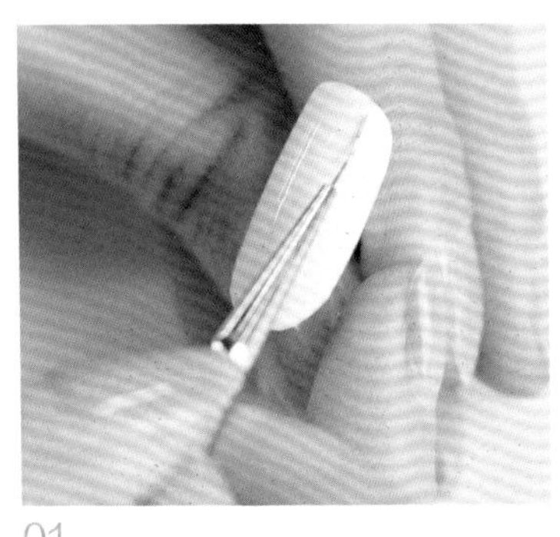

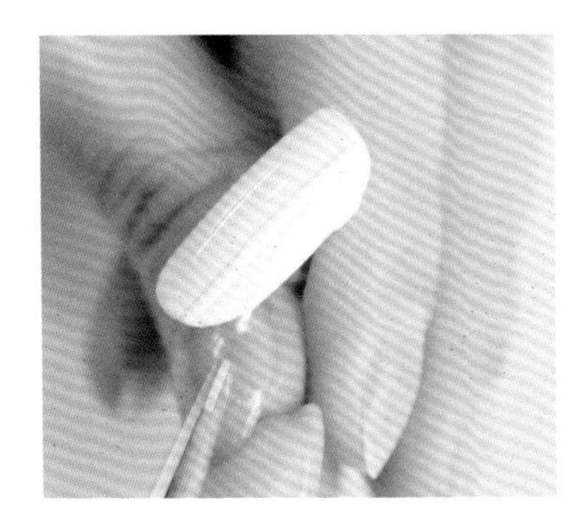

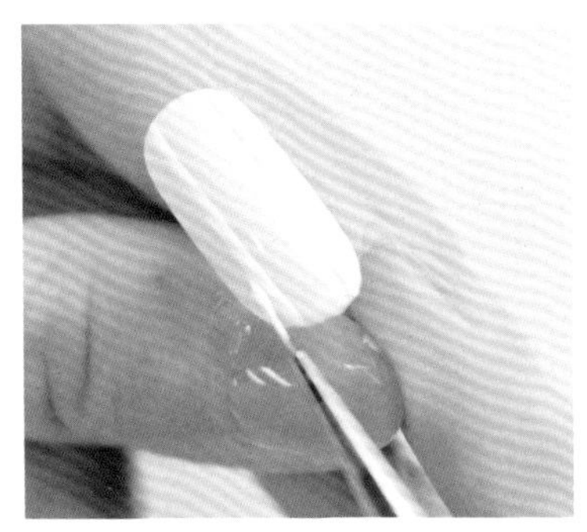

01

用甲托托住假甲片，用白色色胶以上单色的手法涂上底色。然后，用拉线笔蘸取白色彩绘胶，纵向绘制直线，将假甲片纵向划分为均匀的三等份。在绘制直线时，用到的色胶量较多，轻提拉线笔，做出微凸的立体效果。注意，绘制的时候动作必须连贯，这样绘制出的线才是直的。绘制出右侧的直线，照灯固化。用与右侧竖线相同的绘制方法处理左侧的竖线，左右两侧尽量对称。

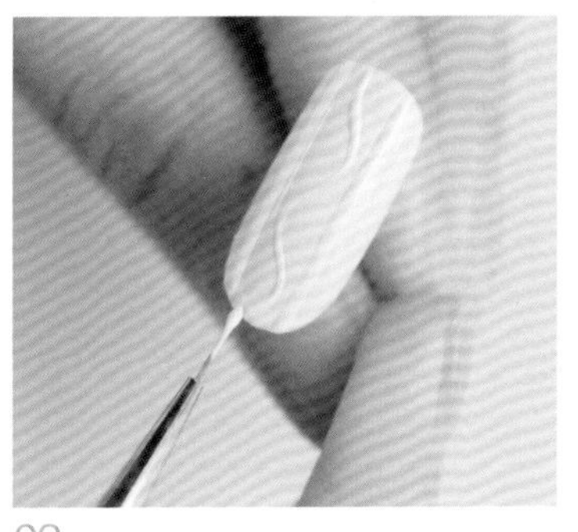

02

在两条竖线之间的区域，用白色彩绘胶画出S形线条，同样需要做出微凸的感觉。照灯固化。

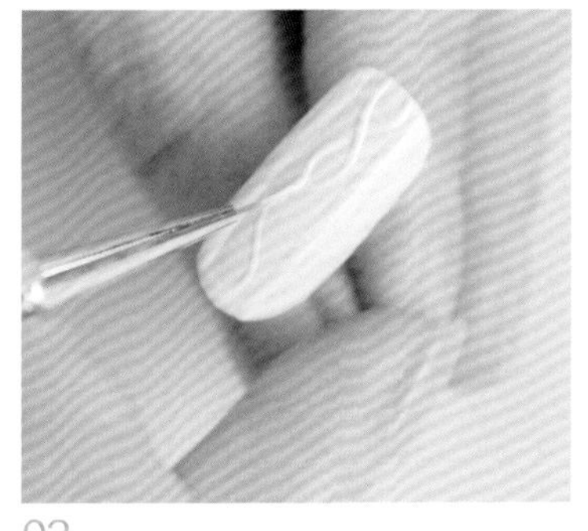

03

用白色彩绘胶画出反方向的S形线条，与先画出的S形线条相交。注意，两线的交会处不要重叠画，以免太过突兀。照灯固化。

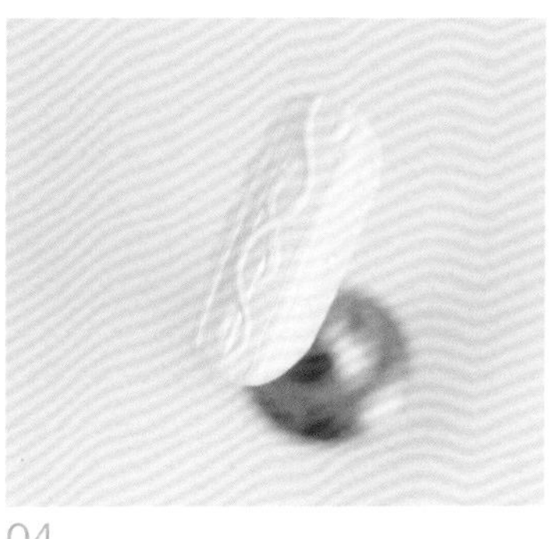

04

在左右两侧的区域点上小圆点，照灯固化。至此，整个款式的构图基本完成。

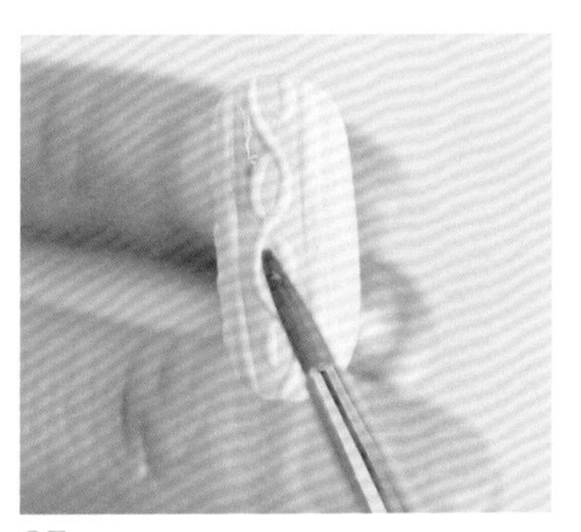

05

用万能笔蘸取浅天蓝色色胶，在甲面上做不规则的分散晕染。注意，色胶不需太多，做出轻薄的效果即可。

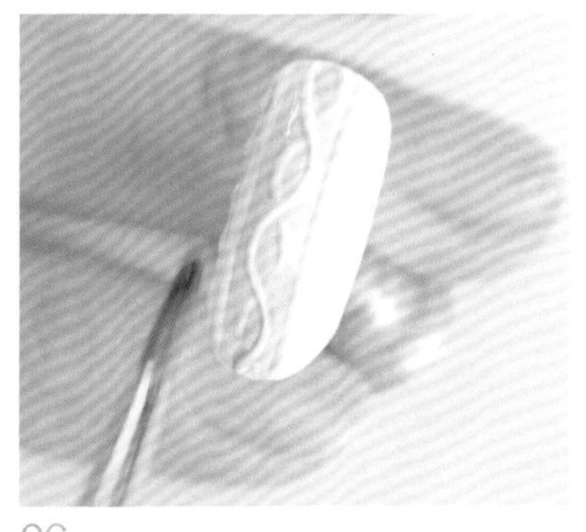

06

用荧光粉红色色胶以相同的方法做不规则的分散晕染。

07

用黄色色胶以相同的方法做不规则的分散晕染。晕染的各种颜色可部分重叠，使之过渡自然。颜色主要集中于整个甲面的中间部分。

08

为了突出主次，可以增加某一种颜色的比例。所以，再次用荧光粉红色色胶做不规则的分散晕染。

09

用干净的万能笔拭去白色微凸部分的其他颜色，使其干净、和谐。照灯固化。

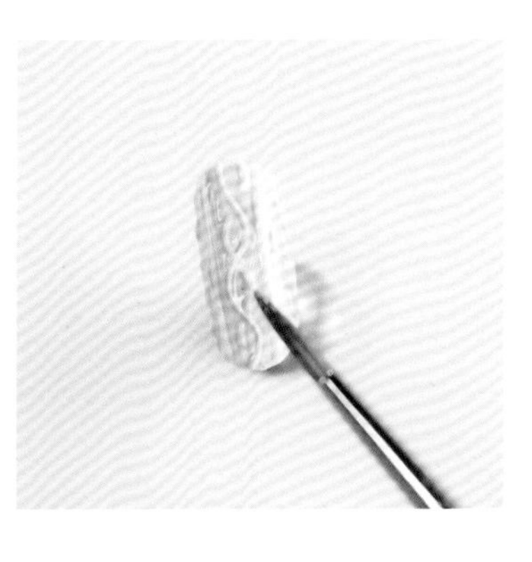

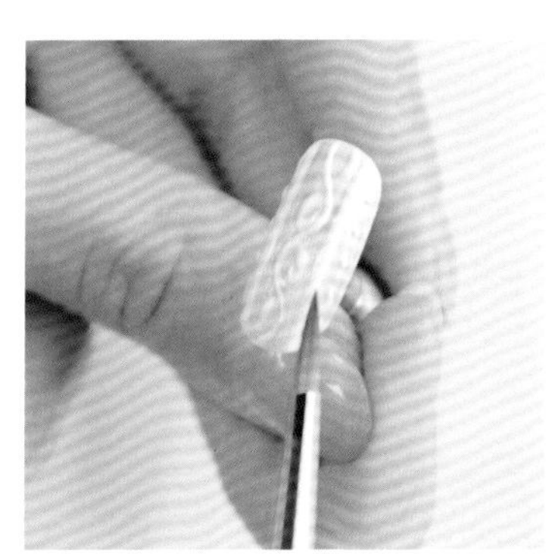

10

涂上磨砂封层，照灯固化。

11

设计类似风格的款式与之搭配。可在原设计的基础上进行微调，也可以设计完全不同的款式。

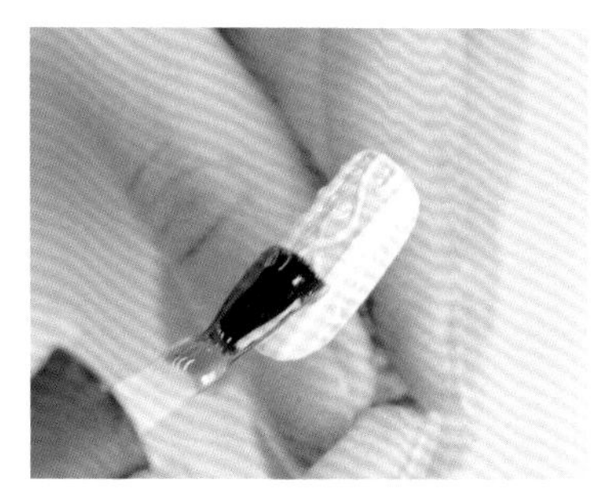

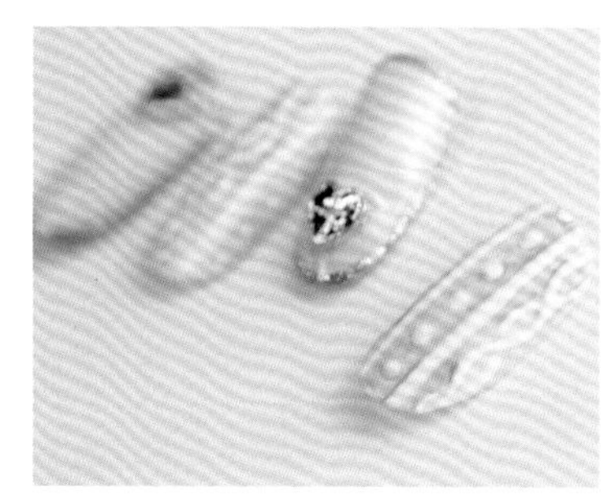

5.2.6 自制模具饰品

设计灵感

饰品的种类非常多，有时候很难找到想要的。如果喜欢自己创作的话，可以利用模具做出特别的饰品，展现独一无二的魅力。这款选用的是比较百搭的圆形模具，里面加入了一些元素，分层操作。注意，模具的底部就是成品的正面。

所用材料

模具、云感粉、多功能光疗胶、Dion Nail Art 78号黑色色胶、免洗封层、万能笔、假甲片。

操作步骤

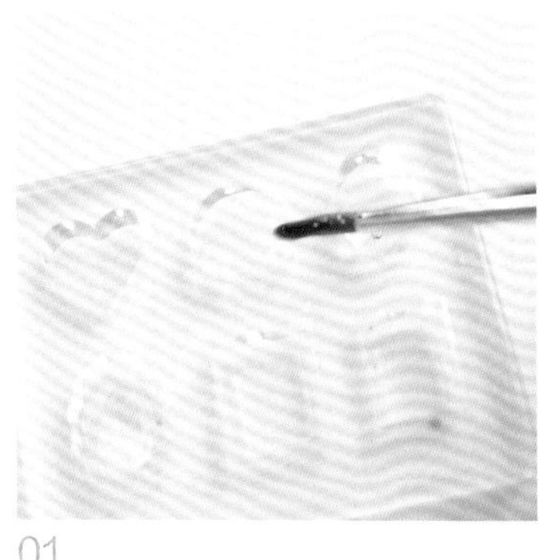

01

准备好模具。用万能笔蘸取多功能光疗胶，涂于圆形模具底部。多功能光疗胶的分量要足，不能涂得太薄。

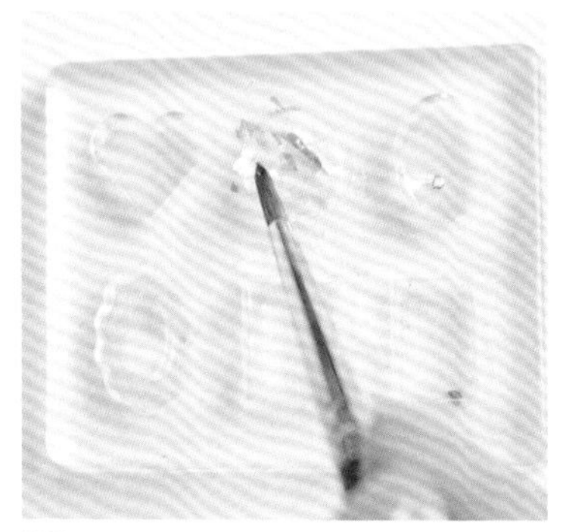

02

用万能笔蘸取云感粉，使其分散地分布于多功能光疗胶上，注意不要过密。照灯固化。

03

往模具中涂一层多功能光疗胶，然后涂黑色色胶，巧妙地让其以点状悬浮于多功能光疗胶上，颜色有深有浅，层次丰富。照灯固化。

04

用万能笔蘸取黑色色胶，随意地涂在多功能光疗胶上，形成不规则的色块。

05

再加入一层云感粉，分量可以比上一次多一些，使其分布得更密一些。照灯固化。

06

再涂上一层多功能光疗胶，包裹好云感粉，照灯固化。将做好的整个饰品取出，涂上免洗封层，照灯固化。

07

将制作好的饰品贴在假甲片上，搭配其他成品装饰，造型相当别致。

5.2.7 民族风线条图案

设计灵感

点、线、面的组合变化万千，可以组合出各种好看的造型。由点、线、面组合而成的民族风造型大家都比较熟悉。这一款式的绘制思路是将两组图案重叠起来，在表现出两组图案是独立的个体的同时，也是一个和谐的整体。整个甲片以透蓝色为底色，十分美观。

所用材料

方头笔刷、拉线笔、Dion Nail Art NC 151 号透蓝色色胶、Dion Nail Art 白色彩绘胶、甲托、假甲片、磨砂封层。

操作步骤

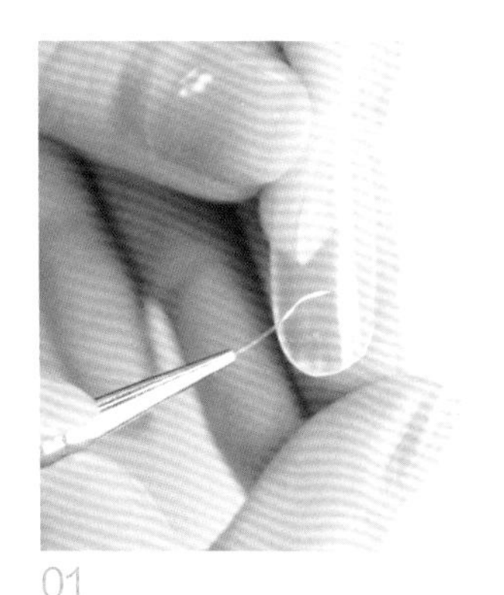

01

用拉线笔蘸取白色彩绘胶，在假甲片前端画半圆。不用一笔画完整条弧线，可先画左边的一半。

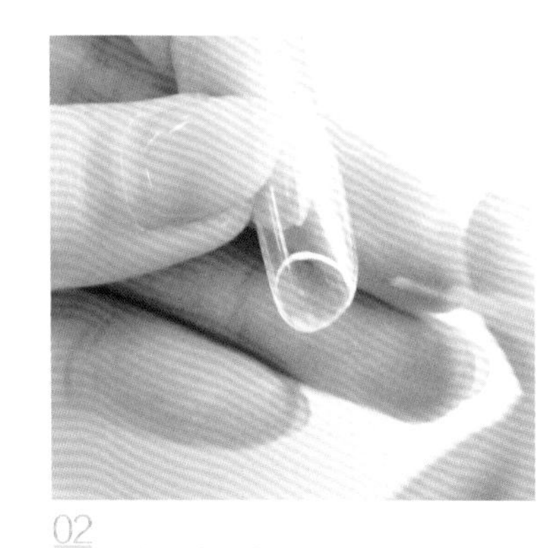

02

完成右半边弧线的绘制。注意，画出的半圆要正，左右要对称。

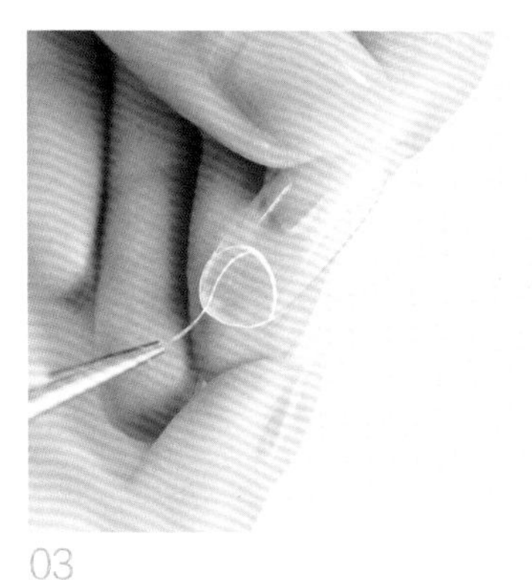

03

从半圆的最高点向下画一条向左微微弯曲的弧线，连至假甲片前缘，起点与终点对称。

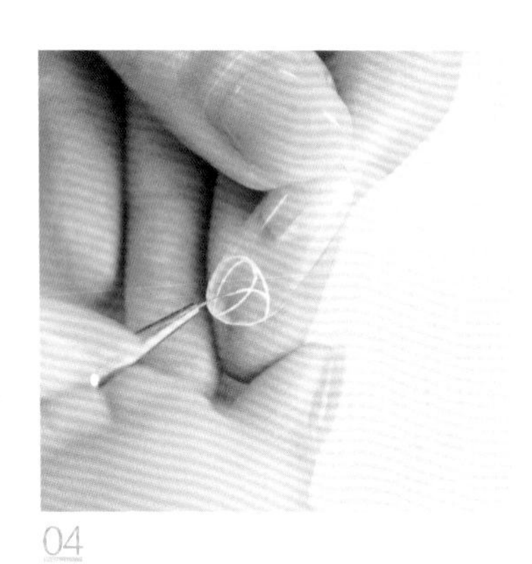

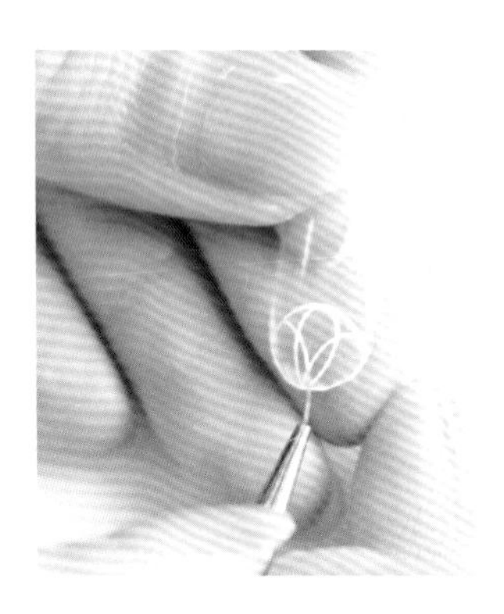

04

在半圆中绘制 3 片花瓣形状的图案，照灯固化。

05

在假甲片后缘以同样的手法绘制出相同的图案。用方头笔刷在整个甲面上涂上透蓝色色胶，照灯固化。

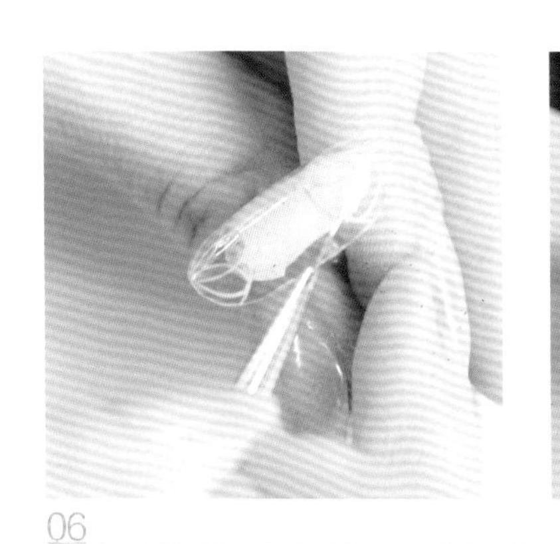

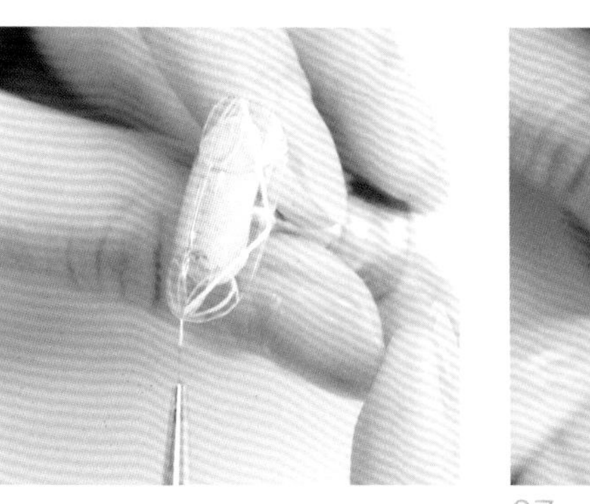

06

用甲托托住假甲片，用拉线笔蘸取白色彩绘胶，在透蓝色的底色上绘制另一组图案。这里选择画平行四边形。先画平行四边形右侧的两条边。注意，上下两点对称，两线的交点位于假甲片右边的中间点。

07

用同样的手法绘制平行四边形的左侧两条边，注意对边平行。照灯固化。

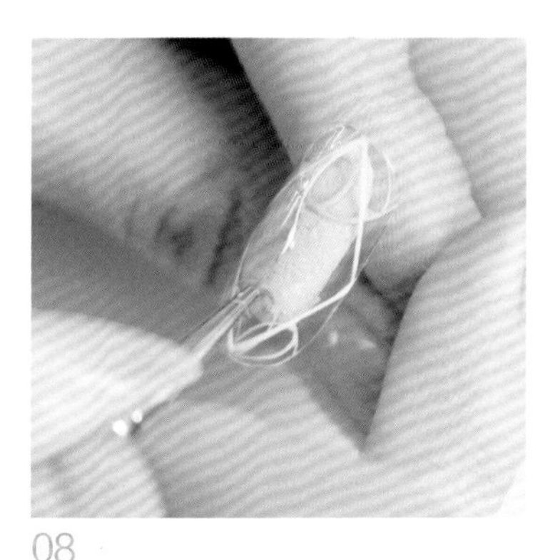

08

在平行四边形的正中做定点标记。

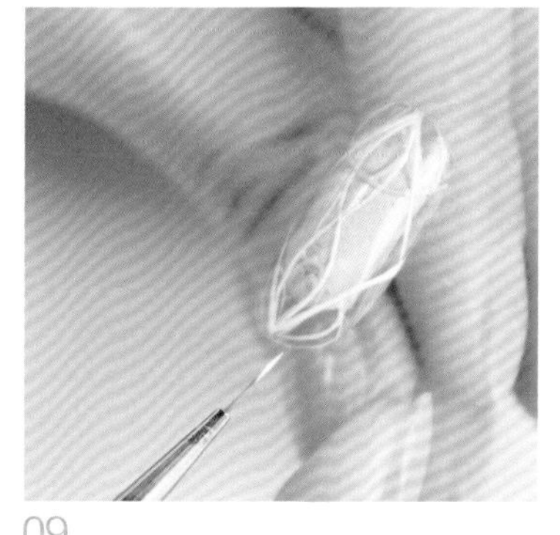

09

从中点向上下延伸弧线，连接平行四边形的上下两点，绘制两片大小基本相同且对称的花瓣。

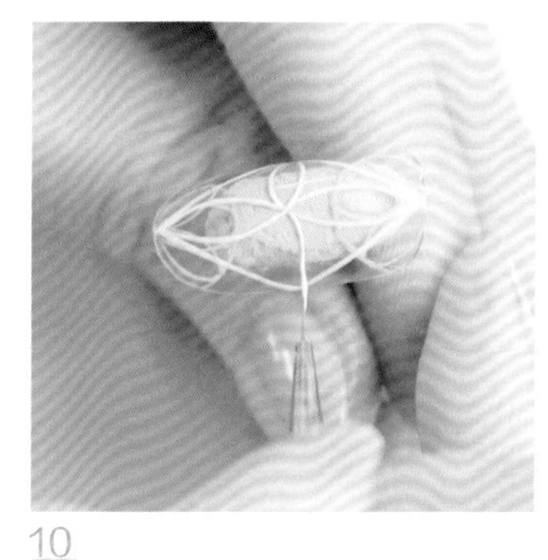

10

从中点向左右延伸弧线，连接平行四边形的左右两点，绘制两片大小基本相同且对称的花瓣。

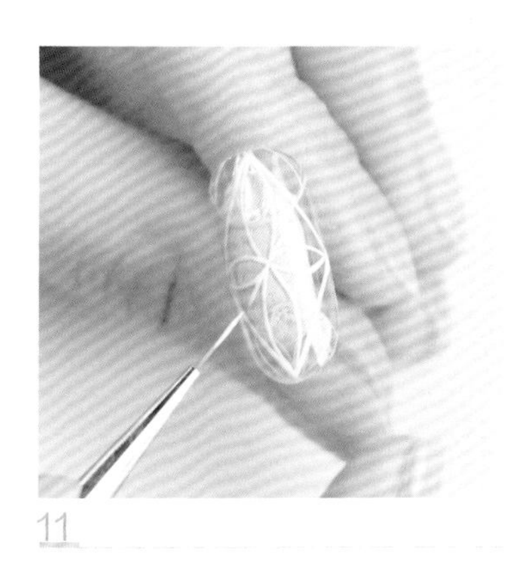

11

在花瓣之间画平分线。

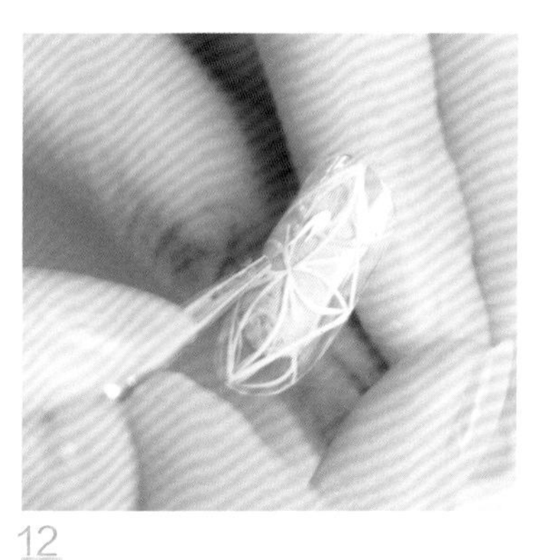

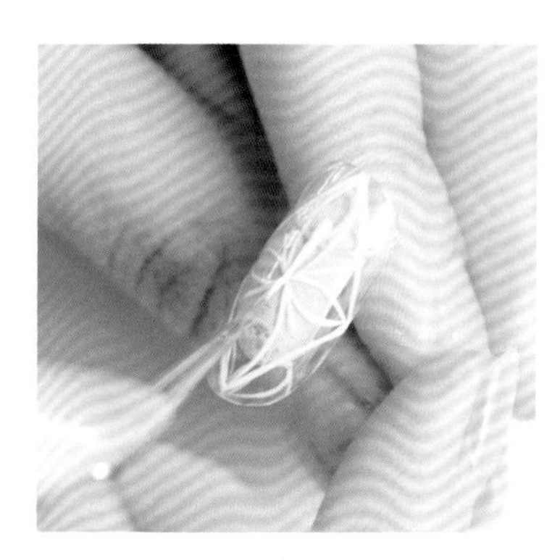

12

平分线共画 4 条，在花瓣中画一个水滴形的实心图案。

13

其他 3 片花瓣以相同的手法处理。照灯固化。在第 11 步画出的平分线的游离端画一条短横线，与平分线垂直相交。

14

在平行四边形的边上分别画若干段与边垂直的小线段，其形态类似一块布上的流苏。照灯固化。

15

涂上磨砂封层，照灯固化。

5.2.8 欧洲立体复古风情

设计灵感

色泽饱满、颜色深浅得当可突显典雅气质。用白色彩绘胶做出一点浮雕的感觉，底色采用褐色加黑色，显得旧而不脏。对称图案的绘制有点难度。

所用材料

平头笔刷、圆头笔刷、拉线笔、甲托、假甲片、磨砂封层、Dion Nail Art 10 号浅褐色色胶、Dion Nail Art 81 号深褐色色胶、Dion Nail Art 白色彩绘胶、Dion Nail Art 78 号黑色色胶。

操作步骤

01

除黑色色胶和白色彩绘胶外，准备 Dion Nail Art 10 号浅褐色色胶和 Dion Nail Art 81 号深褐色色胶。

02

用甲托托住假甲片，用平头笔刷蘸取浅褐色色胶，将其涂于假甲片上，作为底色，照灯固化。然后，在整个假甲片上涂上磨砂封层，照灯固化。

03

用拉线笔蘸取适量深褐色色胶，在假甲片上定点，注意点要对称。

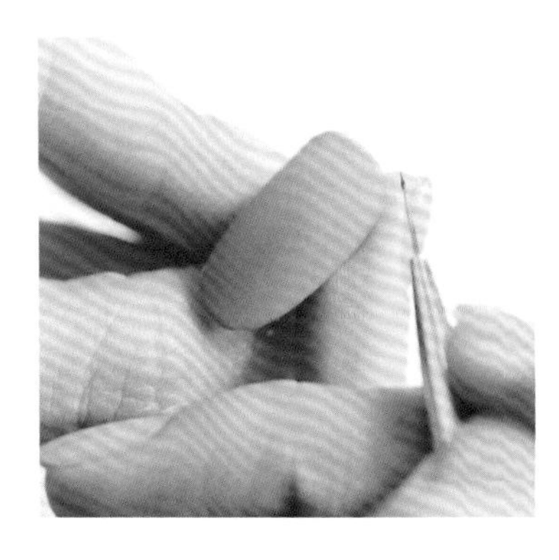

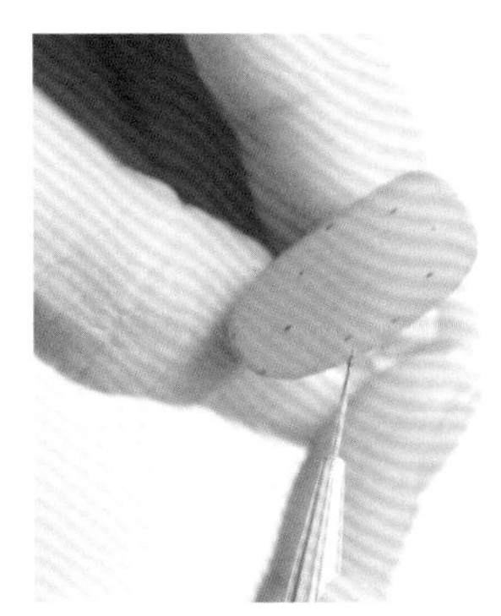

04

根据上一步的定点，由上而下地描绘图案的轮廓。描绘轮廓时，蘸取的色胶量不能过少，绘制过程中注意图案要对称。

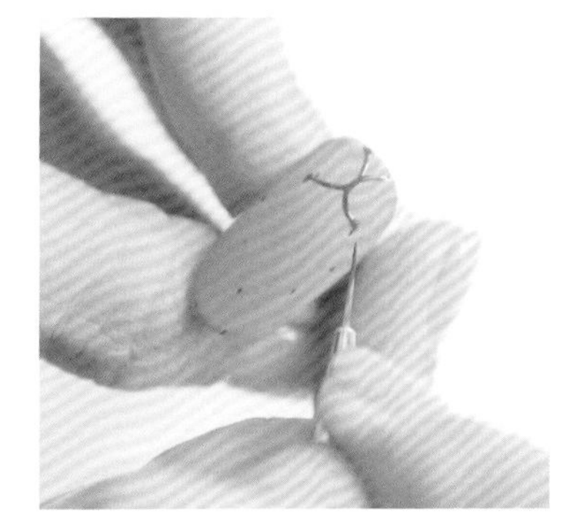

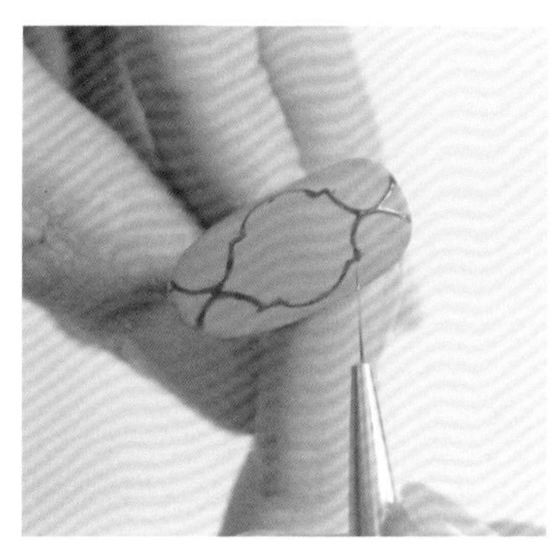

05

用干净的圆头笔刷根据线条的走向将深褐色的线条均匀地拍散，然后照灯固化。

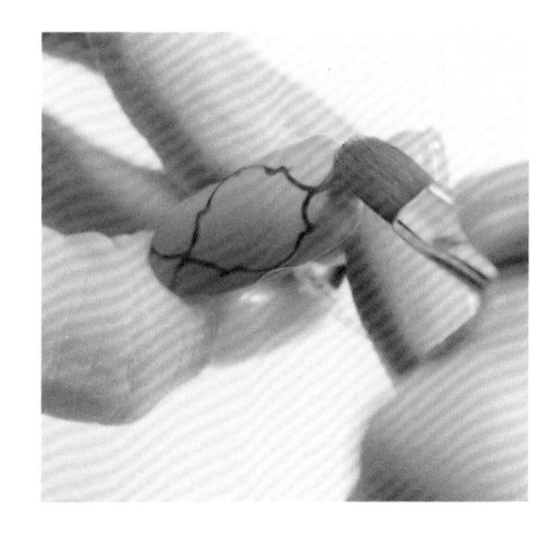

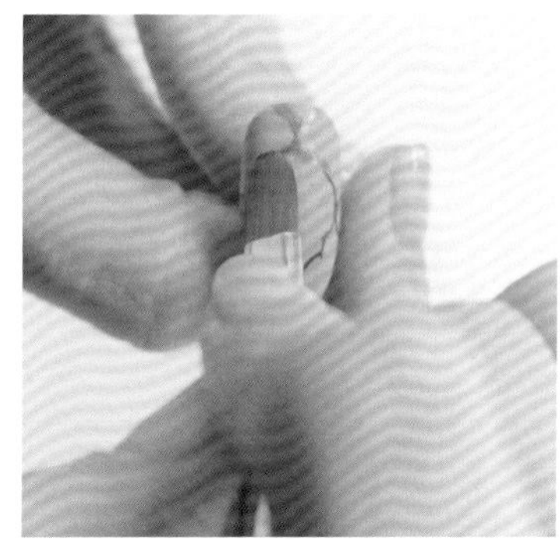

06

用拉线笔蘸取黑色色胶，在拍散的深褐色色胶上绘制黑色线框。

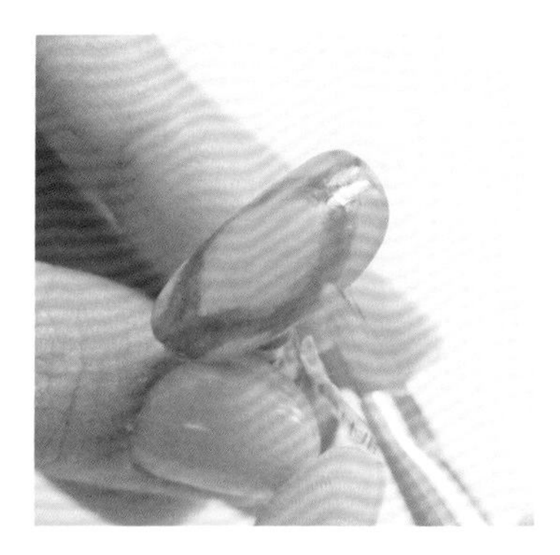

07

用圆头笔刷将黑色线条根据轮廓走向拍散，照灯固化。

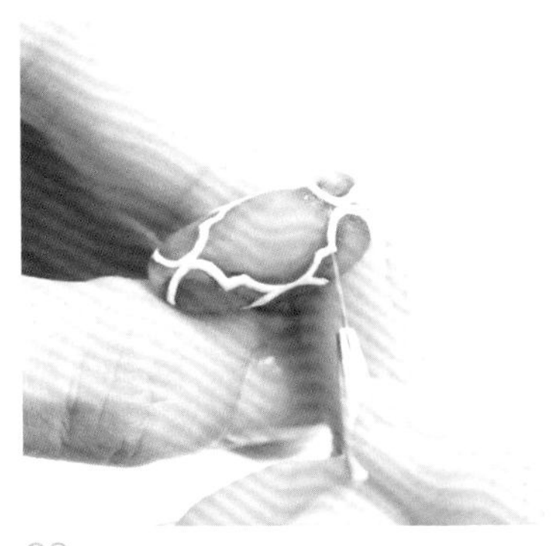

08

用拉线笔蘸取白色彩绘胶，根据深褐色轮廓画上图案的主线条。注意，描绘的时候要比之前更细致。白线需要描绘出一定的宽度，且整体的宽度保持一致，上下、左右都要对称。照灯固化。

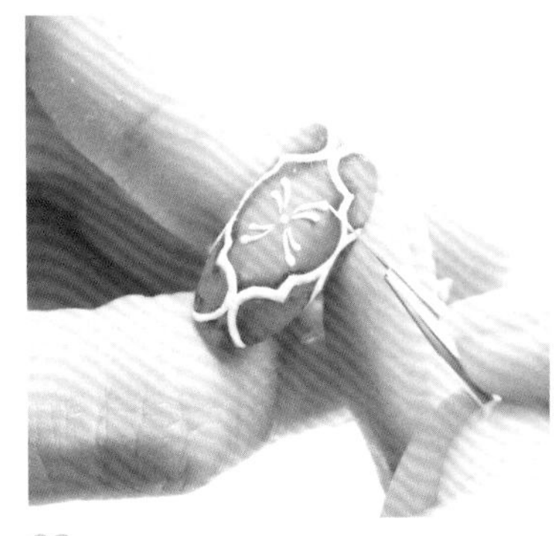

09

在中心定点，围绕中心作画。可以画的图案有很多，以对称图形为佳。选用质地较浓稠的彩绘胶，可以做出微立体的感觉。建议分步照灯，以确保图案干净。

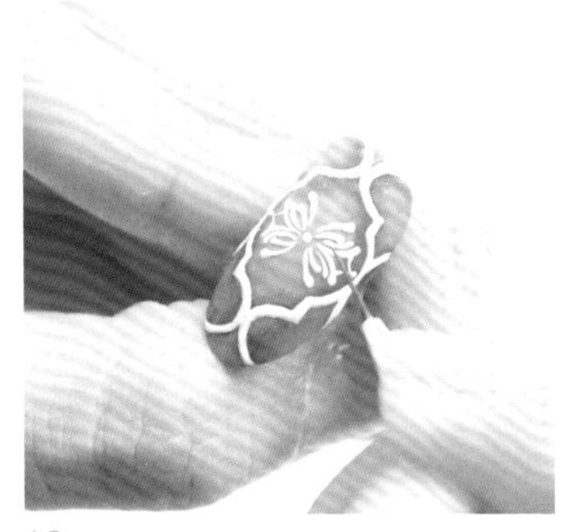

10

在前一步图案的基础上向左右延伸描绘，表现出由中心向四周发散的感觉。照灯固化。

11

在已画好图案的上方和下方分别画出“米”字图案。两个图案要对称，使整体更加饱满。照灯固化。

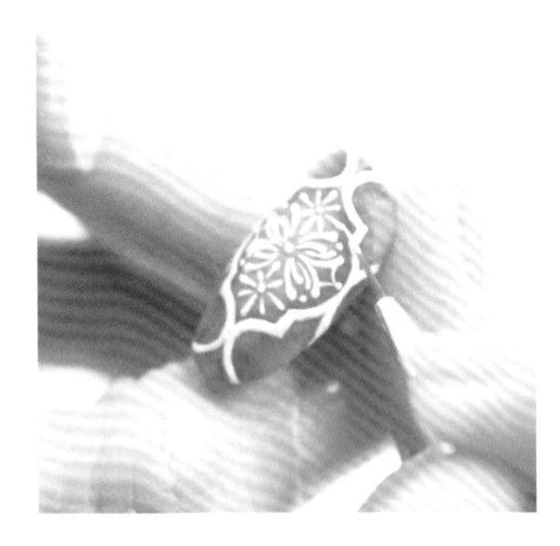

12

用拉线笔蘸取深褐色色胶，在白色外轮廓线中描绘一条更细的线条，以突显复古的感觉。注意，整体线条尽量粗细一致，并位于白线的中间。照灯固化。

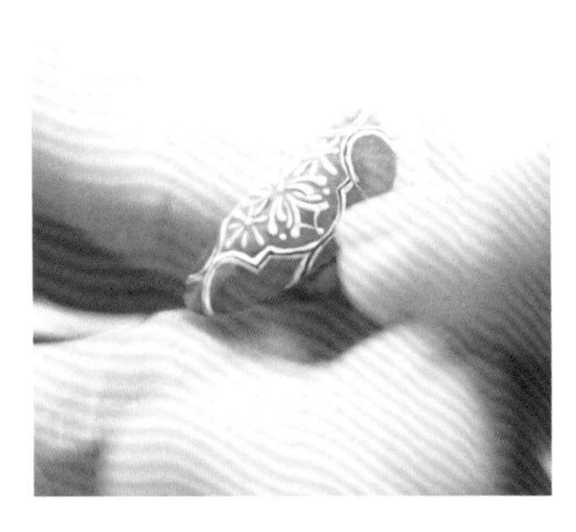

5.2.9 田园花朵

设计灵感

花朵的种类多种多样，掌握起来相对困难。采用花朵元素时，颜色必须配搭得当，否则可能会显得“老气”。这款美甲选择的是比较保险的粉色花和黄绿色叶子，颜色搭配给人以温和、清新的感觉。

所用材料

方头笔刷、拉线笔、小圆头笔、假甲片、甲托、Dion Nail Art 系列（NC154 透绿色色胶、NC149 透黄色色胶、NC145A 透粉红色色胶、81 号深褐色色胶）、Dion Nail Art 白色彩绘胶、免洗钢化封层。

操作步骤

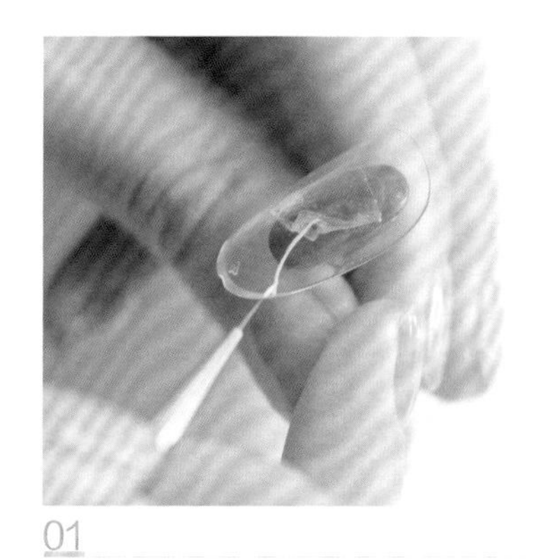

01

用甲托托住假甲片。用拉线笔蘸取白色彩绘胶绘制底层的叶子，从右下角开始绘制茎的走向。

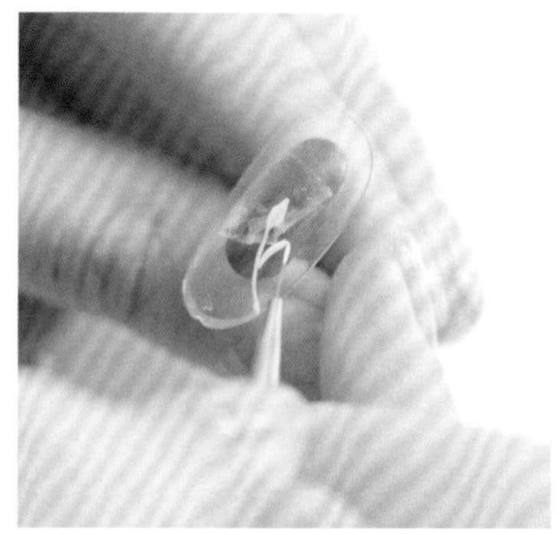

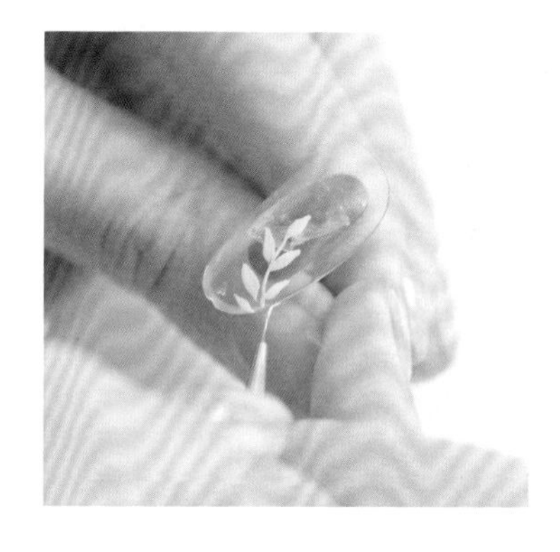

02

用拉线笔逐片描绘叶子。叶子之间不需要贴得太近，留出部分空间，画出茎叶交错生长的状态，显得错落有致。照灯固化。

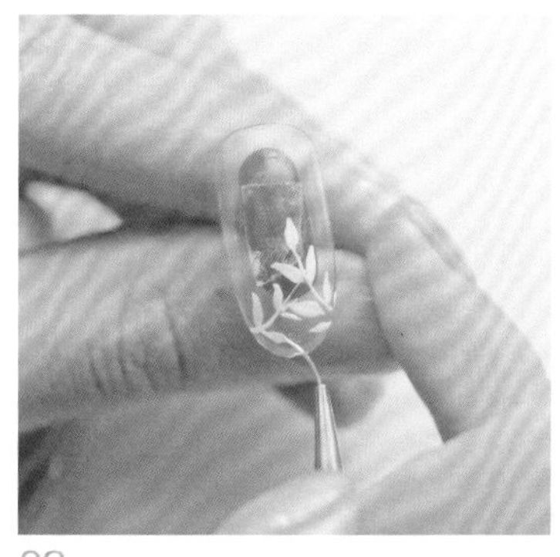

03

从左下角向中心方向描绘第二枝茎叶，可与第一枝茎叶适当交错。照灯固化。

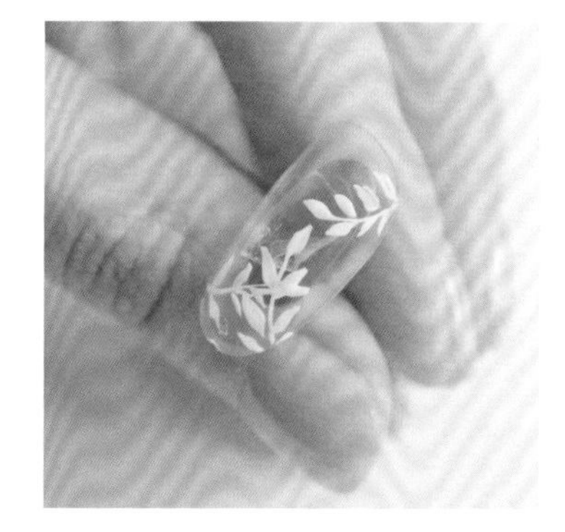

04

用同样的方法从右上角向中心描绘第三枝茎叶，照灯固化。注意，茎稍有弯度，并不是直线生长的。留出左上角的部分空间，用于描绘花朵。

05

用小圆头笔蘸取透黄色色胶，在部分白色的叶子上进行上色。照灯固化。

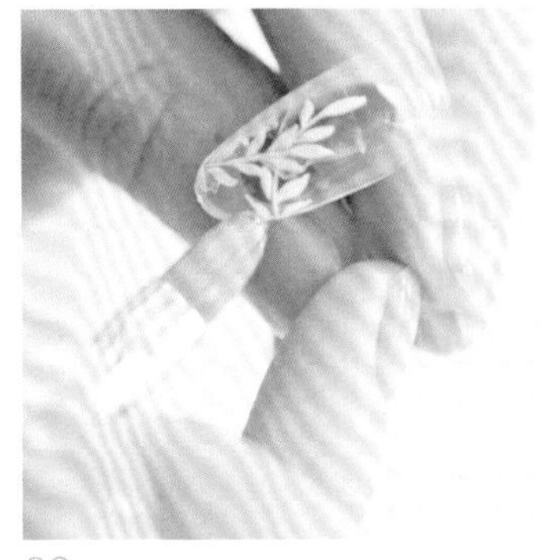

06

用小圆头笔蘸取透绿色色胶，在黄色的基础上做自然的过渡。照灯固化。

07

用方头笔刷在假甲片上涂一层薄薄的免洗钢化封层。照灯固化。

08

用小圆头笔蘸取白色彩绘胶，准备在左边的预留区域内绘制花瓣。绘制前要先观察，确定花芯的位置。

09

稍微压笔，向着预设的花芯部位画。在花芯部位将笔慢慢地提起，做个小收尾。照灯固化。

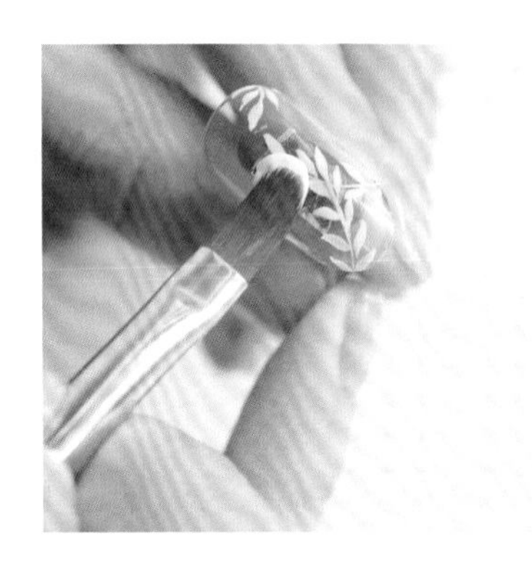

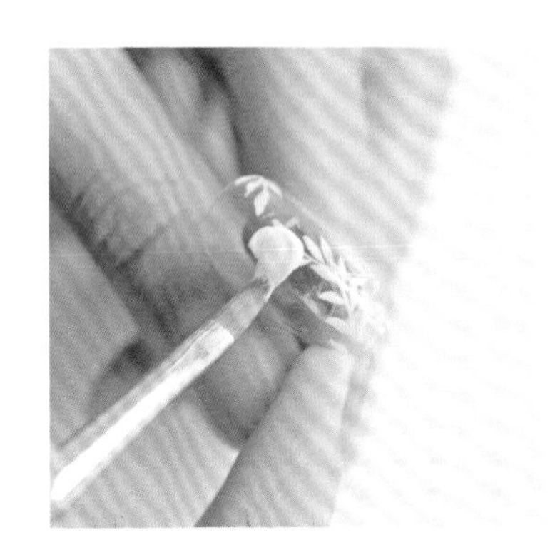

10

在第一片花瓣左右分别用同样的手法绘制第二片和第三片花瓣，注意收笔必须向着花芯。

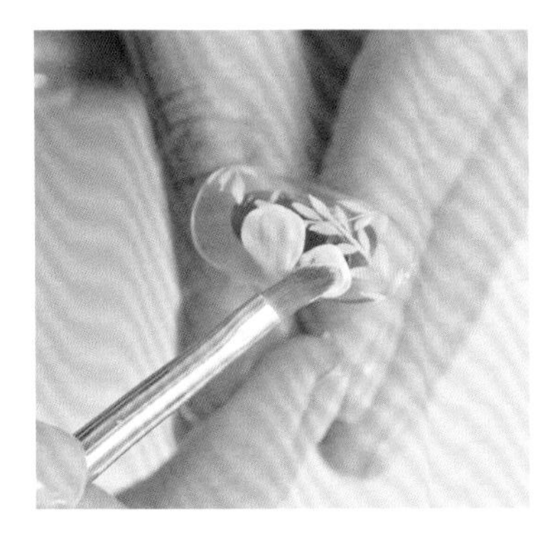

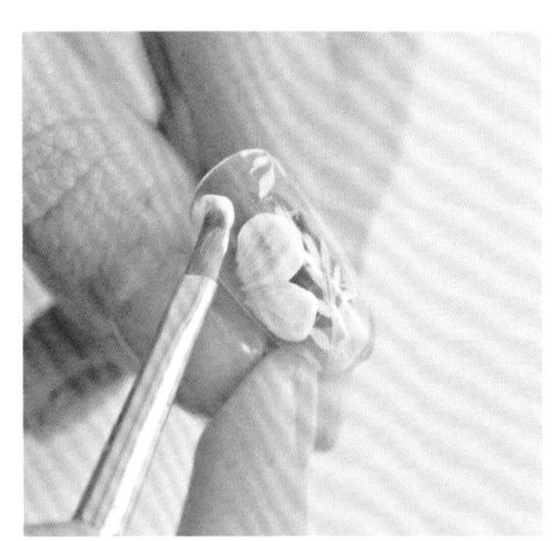

11

观察花瓣的位置和大小是否合适，稍做调整之后照灯固化。

12

右边第一枝和第三枝茎叶之间有个空间，此处可以画一朵较小的花朵。先定好第一片花瓣的大小与位置，照灯固化。

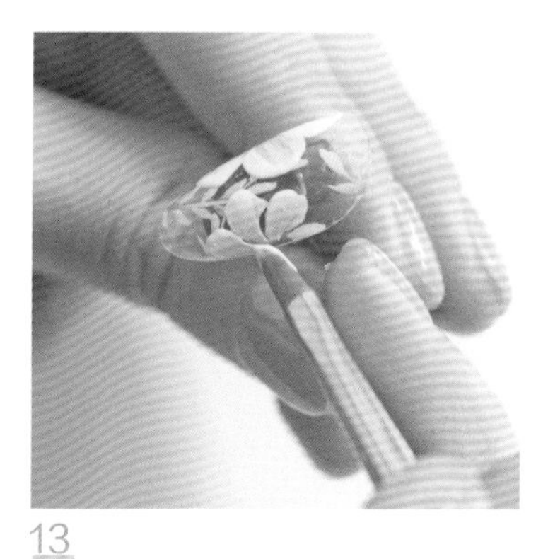

13

继续完成小花朵的描绘，将第二朵花与第一朵花错开，位置一高一低。

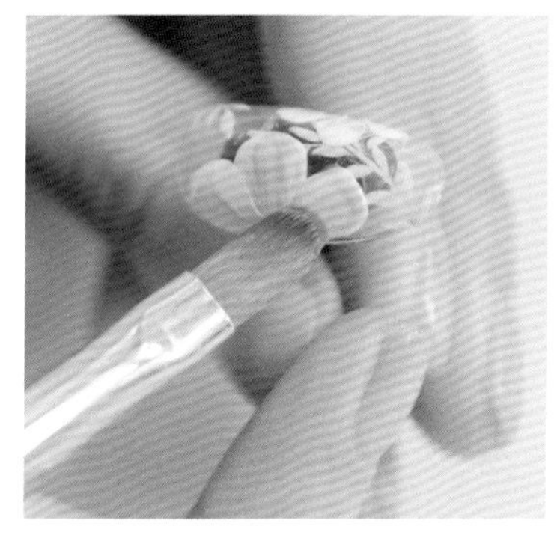

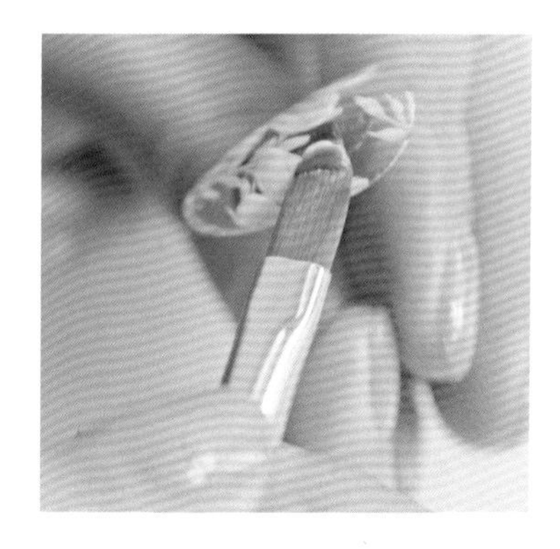

14

用小圆头笔蘸取少量透粉红色色胶，对花瓣局部上色，越向花芯颜色越淡。照灯固化。

15

观察整体颜色是否均匀一致，稍微修整后照灯固化。

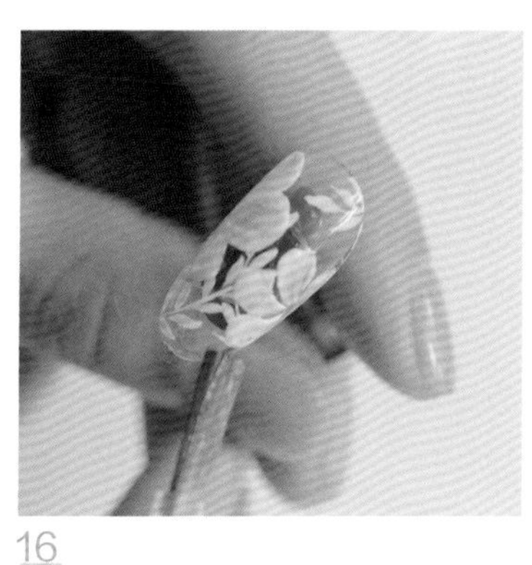

16

涂上免洗钢化封层，照灯固化。

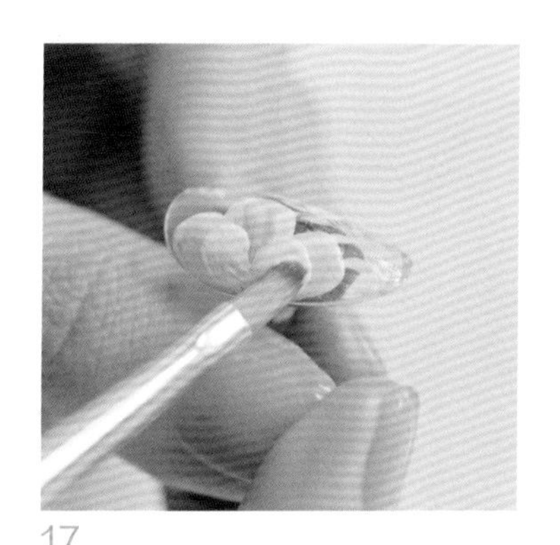

17

用小圆头笔蘸取白色彩绘胶，继续绘制第二层花瓣。这次绘制的花瓣稍小，且位于第一层花瓣的交界处。照灯固化。

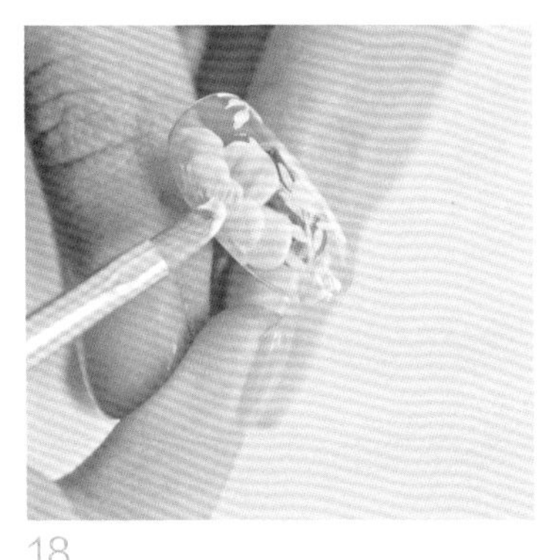

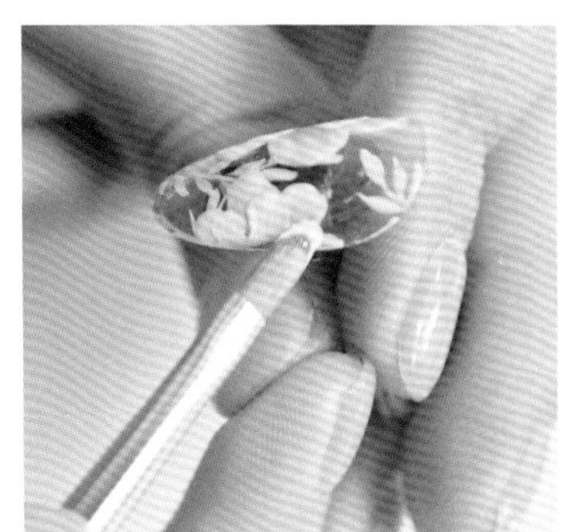

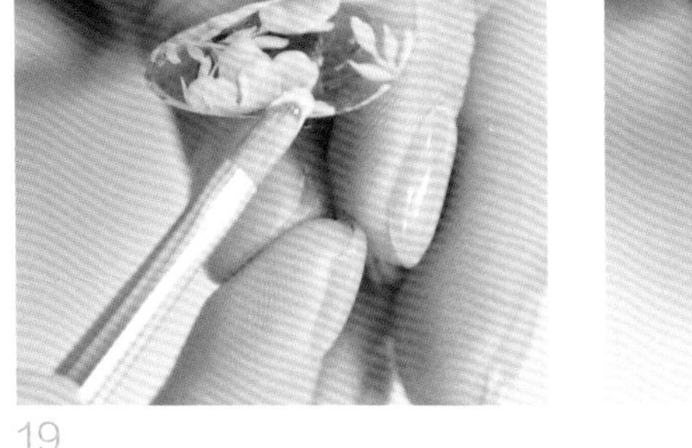

18

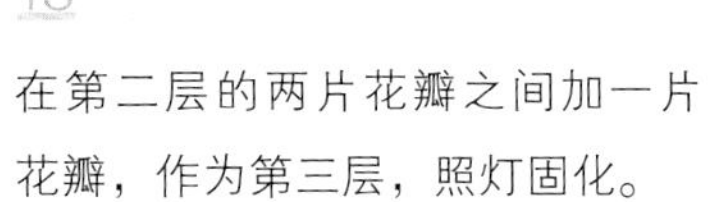

在第二层的两片花瓣之间加一片花瓣，作为第三层，照灯固化。

19

用同样的方法为第二朵花增添一层花瓣，照灯固化。至此，基本完成了整个构图。

20

用小圆头笔蘸取透粉红色色胶，加深两朵花花芯的颜色。照灯固化。

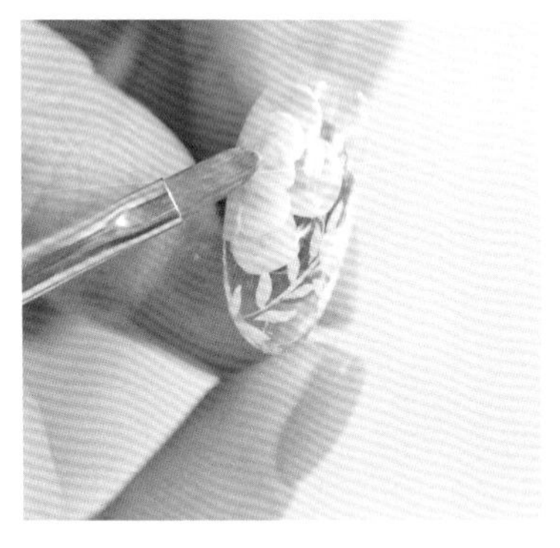

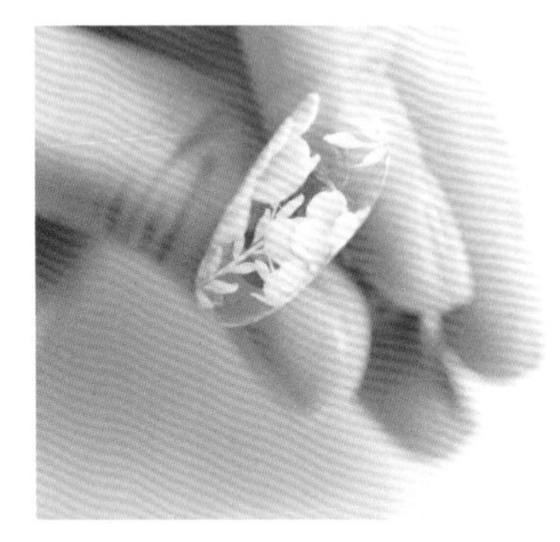

21

用拉线笔蘸取白色彩绘胶，描绘花瓣的细节，增强轮廓感与立体感。照灯固化。

22

用拉线笔蘸取深褐色色胶，描绘花蕊。花蕊大小不一才会更自然。照灯固化。

5.2.10 云与彩虹

设计灵感

雨后彩虹，藏于云雾之间，美丽不可方物。怎么拥有一道彩虹呢？可以将其体现在美甲中。此款式用的颜色相对较多，做出来的效果相当不错。

所用材料

圆头笔、拉线笔、假甲片、甲托、免洗亮面封层、Dion Nail Art 214 号裸色色胶、Dion Nail Art 228 号黄色色胶、Dion Nail Art 50 号天蓝色色胶、Dion Nail Art 76 号深蓝紫色色胶、Dion Nail Art NC 153 号透湖蓝色色胶、Dion Nail Art NC 152 号透枚红色色胶、Dion Nail Art 透白色胶、Dion Nail Art 白色彩绘胶。

操作步骤

01

将假甲片置于甲托上，用圆头笔蘸取裸色色胶，在假甲片左上角较随意地绘制渐变色块。照灯固化。

02

用圆头笔分别蘸取白色彩绘胶、天蓝色色胶和深蓝紫色色胶，分散地涂于假甲片上。所涂色胶不需要太多。

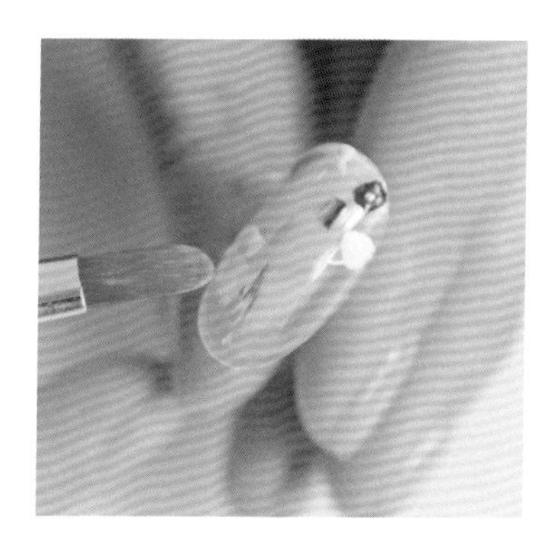

03

把圆头笔擦干净，使笔毛与假甲片基本保持平行，以较快的速度从上而下将色胶扫开，注意不要来回扫。照灯固化。

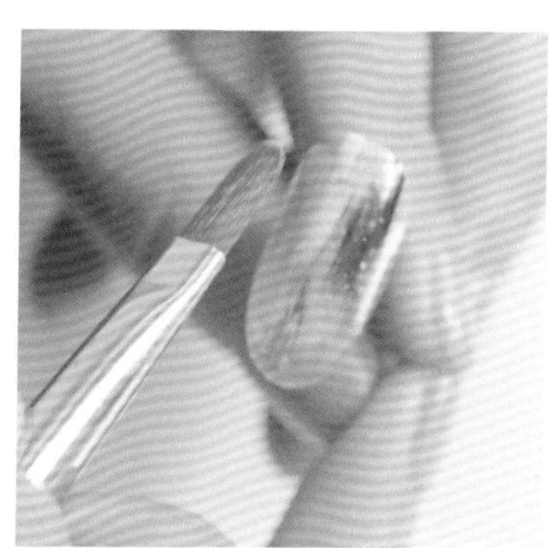

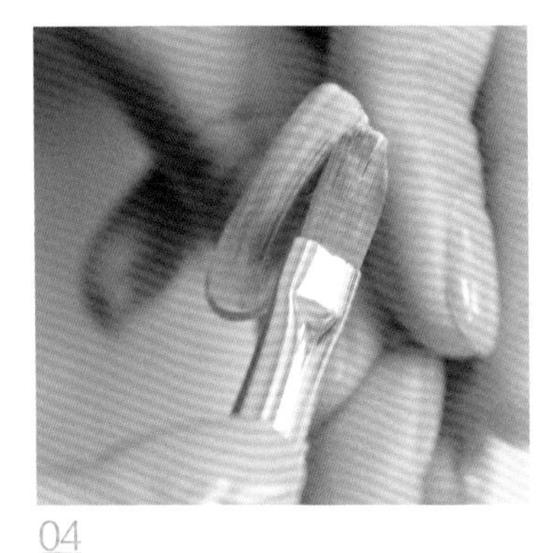

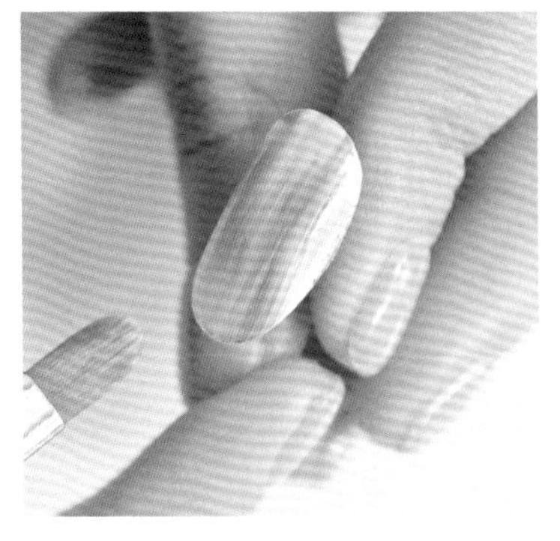

04

用圆头笔蘸取透白色胶，从上而下轻涂整个甲面。可见色块整体变得更温和了，而且涂上透白色胶可以使后面上的色更自然，更有层次。照灯固化。

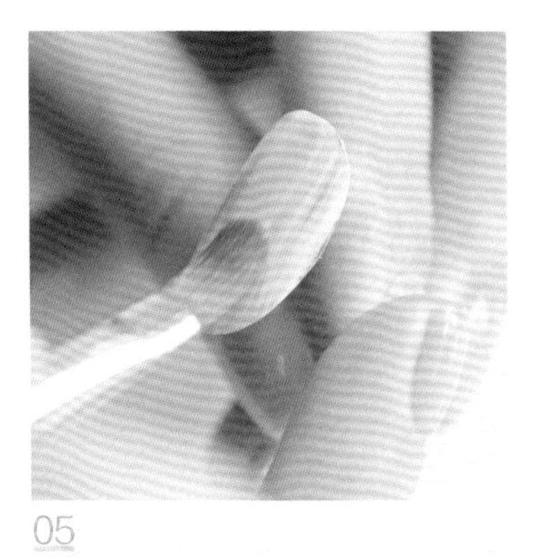

05

用圆头笔蘸取黄色色胶，在甲片的表面由上而下涂上一条色带。色带涂得轻薄一些。

06

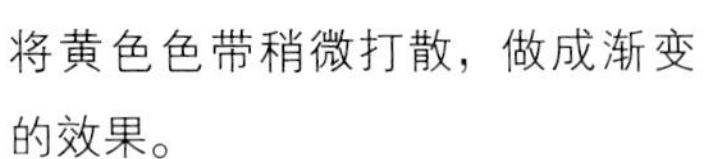

将黄色色带稍微打散，做成渐变的效果。

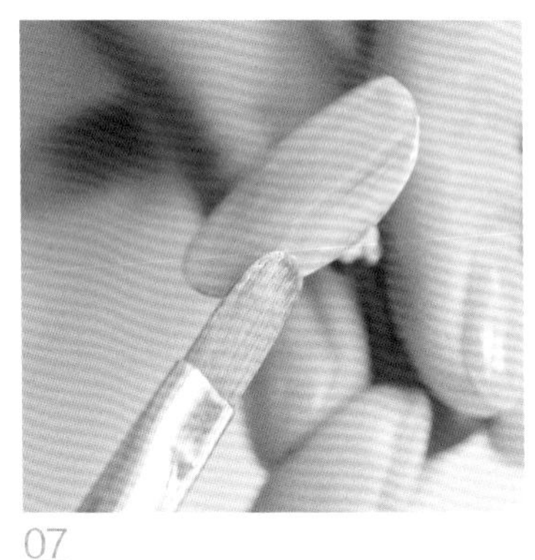

07

用与处理黄色色胶相同的手法，在右侧用透玫红色色胶绘制由上而下的渐变色带。照灯固化。

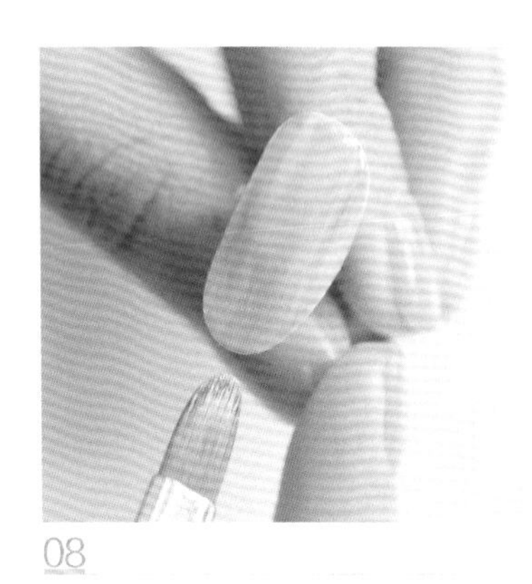

08

用圆头笔蘸取透湖蓝色色胶，在黄色靠近指尖的一端用同样的手法自上而下绘制渐变色带。照灯固化。

09

薄涂免洗亮面封层，并照灯固化。

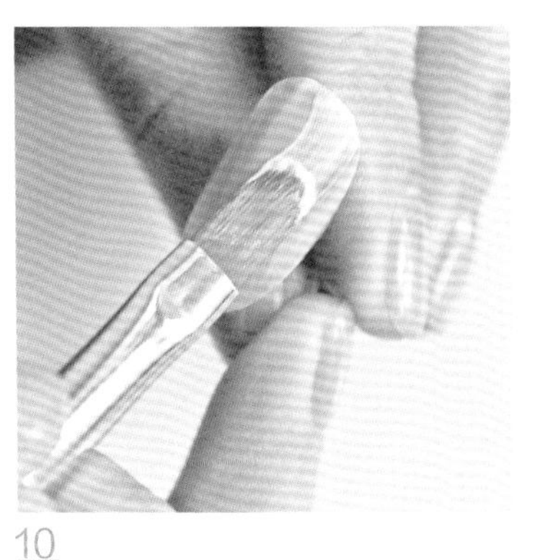

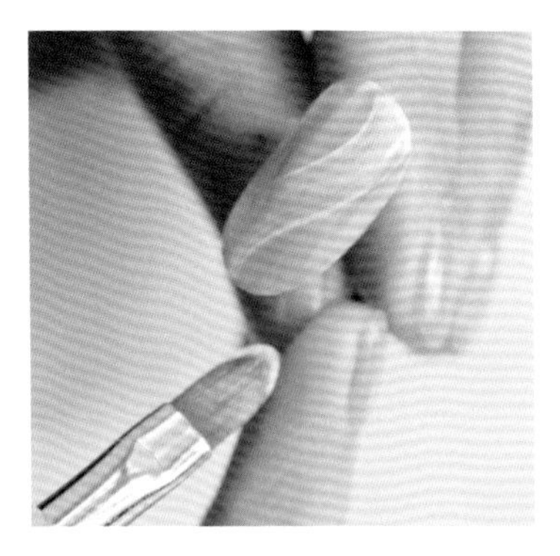

10

用圆头笔蘸取白色彩绘胶，由右上角往左下角画波浪形色带。注意，稍微压笔，做出半透明的丝雾状。照灯固化。

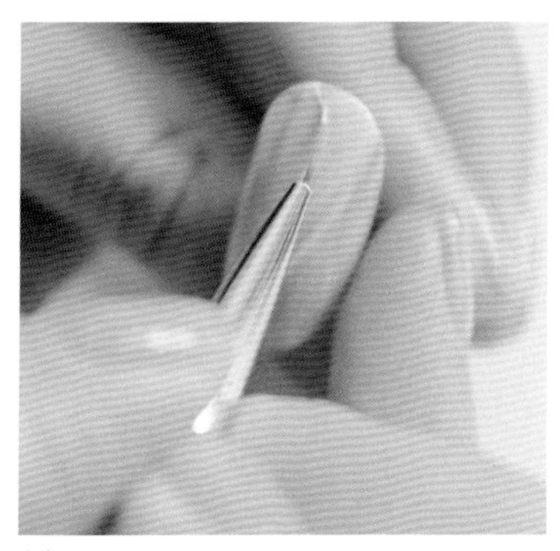

11

用拉线笔蘸取白色彩绘胶，在白色丝带的基础上绘制幅度相当的线条。照灯固化。

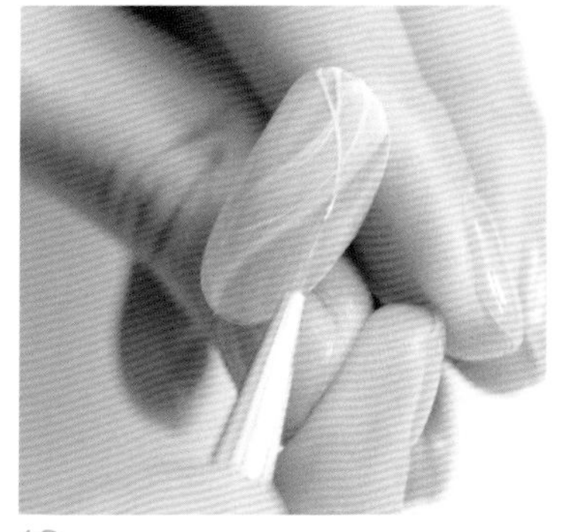

12

画出一条与白色丝带和里层线条相交的弧线，落笔重、收笔轻，直至消失，弧度自然、不突兀。照灯固化。

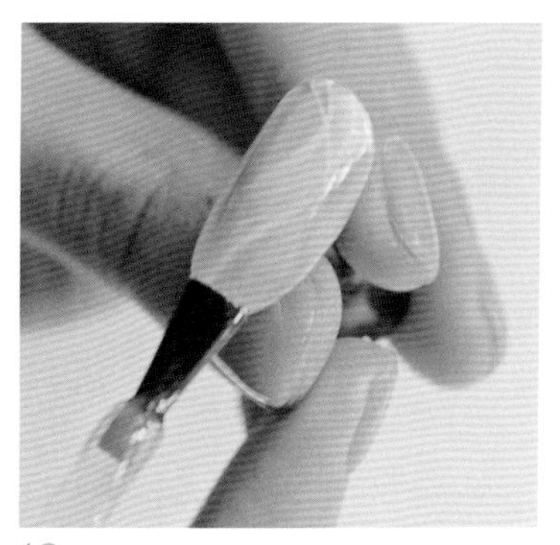

13

涂上免洗亮面封层，照灯固化。

提示

色块与雾状色带可以根据自己的喜好摆位。

5.2.11 Clear Stone（一）

设计灵感

石头纹理美甲是一种十分受欢迎的百搭美甲款式，其所用的颜色很多，效果很艳丽，制作手法也比较特别。

所用材料

平头笔刷、拉线笔、假甲片、甲托、Dion Nail Art 45 号白色色胶、Dion Nail Art 白色彩绘胶、Dion Nail Art ZS 23 号闪金黄色色胶、Dion Nail Art NC 145A 号透粉红色色胶、Dion Nail Art 205 号粉红色色胶、免洗亮面封层。

操作步骤

01

将假甲片置于甲托上，用平头笔刷的一角蘸取适量的白色色胶。

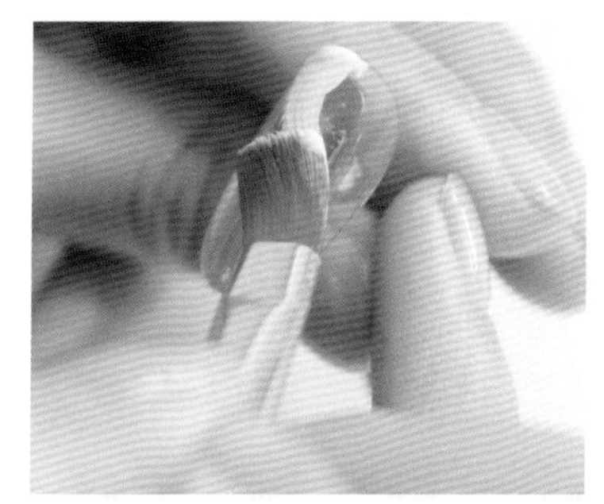

02

用侧压晕染法（向笔上没有色胶的一侧用力，将蘸有色胶的一边轻轻抬起）从甲片左上部向右侧中部画一条不规则的色带。

03

沿同一方向将白色色胶晕开，做出如海浪般的渐变色带。照灯固化。

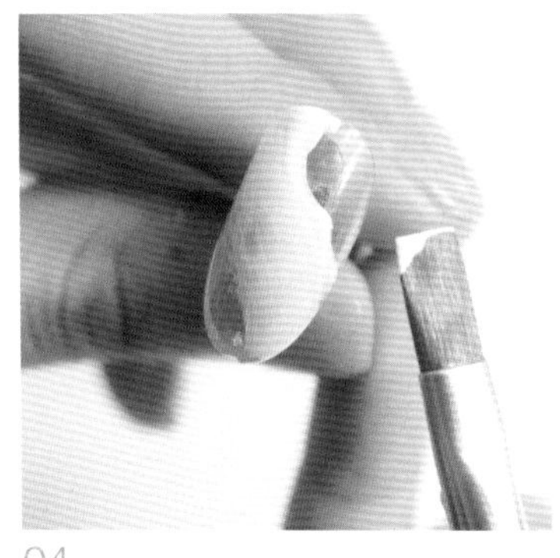

04

再次用平头笔刷的一角蘸取白色色胶。

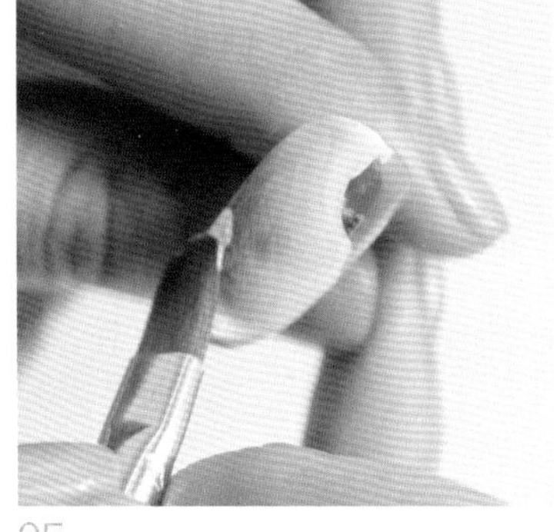

05

用侧压晕染法由甲片的左侧向甲尖画出另一道较细的白色色带。

06

用平头笔蘸取闪金黄色色胶，在甲片左侧局部拍散上色。

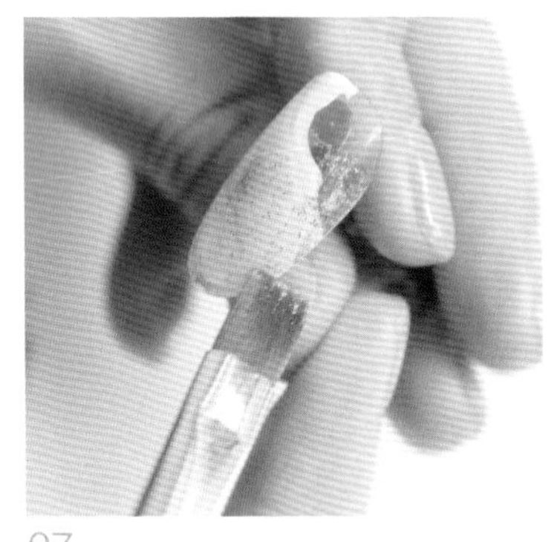

07

在甲片右侧将闪金黄色色胶局部拍散上色。照灯固化。闪金黄色色胶有层次地分布在甲片上，不必把白色部分全部遮住。

08

涂上免洗亮面封层，照灯固化。

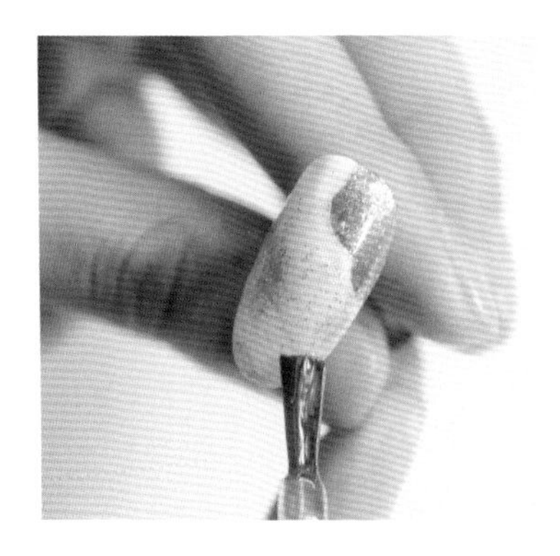

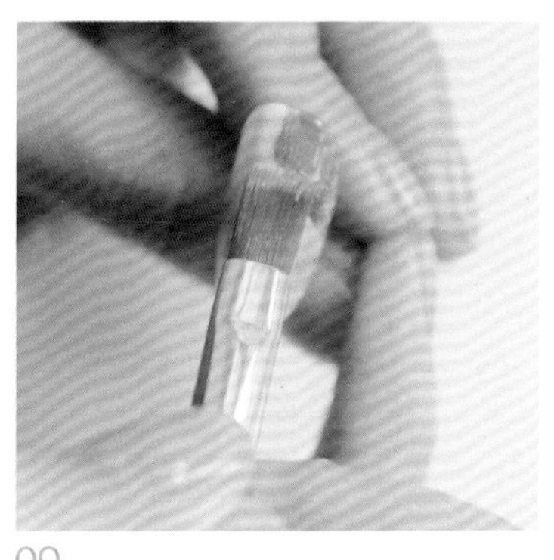
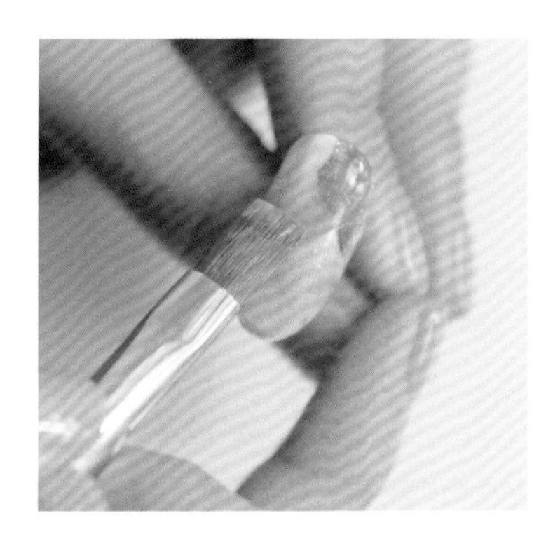
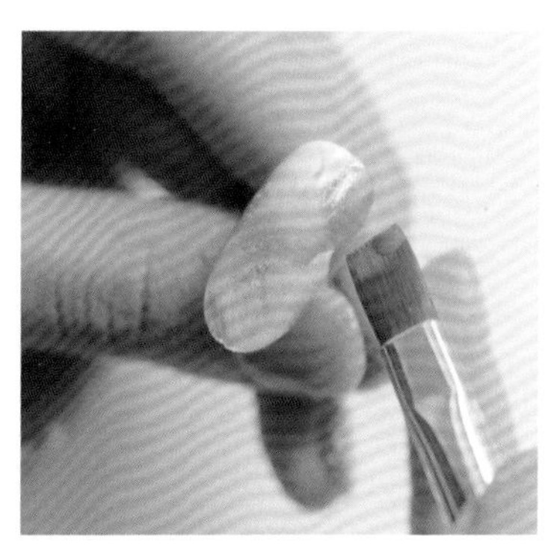

09

用平头笔刷的一角蘸取透粉红色色胶，由甲片右上角向左下角进行不规则波浪形侧压晕染。照灯固化。

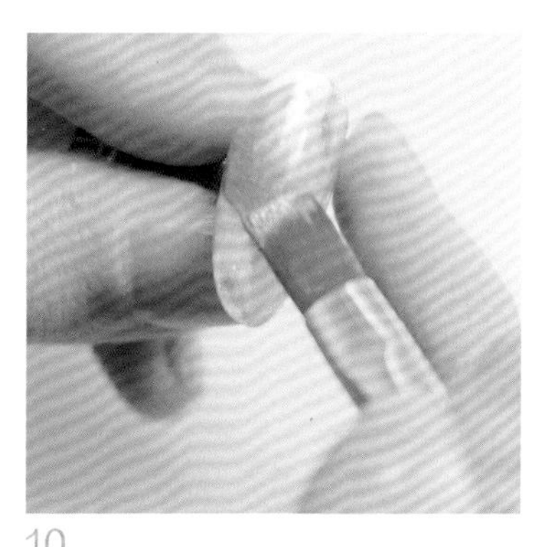
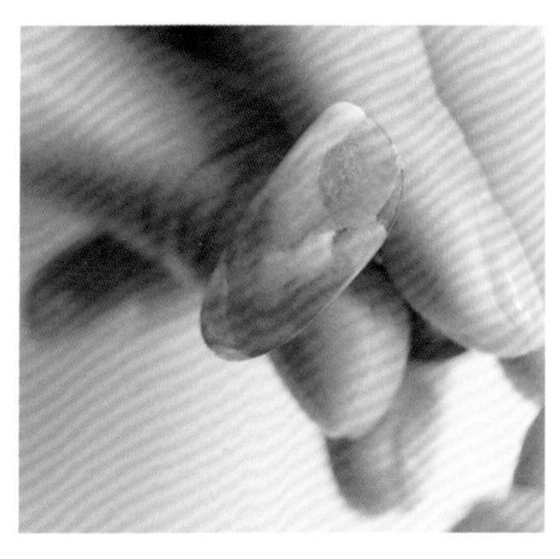

10

从甲片左上角向右下角做侧压晕染，可与前面的粉红色带相交。照灯固化。

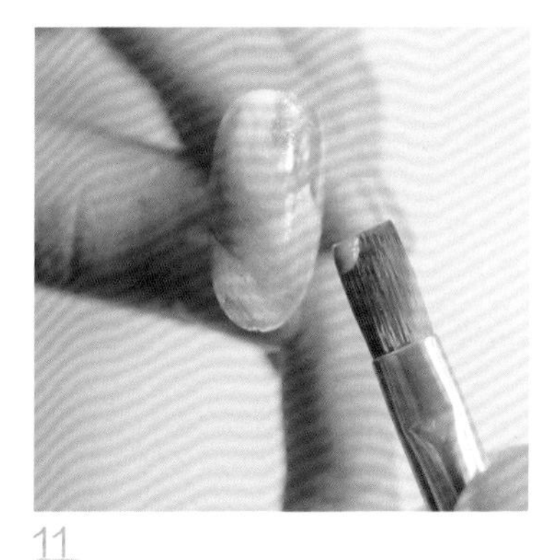

11

用平头笔刷的一角蘸取粉红色色胶。

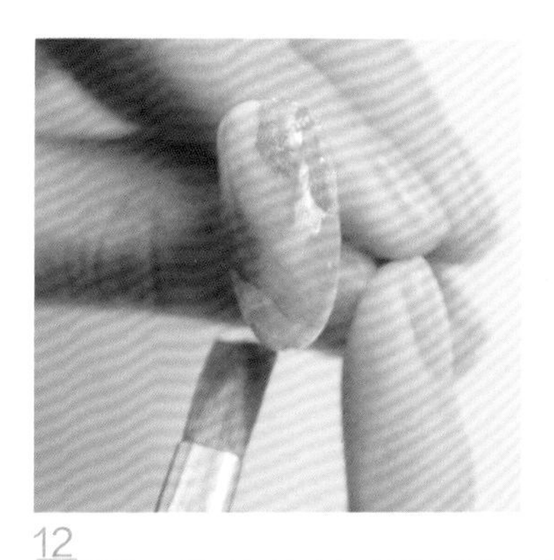
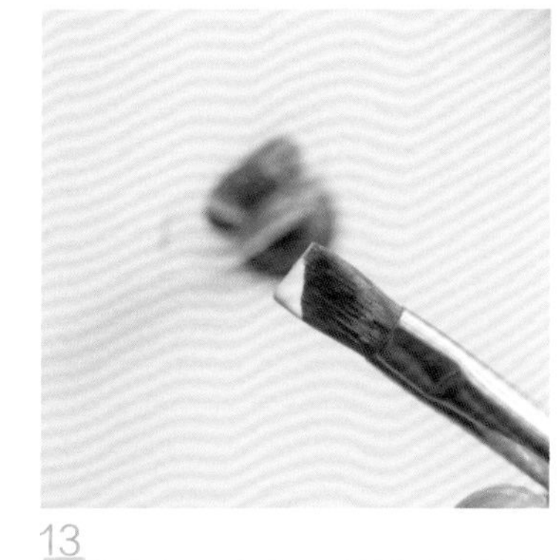

12

从甲片右侧中部向甲尖偏左的方向做侧压晕染，使各色带层次分明。照灯固化。

13

用平头笔刷的一角蘸取白色色胶。

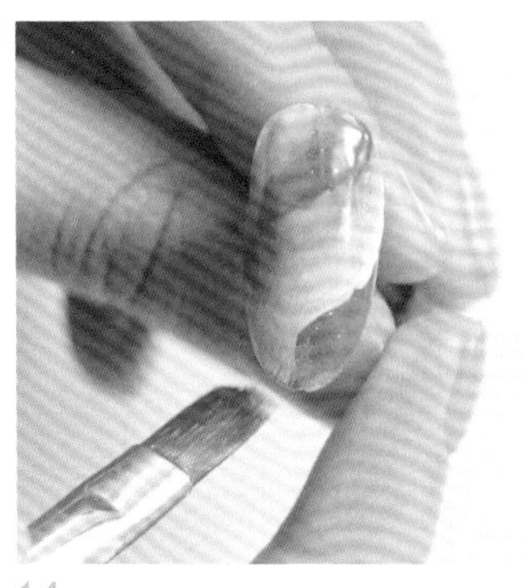

14

为了让颜色更温和，用侧压晕染法按纹理方向局部涂上白色色胶。照灯固化。

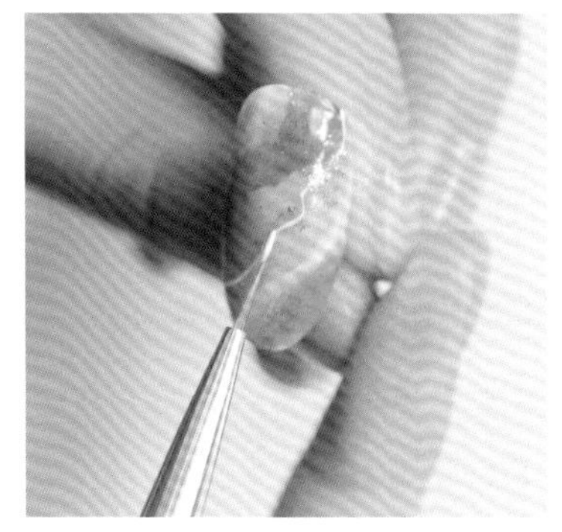

15

用拉线笔蘸取白色彩绘胶，画大理石纹。从中间开始，画上主线。

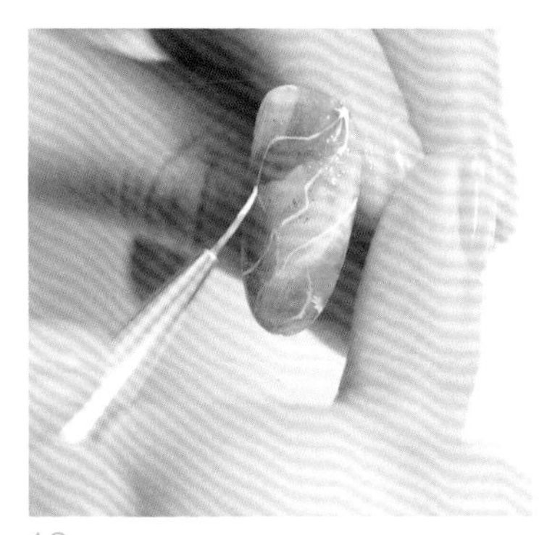

16

在主线两侧分别绘制同方向但不平行的各分支，线条可适当交会。

17

添加石纹细节线，照灯固化。

18

涂上免洗亮面封层，然后照灯固化。可以尝试各种颜色。

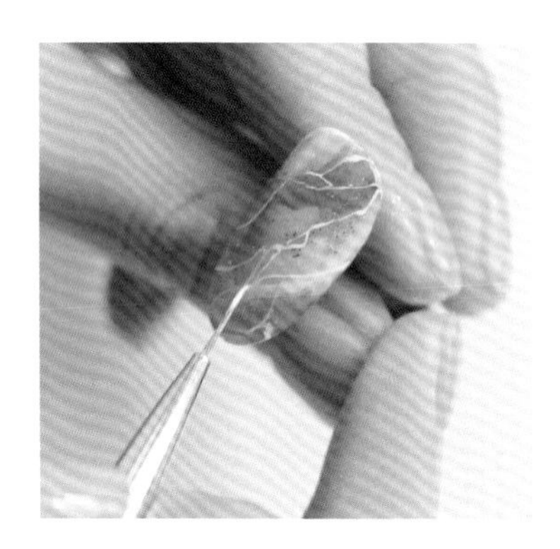

5.2.12 Clear Stone（二）

设计灵感

这款美甲有一种颜色渗入裂缝中的感觉，能看到由浅而深的色带。虽然只运用了一种手法完成了整个构图，但是层次依然丰富。这里选择的是紫色与蓝色调，可以尝试不同颜色的搭配，以碰撞出更多火花。

所用材料

Dion Nail Art 286 号粉蓝色色胶、Dion Nail Art 349 号紫红色色胶、Dion Nail Art 透白色胶、Dion Nail Art 白色彩绘胶、Dion Nail Art 78 号黑色色胶、假甲片、甲托、拉线笔、方头笔刷、圆头笔、免洗亮面封层。

操作步骤

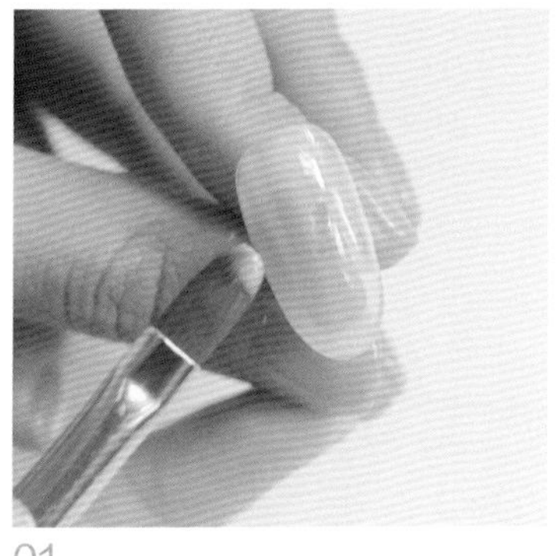

01

用甲托托住假甲片。用圆头笔蘸取透白色胶，涂满甲面，作为底色。照灯固化。

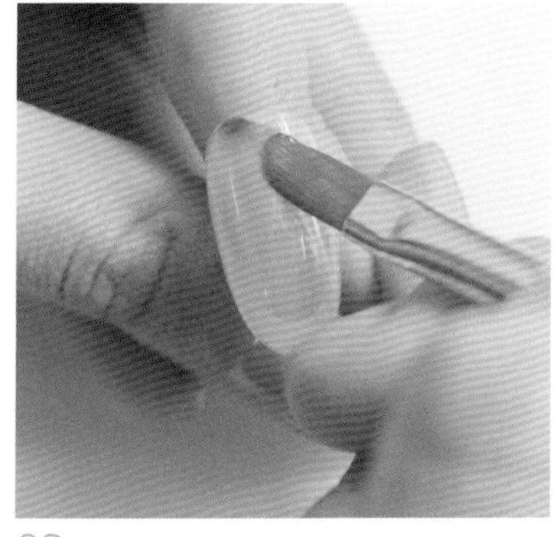

02

用圆头笔蘸取紫红色色胶，从左侧甲根向右侧中部进行侧压晕染处理。

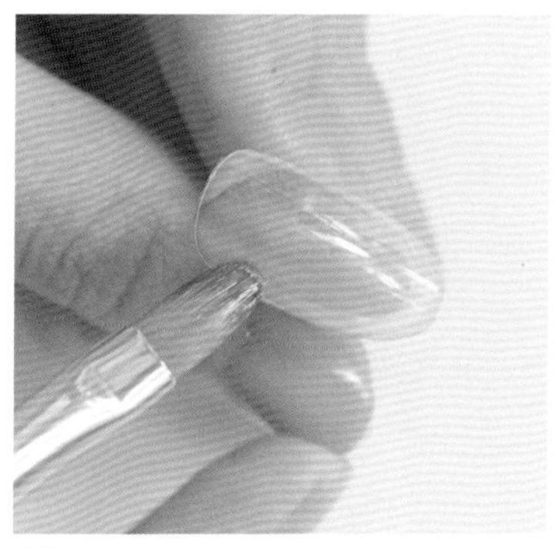

03

再次晕染，使其更显自然。照灯固化。

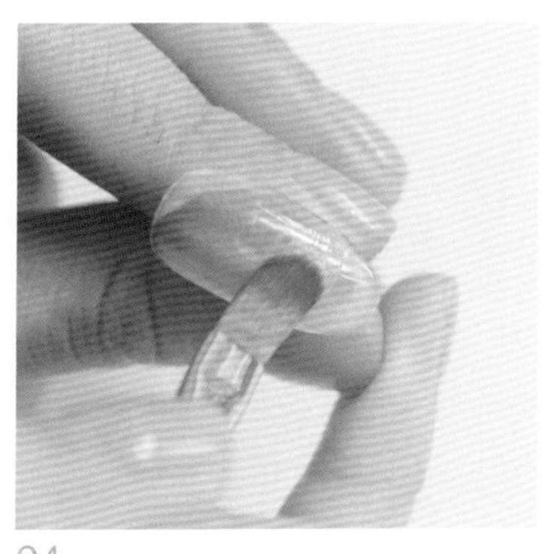

04

用圆头笔蘸取粉蓝色色胶，衔接涂好的紫红色，向左侧进行侧压晕染，注意向中心靠近。

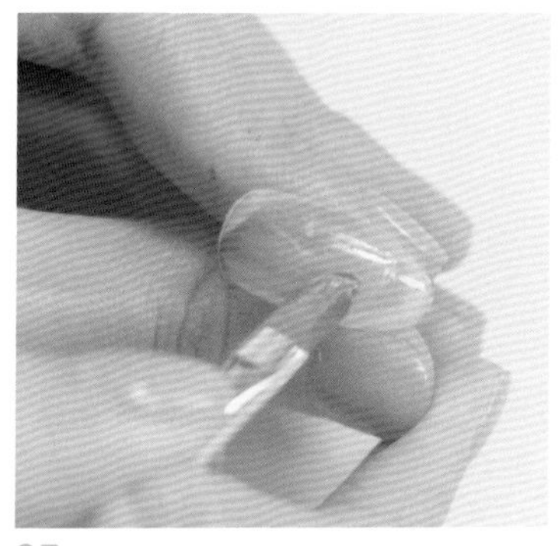

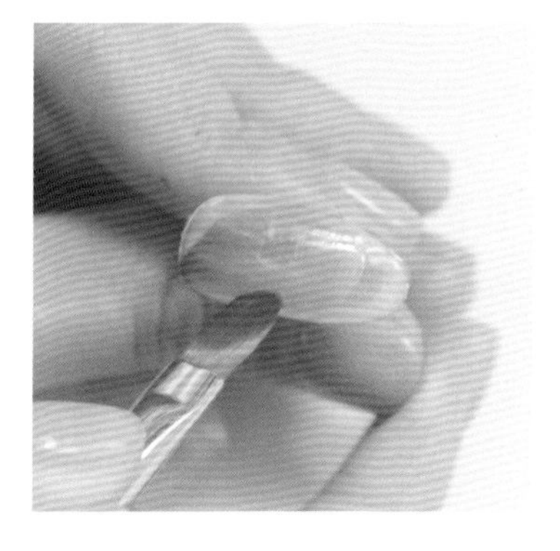

05

将颜色自然晕开，注意体现出渐变感。照灯固化。

06

再次用圆头笔蘸取紫红色色胶，在前两条色带之间进行侧压晕染，手法同前。照灯固化。

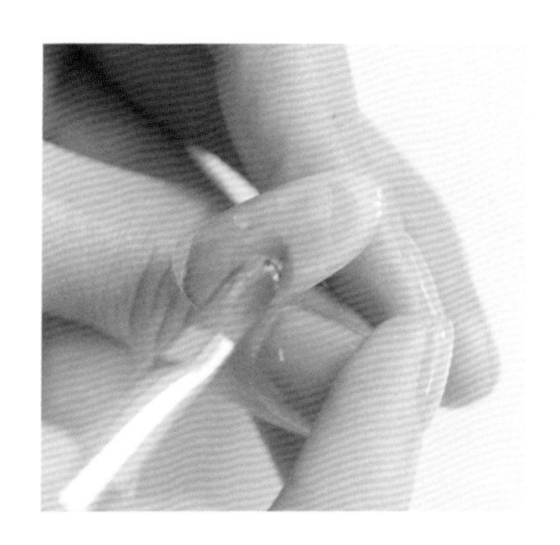

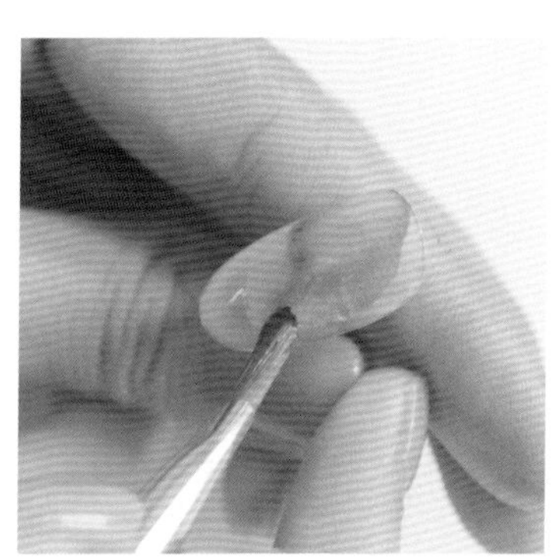

07

用方头笔刷涂上免洗亮面封层，照灯固化。

08

用圆头笔蘸取白色彩绘胶，从右上角往左下角进行侧压晕染。照灯固化。

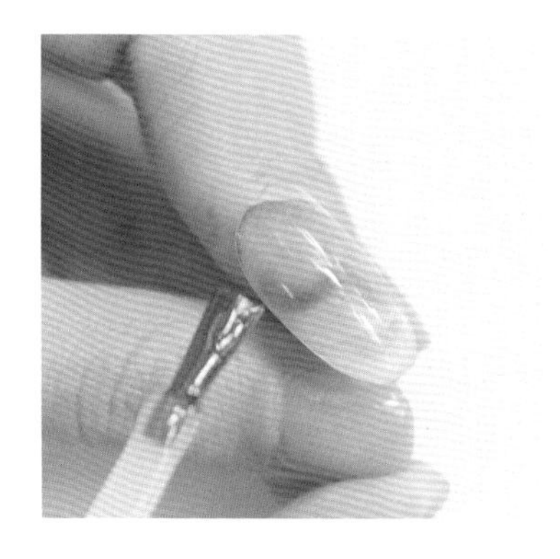

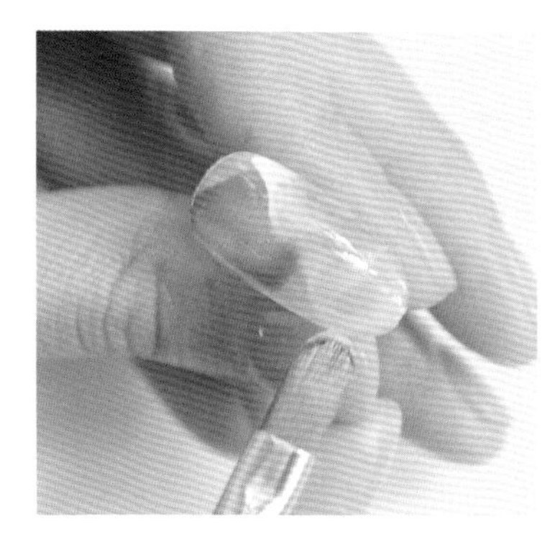

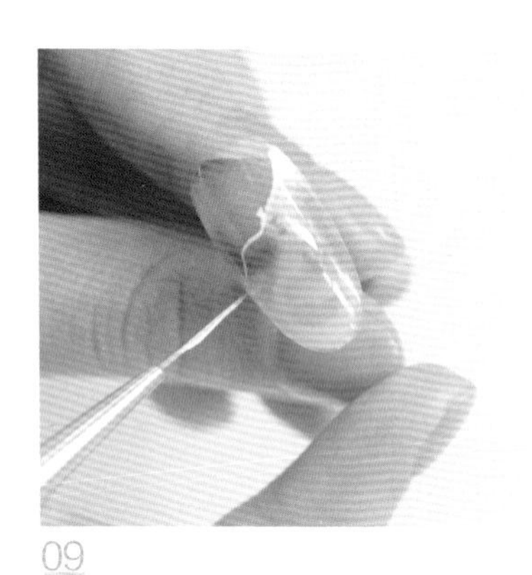

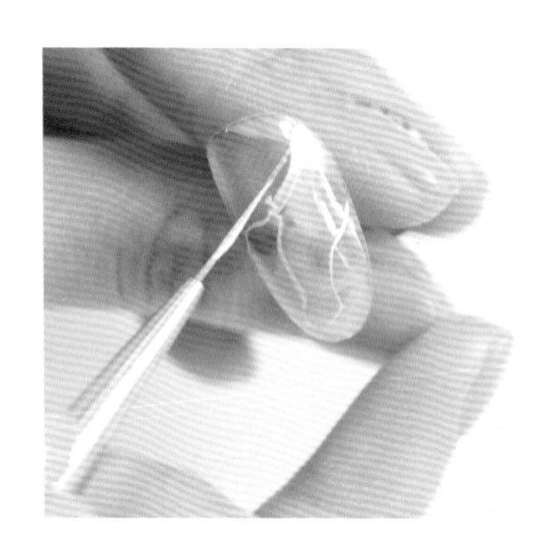

09

用拉线笔蘸取白色彩绘胶，描绘大理石纹。照灯固化。

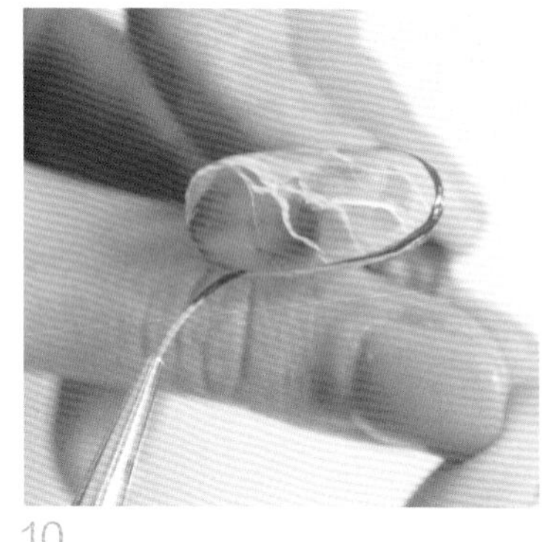

10

用拉线笔蘸取黑色色胶，围边画细线。照灯固化。

5.2.13 梦幻大理石

设计灵感

大部分的大理石纹理都是运用晕染、渐变等手法完成的。这里介绍一种有趣但考验掌控力的手法。这种手法与创意绘画有点类似，颜色搭配也多种多样。这里选择比较清新的紫色系列。

所用材料

调色板、平头笔刷、圆头笔、假甲片、甲托、Dion Nail Art 27 号浅紫色色胶、Dion Nail Art NC 156A 号透紫红色色胶、闪粉胶、Dion Nail Art 75 号深紫色色胶、Dion Nail Art 45 号白色色胶、Dion Nail Art 透白色胶、免洗封层。

操作步骤

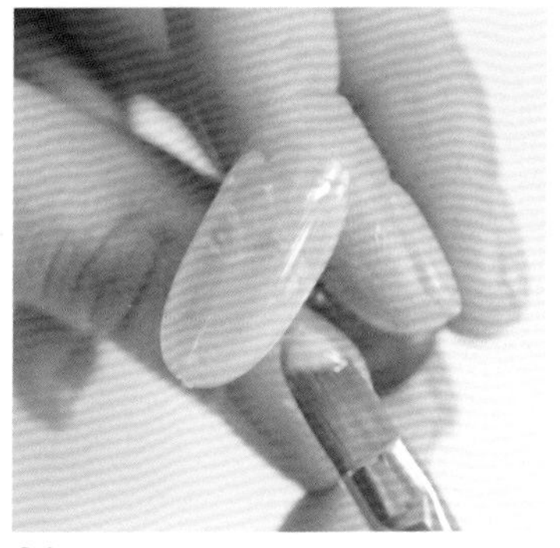

01

用甲托托住假甲片。用圆头笔蘸取透白色胶，涂满甲面，作为底色。照灯固化。

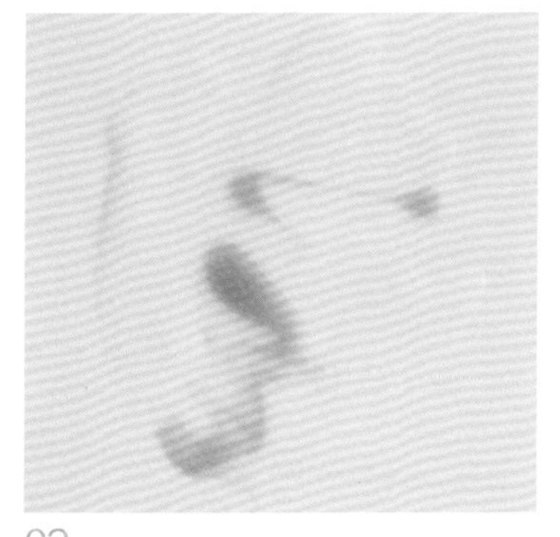

02

在调色板上抹上透白色胶。透白色胶的分量可相对较多，用于加强纹理的通透感与层次感。然后，在透白色胶上随意抹上透紫红色色胶。

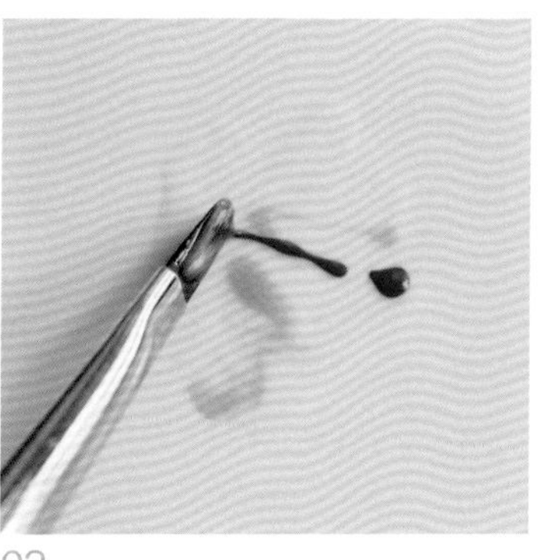

03

换个方向，抹上浅紫色色胶。

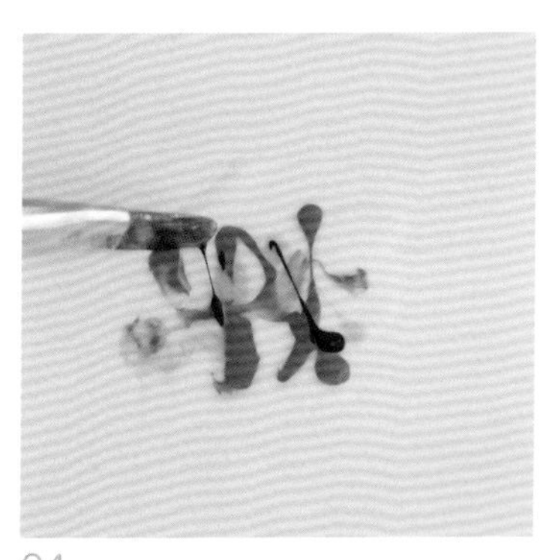

04

用深紫色色胶进行点缀，量可以少一些。

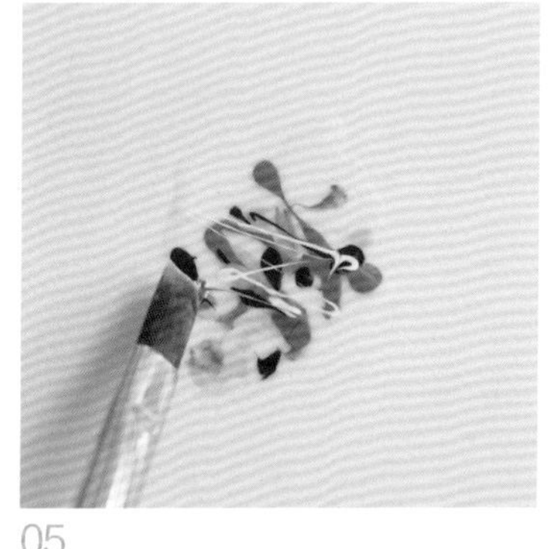

05

加入适量的白色色胶进行提亮。白色色胶呈线状效果。

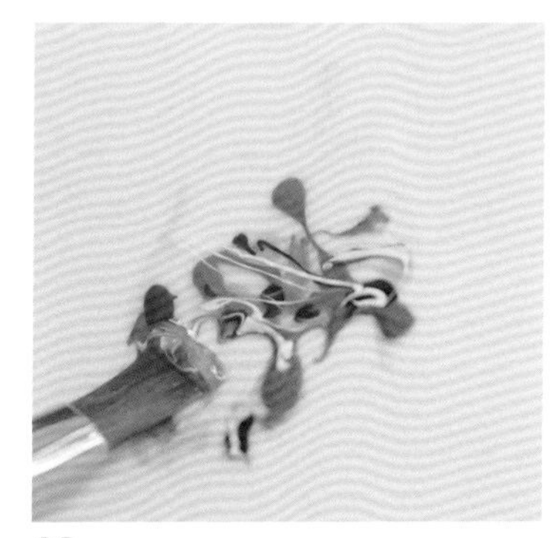

06

用平头笔刷将调色板中的色块铲起来，可见笔刷上的色块是不同颜色混合起来的。

07

将笔刷有色块的一面朝上，笔尖稍向前倾，将色块慢慢放于甲面上。

08

处理右侧的纹理时，平头笔刷需要向右拐放色，可以看到纹理自然、透亮。照灯固化。

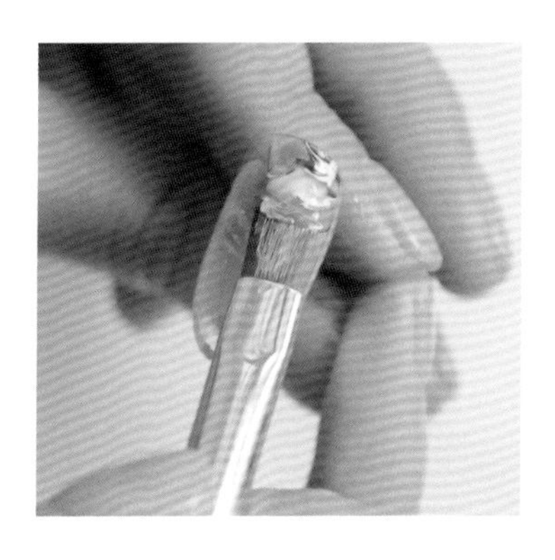

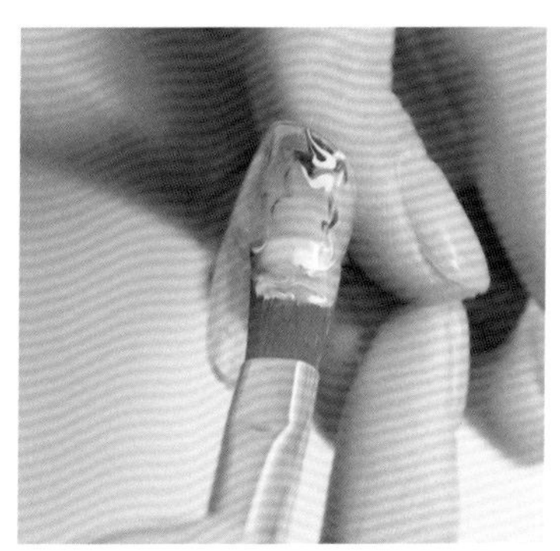

09

用同样的方法处理左侧的纹理。

10

左侧做出的纹理可以稍大于右侧，两边不用对齐，效果会更自然。

11

由甲片后端慢慢向甲尖延伸，颜色渐淡。照灯固化。

12

在边缘位置局部涂上闪粉胶，拍散，做出渐变效果。照灯固化。

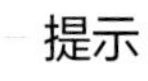

提示

这样绘制出来的大理石纹有深有浅，且独一无二，每次做出的纹理都不一样。

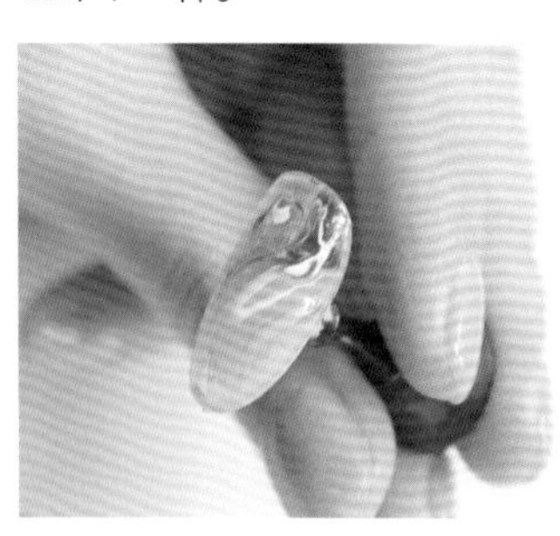

5.2.14 荒漠甘泉

设计灵感

这款造型取自荒漠中一汪清澈的泉水，泉水部分给人一种澄澈、洁净的感觉。

所用材料

假甲片、甲托、圆头笔、拉线笔、免洗亮面封层、Dion Nail Art 165 号蓝绿色色胶、Dion Nail Art 24 号灰棕色色胶、Dion Nail Art 透黑色色胶、Dion Nail Art 白色彩绘胶。

操作步骤

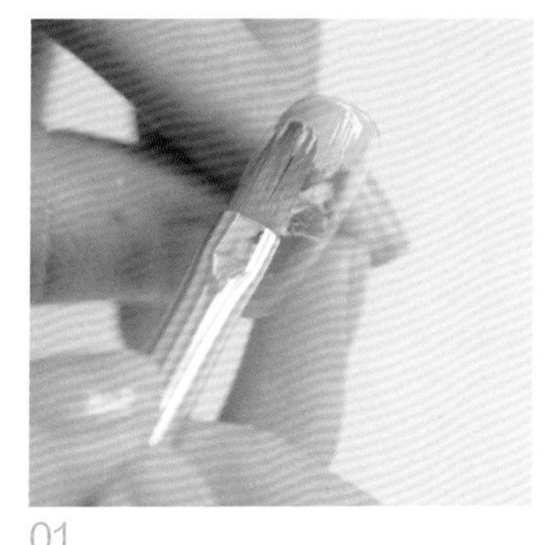

01

用甲托托住假甲片。用圆头笔蘸取蓝绿色色胶，涂于甲片左后端圆弧处，做边位渐变。笔刷与甲面基本平行，向下轻刷色胶。

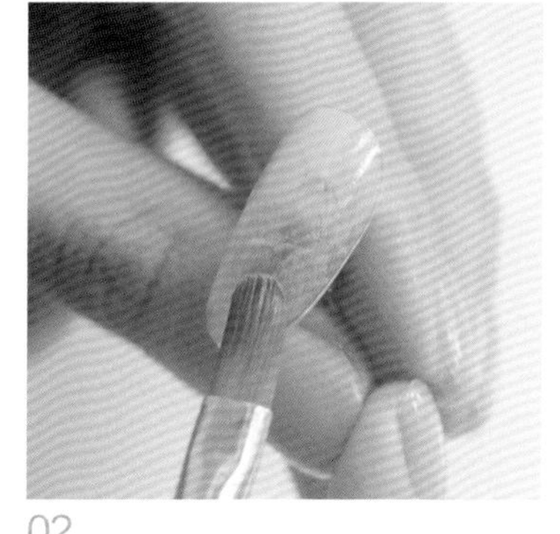

02

将靠近指尖的色胶轻轻拍散，使其产生自然的渐变效果。照灯固化。

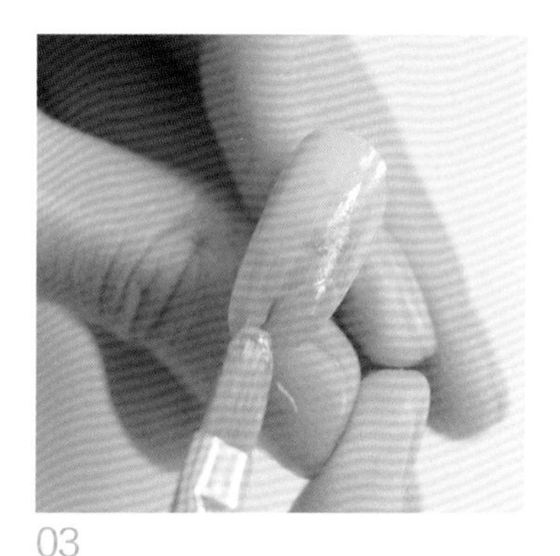

03

用圆头笔蘸取灰棕色色胶，涂于甲片的右下角。

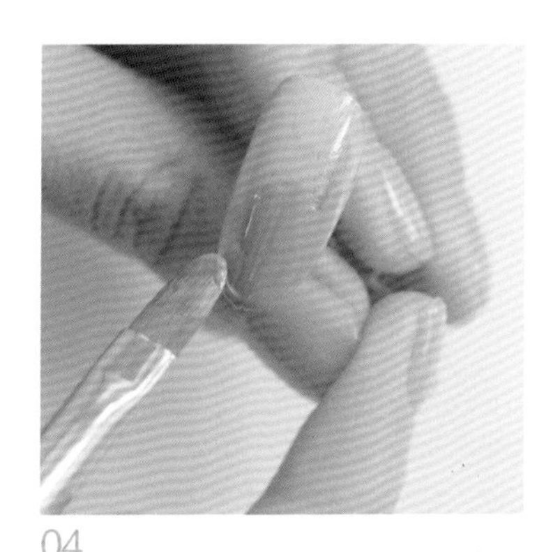

04

使灰棕色色胶自然晕开，边缘处与蓝绿色色胶自然融合。照灯固化。

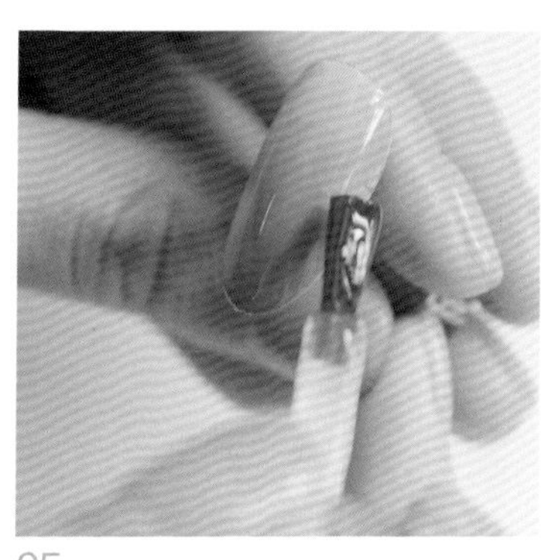

05

涂上一层薄薄的免洗亮面封层，不用照灯。

06

在蓝绿色色胶和灰棕色色胶融合处，轻刷一层透黑色色胶。

07

将透黑色色胶推开，使之变薄。

08

用拉线笔蘸取免洗亮面封层。由于免洗亮面封层的流动性较大，会在拉线笔上形成水珠状。

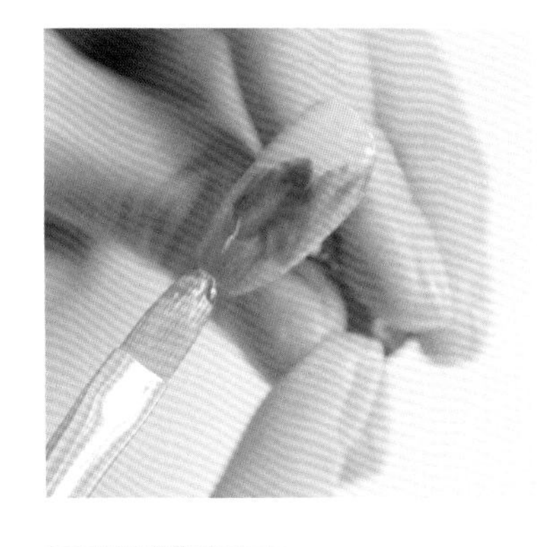

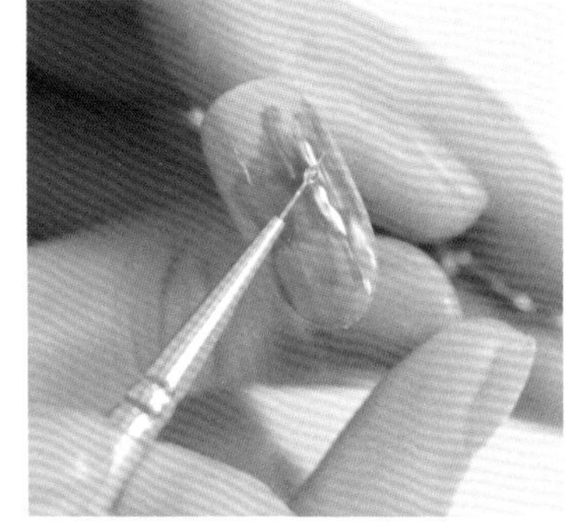

09

将免洗亮面封层滴在透黑色色胶上，可见透黑色色胶被撑开，形成泡泡状。免洗亮面封层形成的泡泡会逐渐扩大，因此要注意滴封层的间距和时间。

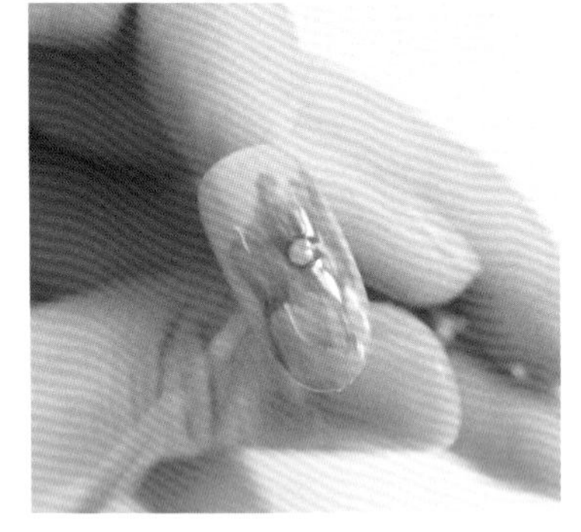

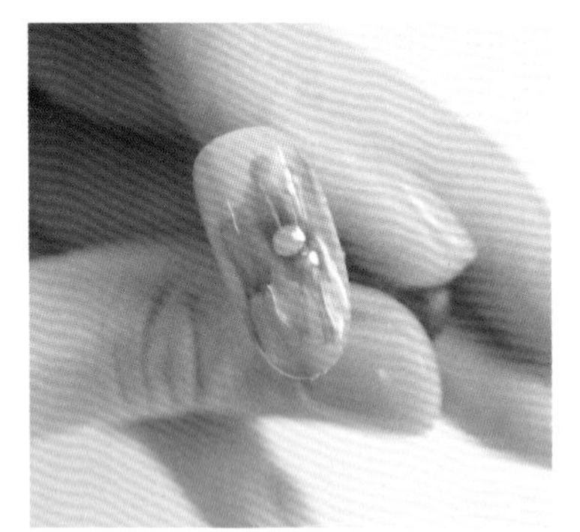

10

用同样的方法做出若干个泡泡。泡泡可以有大有小，这样效果会更自然。照灯固化。

11

用拉线笔蘸取白色彩绘胶，在定好纹样的甲片上画上一条细细的大理石纹。照灯固化。

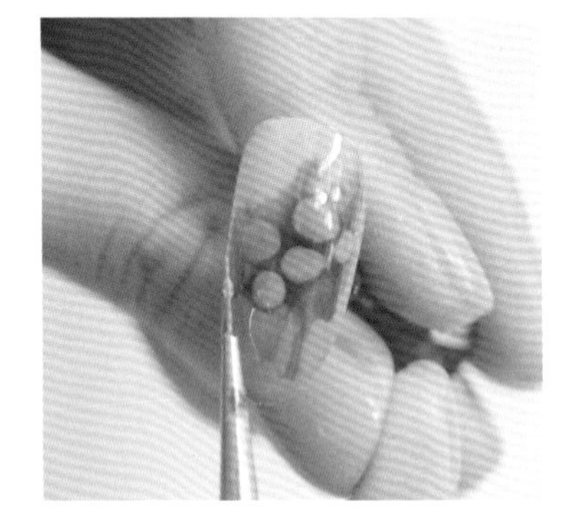

5.2.15 Flamenco 的舞裙

设计灵感

Flamenco 舞是集歌、舞、吉他演奏为一体的一种特殊艺术形式，其舞裙也十分别致。熟透的车厘子的颜色正体现了这一特点。

所用材料

假甲片、甲托、圆头笔、拉线笔、晕染笔搓、Dion Nail Art 224 号灰土黄色色胶、Dion Nail Art 378 号深酒红色色胶、Dion Nail Art 304 号深紫红色色胶、黑色彩绘胶。

操作步骤

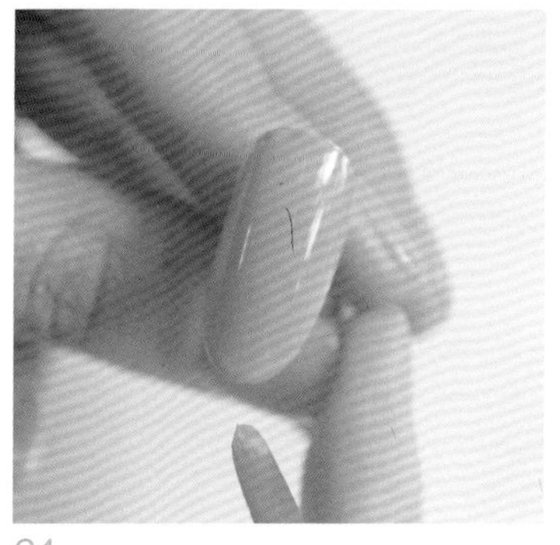

01

用圆头笔蘸取灰土黄色色胶，将色胶涂满甲面，作为底色。照灯固化。

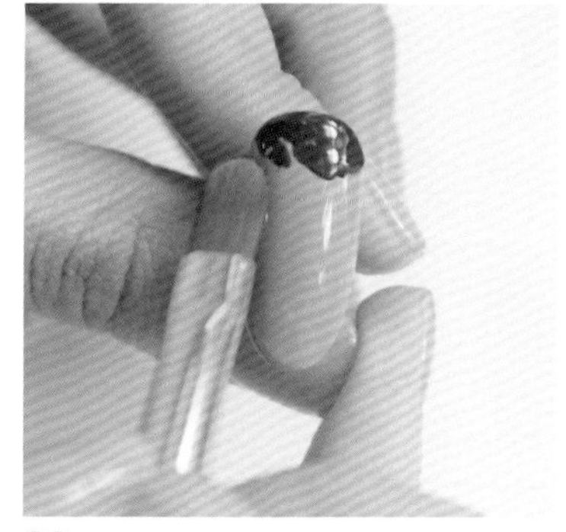

02

用圆头笔蘸取深酒红色色胶，将色胶涂于甲片根部。

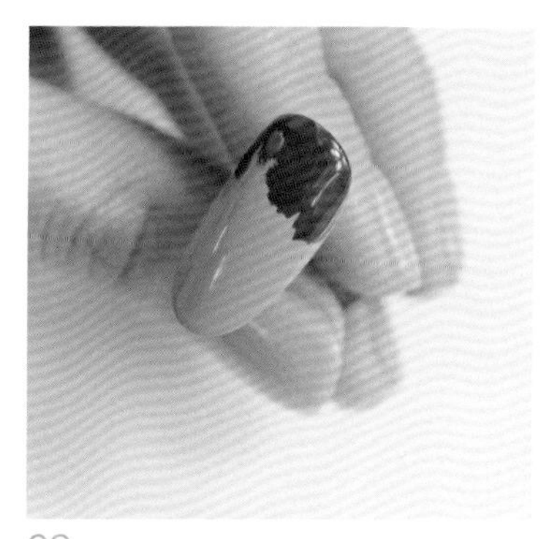

03

将甲片上的深酒红色色胶轻轻地向下刷，用力需轻而均匀。

04

用晕染笔搓将酒红色色胶下方向下晕开，做出渐变效果，以及细颗粒感的效果。用晕染笔搓操作时，不要直接涂刷，而要采用轻点的方式，使其均匀向下渐变。照灯固化。

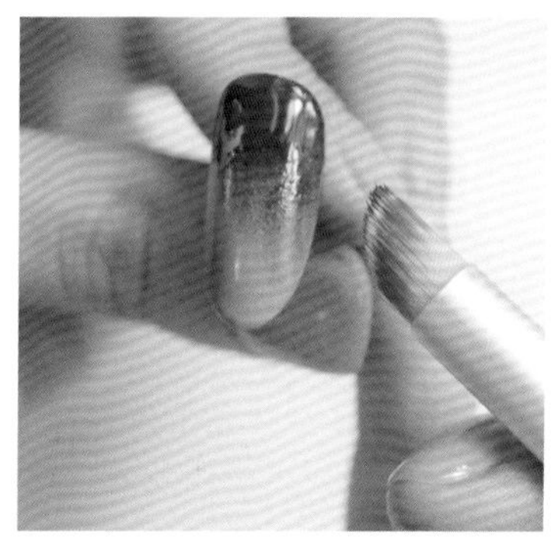

05

用晕染笔搓蘸取深紫红色色胶，在甲片正上方轻点，以加强深邃感，使颜色更有层次。照灯固化。

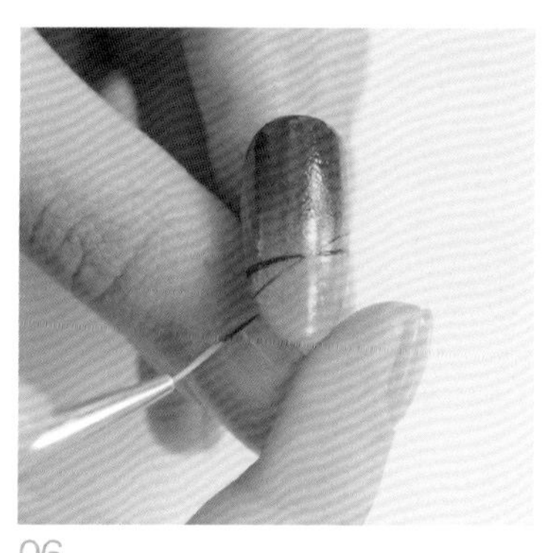

06

用拉线笔蘸取黑色彩绘胶，在深酒红色渐变消失处画两条斜向交叉线，粗细可不统一。

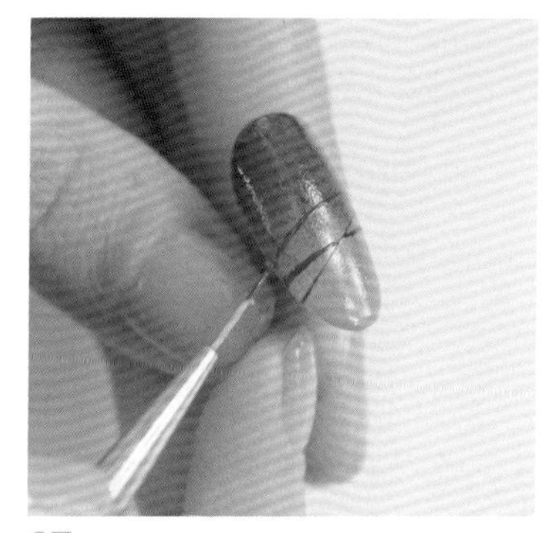

07

在交叉线上方画一条线。照灯固化。

5.2.16 儿童公园

设计灵感

孩子们总会产生一些奇思妙想。用没有规律的颜色和随意的线条创造出无限可能！

所用材料

假甲片、甲托、拉线笔、圆头笔、Dion Nail Art 07 号奶茶裸色色胶、Dion Nail Art 172 号荧光粉红色色胶、Dion Nail Art 50 号天蓝色色胶、Dion Nail Art 黑色彩绘胶。

操作步骤

01

将假甲片置于甲托上。用圆头笔蘸取奶茶裸色色胶，将其涂满甲面，作为底色。照灯固化。

02

用拉线笔蘸取粉红色色胶，将其涂于甲片上下两端。色胶不需要涂太多。

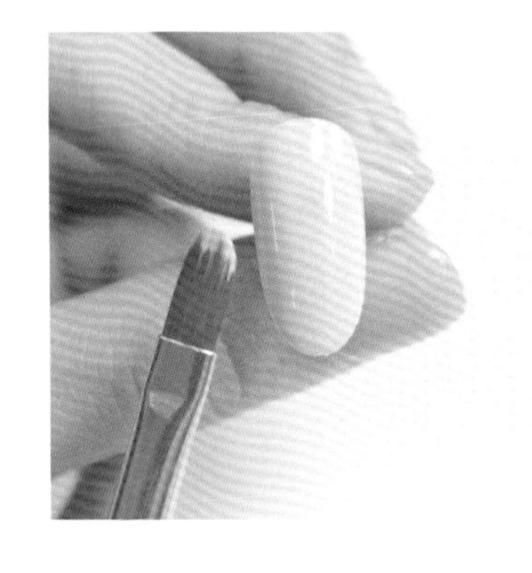

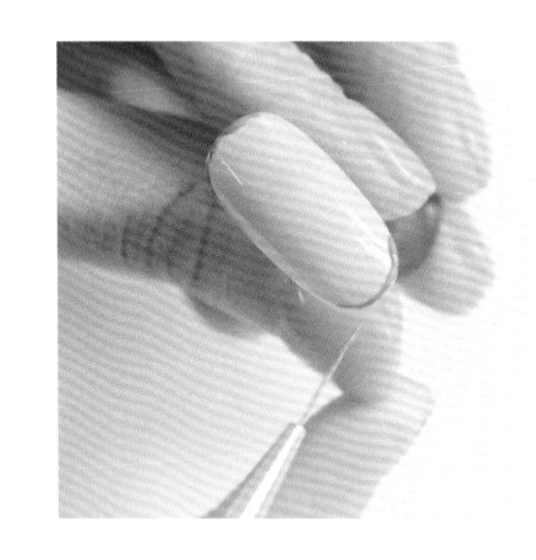

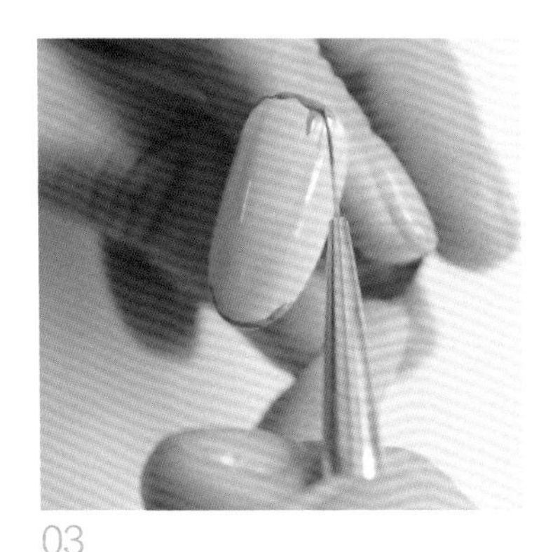

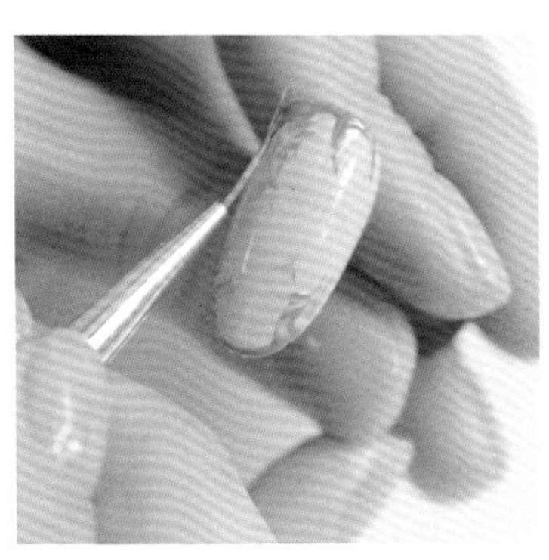

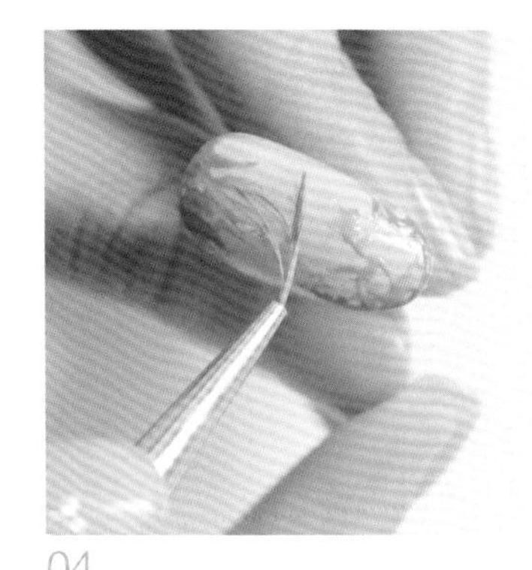

03

用拉线笔将粉红色色胶竖向拉散，使之呈不规则的须状。

04

用拉线笔蘸取天蓝色色胶，用同样的手法涂成不规则的须状。

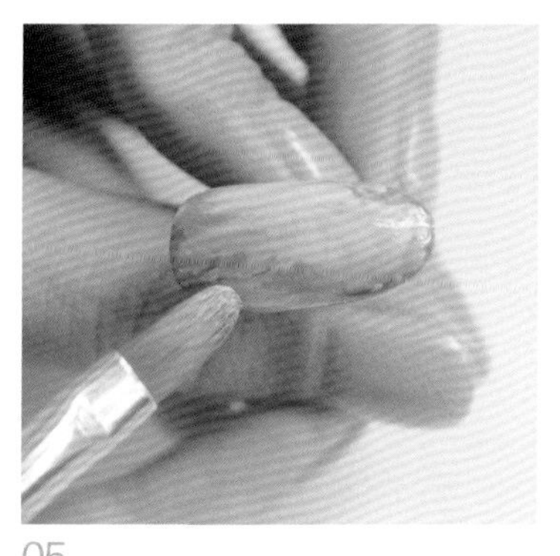

05

用圆头笔将须状色块随意混合，使其看起来更自然。照灯固化。

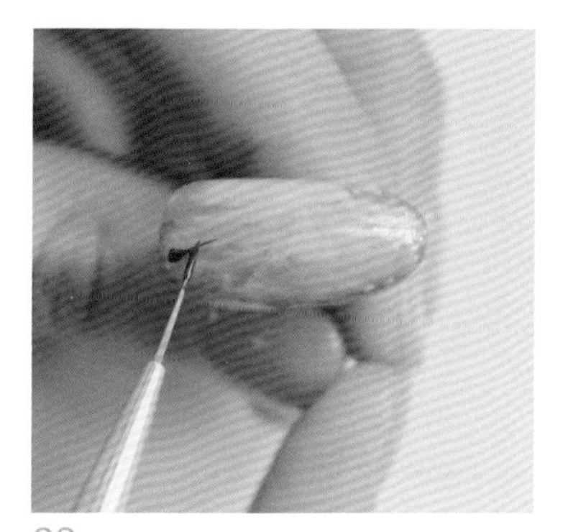

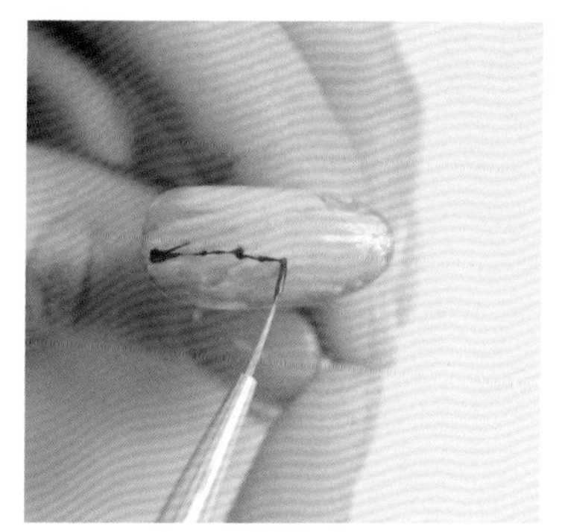

06

用拉线笔蘸取黑色彩绘胶，以不规则的点与线画出一条随意而生动的线条。注意，描绘黑线时用力需轻。

07

用同样的方法从指甲根部左右两侧分别画出粗细不同的线条，组成不规则的图案，以丰富画面。照灯固化。

08

在甲片的前缘右侧画一条曲线。

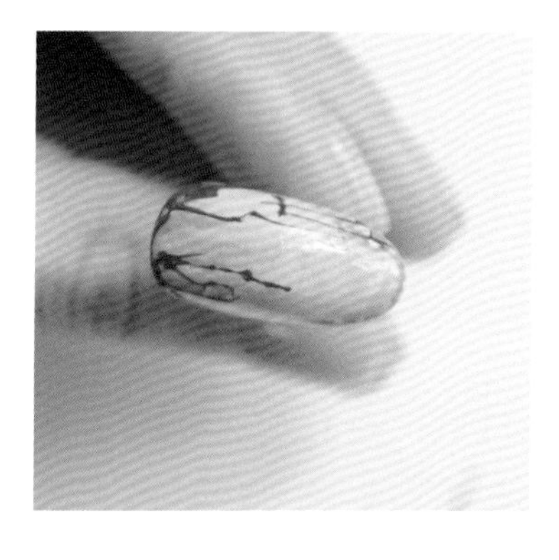

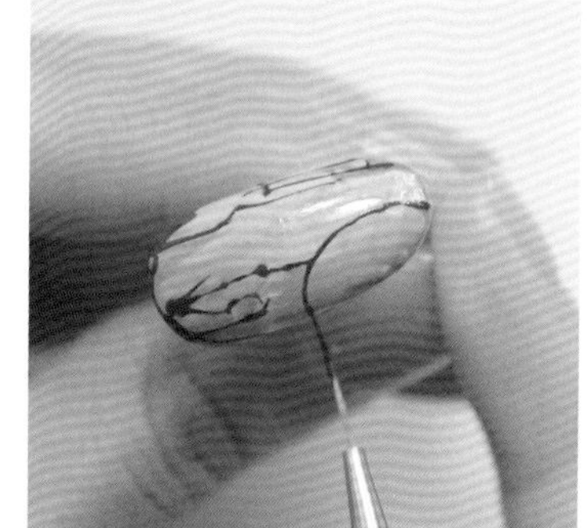

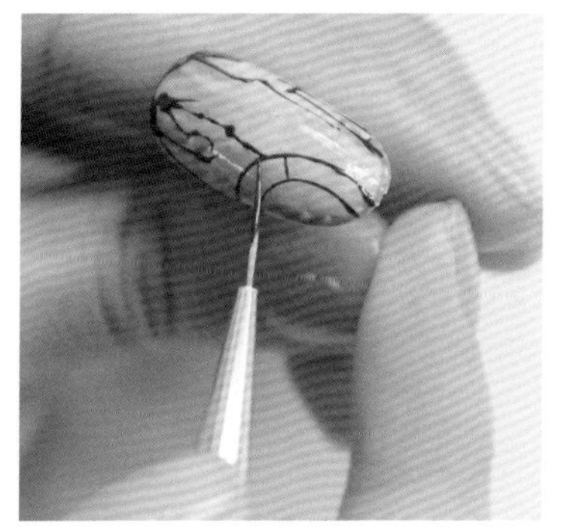

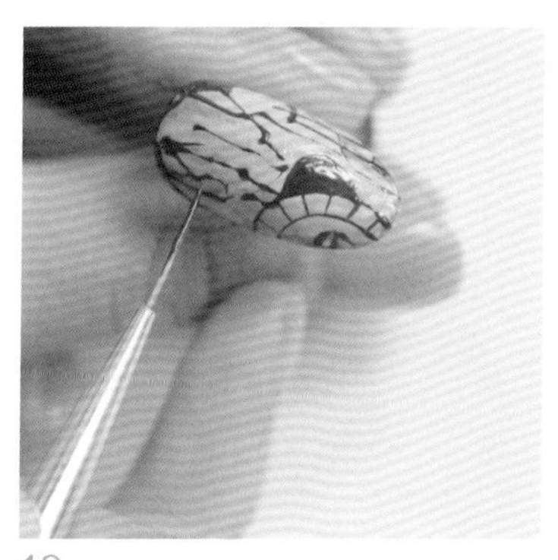

09

在已画出的曲线内部画一条与其平行的曲线，在两条曲线之间画出垂直于曲线的细线，分隔出若干均匀的小格子。在第二条曲线内部添加细节。照灯固化。

10

再添加一些细节，平衡画面。注意线条并不是越多越好。照灯固化。

5.2.17 PVC风

设计灵感

创意小款式的制作需要一些道具来助力。该款式突破了玻璃纸的固有做法，增添了趣味感。

所用材料

假甲片、甲托、平头笔、镊子、金色软线、幻彩玻璃纸、剪刀、Dion Nail Art 45 号白色色胶、Dion Nail Art NC 146 号透蛋黄色色胶、Dion Nail Art NC 145A 号透粉红色色胶、Dion Nail Art NC 153 号透蓝色色胶、多功能光疗胶、保鲜膜。

操作步骤

01

将假甲片置于甲托上。用平头笔蘸取白色色胶，在甲片中间涂上一条较宽的色带，左右两边的宽度可以不一样，这样不会显得太死板。

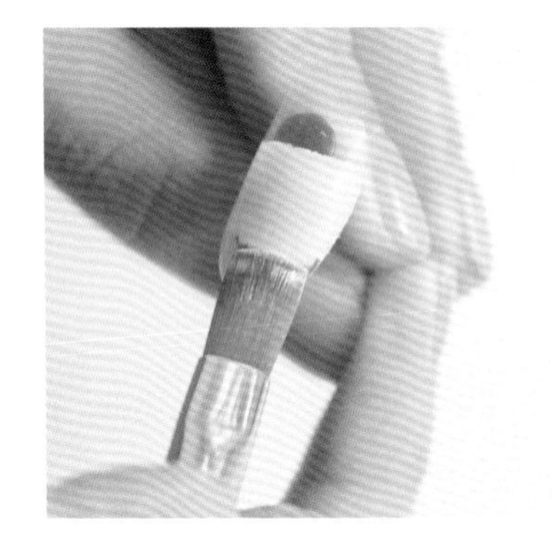

02

用平头笔蘸取透蛋黄色色胶，从白色区域的右侧向左侧做出渐变效果。照灯固化。

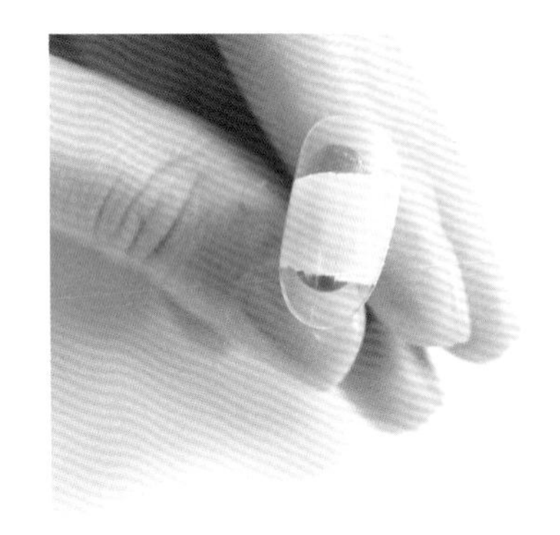

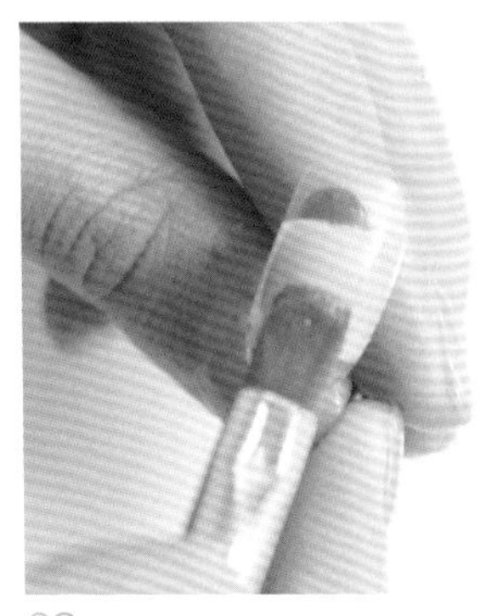

03

用平头笔蘸取透蓝色色胶，从白色区域中部向左做出渐变效果，与黄色自然融合。照灯固化。

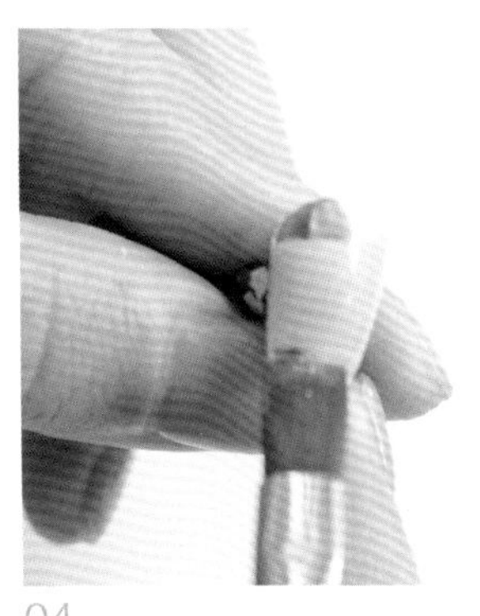

04

用平头笔蘸取透粉红色色胶，由白色区域左侧向右做出渐变效果，与透蓝色色胶自然融合。照灯固化。

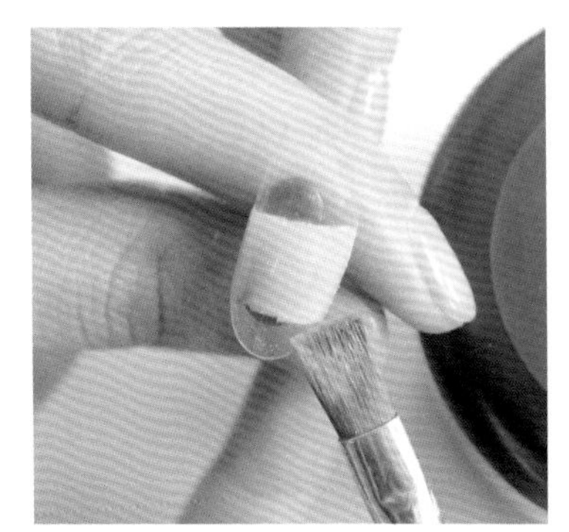

05

用平头笔在甲片上涂一层多功能光疗胶，用于贴饰品。

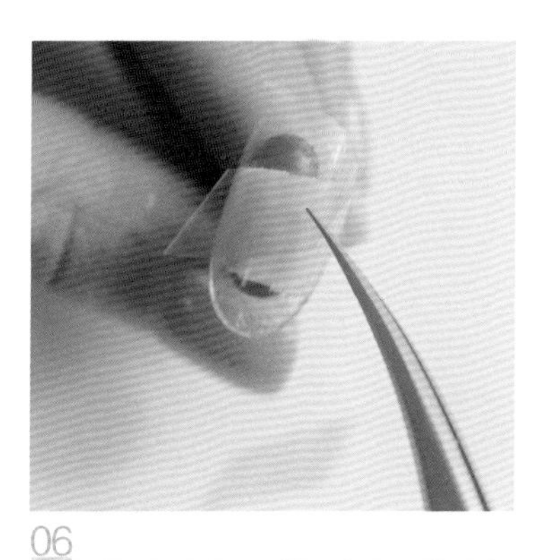

06

用剪刀将幻彩玻璃纸剪成小短块，用镊子夹起，贴在有颜色的部位。

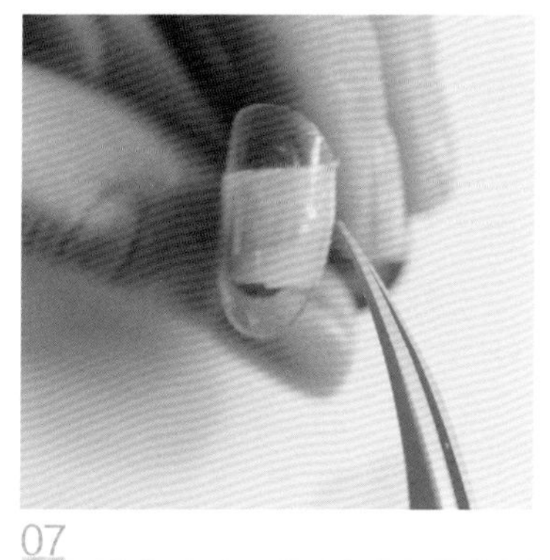

07

调整幻彩玻璃纸，使之与甲面贴合平整。照灯固化。

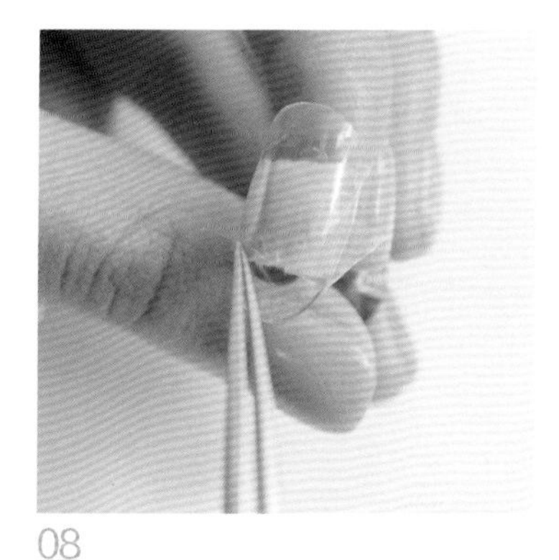

08

为增强层次感，在没有被幻彩玻璃纸覆盖的地方再贴上幻彩玻璃纸，部分可与第一张重合。

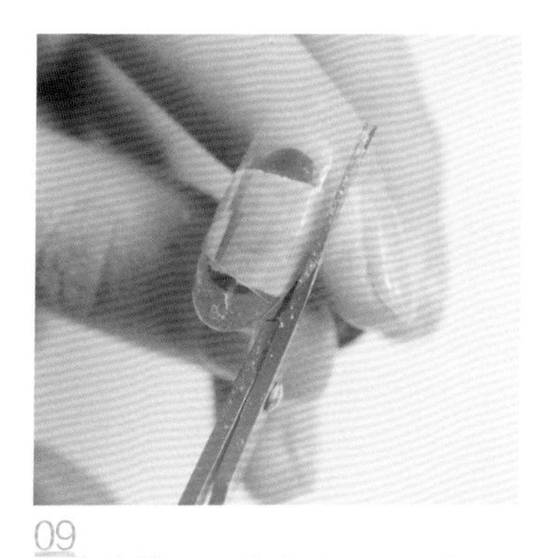

09

修剪掉超出甲片范围的幻彩玻璃纸。

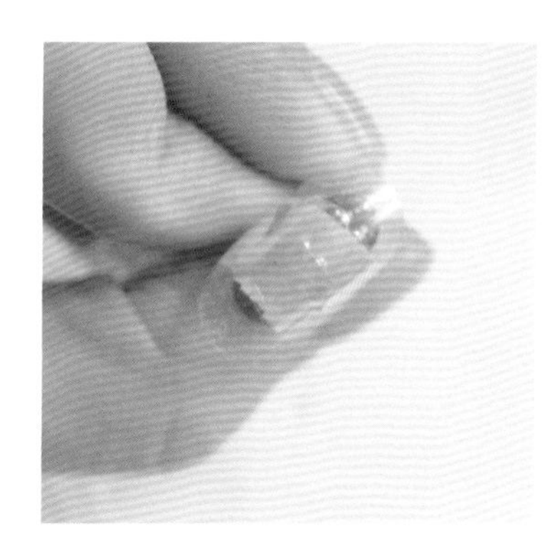

10

用保鲜膜包紧甲片，使玻璃纸与甲片之间贴合得更紧密。

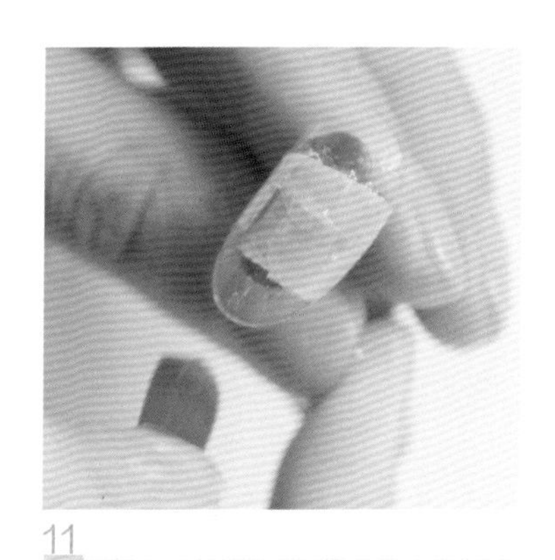

11

撕开保鲜膜，在甲片上涂一层多功能光疗胶，不用照灯。

12

准备金色软线，将金色软线剪成小段。

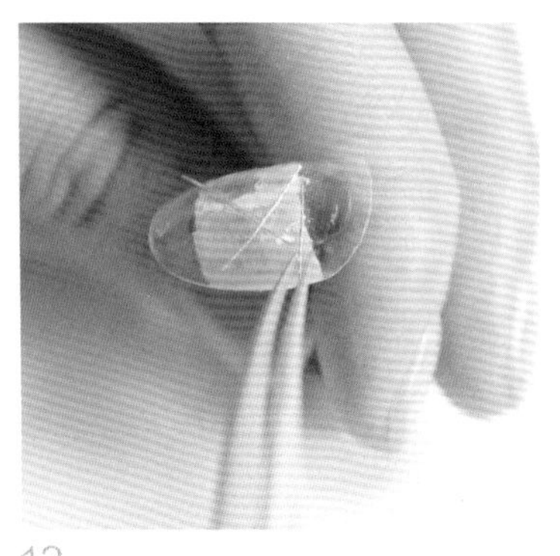

13

用镊子将金色软线段交叉放于甲片上有颜色部分的中间。

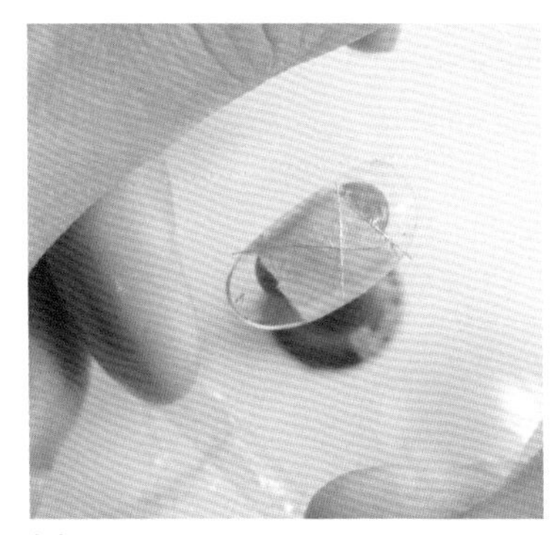

14

用保鲜膜包住甲片。

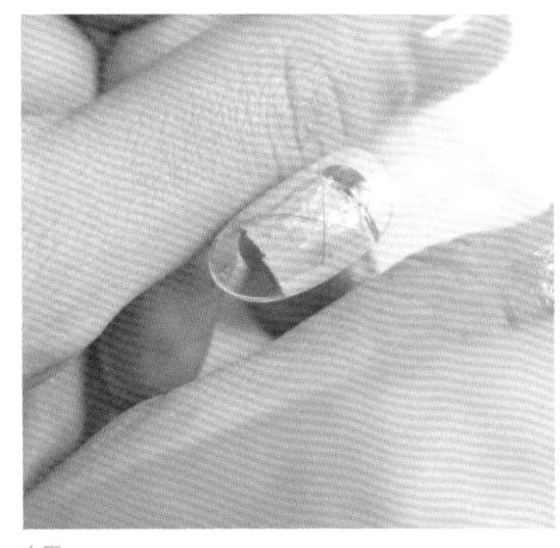

15

用力稍向下压，使保鲜膜呈绷紧的状态。照灯固化，取下保鲜膜。

16

用平头笔蘸取较多的多功能光疗胶。

17

用多功能光疗胶包裹整个甲片，使甲片表面平整。注意，不能使甲片外扩变形。照灯固化。

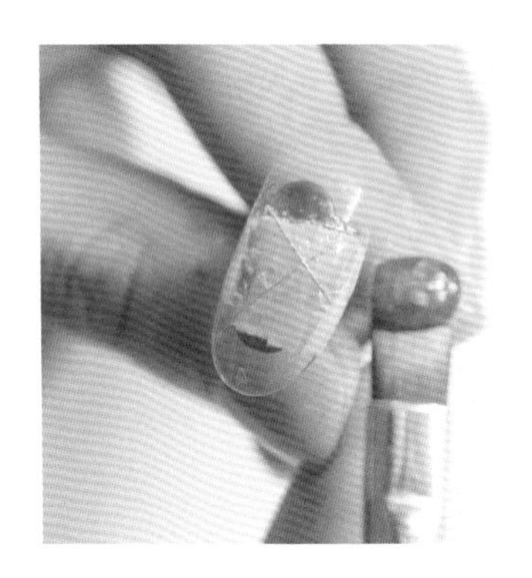

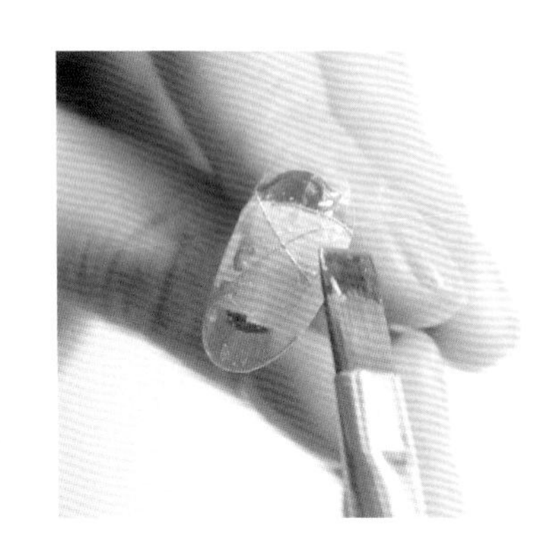

5.2.18 手绘招财 Hello Kitty

设计灵感

想画一只特别一点的 Hello Kitty，并以招财为主题，以黑色、红色和金色为主色。底色为红色，更显手白。Hello Kitty 几乎占据了整个甲面，显得十分大气。对于卡通角色来说，尤其是经典的角色，比例尤为重要！整个款式是一点一线绘制而成的，必须有扎实的基本功，多练习才能掌握。

所用材料

假甲片、甲托、万能笔、拉线笔、Dion Nail Art 白色彩绘胶、Dion Nail Art 3D–11 号红色彩绘胶、Dion Nail Art 黑色彩绘胶、Dion Nail Art 3D–07 号黄色彩绘胶、Dion Nail Art 拉线金 A 号金色色胶、免洗封层。

操作步骤

01

先画白色底层部分，这部分是 Hello Kitty 的大体框架。用万能笔蘸取白色彩绘胶，在假甲片中上部画出 Hello Kitty 的面部形状。照灯固化。

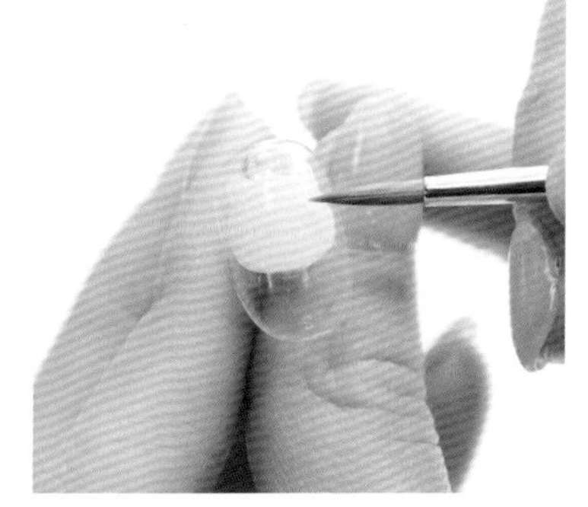

02

将假甲片置于甲托上。用万能笔蘸取白色彩绘胶，画上两只耳朵。耳朵不用画得太尖，圆一点显得更可爱。照灯固化。

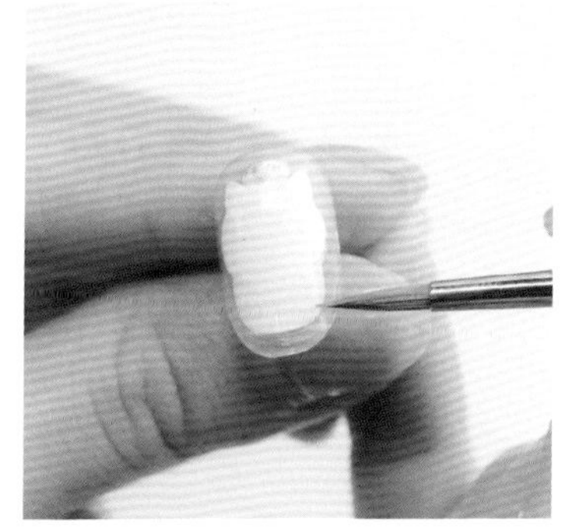

03

用白色彩绘胶绘制出 Hello Kitty 的身体部分。注意身体与面部的比例，并在绘制身体的同时初步估计手、脚和装饰的位置。照灯固化。

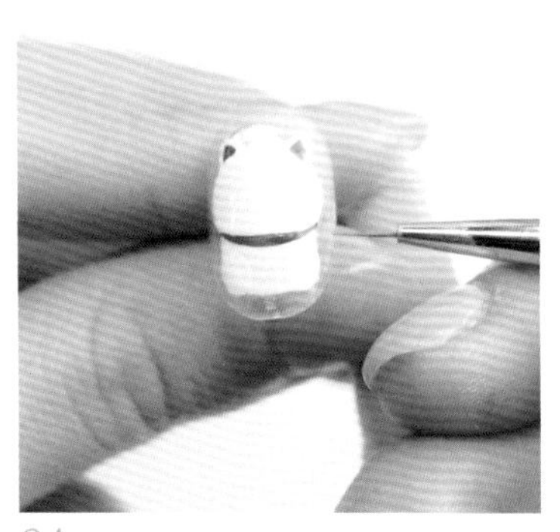

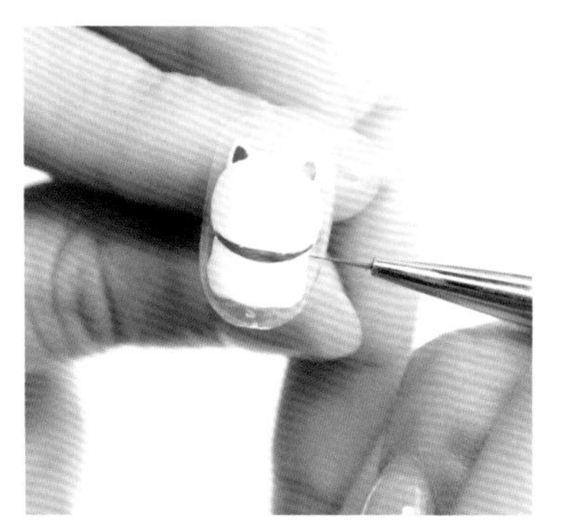

04

用白色彩绘胶绘制出 Hello Kitty 的脚。用拉线笔蘸取红色彩绘胶，先画出耳朵上的红色三角形，然后画出脖子上两边细中间粗的项圈。照灯固化。红色项圈的边缘要和面部衔接得当。注意耳朵上红色的三角形要位于耳朵的正中。

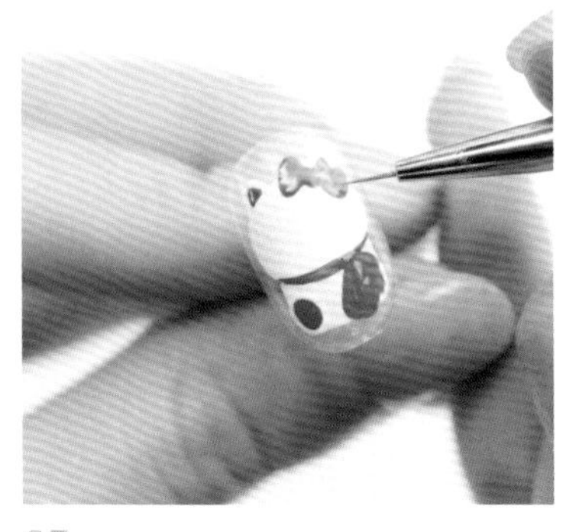

05

用拉线笔蘸取红色彩绘胶，画红色蝴蝶结、脚掌、招财牌子。注意各部分的大小与位置。照灯固化。

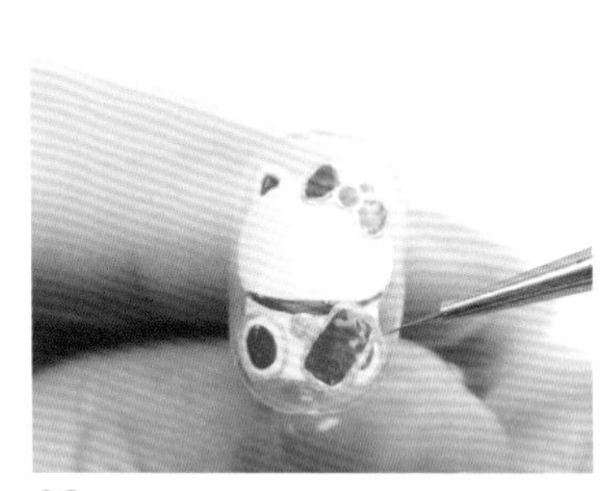

06

用拉线笔蘸取金色色胶，勾勒蝴蝶结、脚掌、招财牌子的边缘。在项圈下面正中间的位置画上金色铃铛。照灯固化。

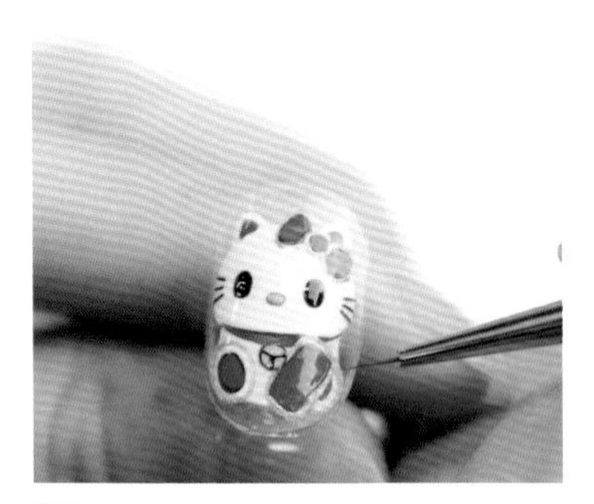

07

用拉线笔蘸取黑色彩绘胶，画上眼睛、胡须和阴影部分。注意眼睛的大小和距离，两眼在耳朵下方面部横向中分线上，呈椭圆形。阴影部分可以先用免洗封层将黑色彩绘胶调成偏透明的黑色，以免显得太过突兀。用拉线笔蘸取黄色彩绘胶，在两眼的中间偏下部位画上鼻子。每做一步都要照灯固化。

08

绘制 Hello Kitty 的双手。在招财牌子上写上繁体的“财”字，在左手上方画一个金元宝。照灯固化。最后，涂上红色底色，照灯固化。涂上免洗封层，照灯固化。

06

美甲师技能修炼和开店经验分享

6.1 美甲师的岗位职责

美甲师要先认清自己的岗位职责，并随时更新知识。美甲师的岗位职责如下。

第一，每天记录顾客的指甲状况和操作时间，定时回访并跟进。

第二，确保工作室的工具齐全、台面整洁，顾客也会通过这些细节衡量美甲师的专业度。

第三，定期更改展示板上的作品（最少 20 套），展示自己能力的同时督促自己不断进步。这样既能让顾客了解美甲市场的变化和潮流趋势，还能让美甲师在没有顾客的时候主动去练习、做版，督促自己学习进步。

第四，每天整理当天所拍摄的美甲照片（最好是有前后对比图，增加顾客对美甲的认知）。

第五，每 1~2 天在网络平台上发一些自己的日常照和作品照，避免发太多网络图片，以免影响顾客对自己作品真实性的判断。可在作品后加上所用产品的色号和饰品信息，方便顾客参考，下次使用时也不用再花时间找。

第六，明确区分价目并在显眼的地方展示，避免让顾客误认为有隐性消费，并在顾客指定款式前再三提示消费金额。

第七，不建议多做宣传促销活动，一年三次或四次比较理想。

第八，加强客带客的机制。不要盲目发传单和宣传开发新顾客。先增强美甲师的技能，用实力带动客源（服务型店和销售产品型店除外）。

第九，每月统计老客流失和新客增加情况，并回访顾客，及时了解顾客的需求。

第十，每日定时发放自己的预约情况和空位情况，让顾客了解美甲师的工作时间，从而配合遵守预约制度。

有多名员工的情况下，除了以上几点之外，还需要处理管理类的事务。

第一，管理员工的劳作积极性，提升作品的丰富性。

第二，定时考核员工的操作技术、速度、掌握款式的能力，分设不同的消费等级和提成、奖金，调动员工的积极性。

第三，管理支出与收入的平衡。

第四，定时聚餐。

第五，如果条件许可，可加设网站、订阅号的推广和资料整理。

6.2 提升美甲技术的建议

想要学习美甲，就要先了解美甲，不能只是被五花八门的美甲款式吸引而忽略了基础的重要性。

在帮顾客做美甲之前，美甲师需要先进行前置处理，卸除美甲和修整甲形，有时还需要做矫形和延长。在这些操作过程中，若处理不当会引起顾客不适。这些初期步骤往往会影响整体服务感受，做好基础工作才能让顾客安心并喜欢。除此之外，还有以下三个方面的建议。

1. 必备经典款式

对于新手而言，完美单色甲、经典法式甲、格仔款美甲、花纹款美甲、大理石纹美甲等经典款式的美甲，必须掌握其制作手法，并可以根据这些手法延伸出其他的款式。

2. 提升美甲速度

记下做一套完整的美甲所需要的时间，并且分段列明。例如，做极致单色美甲的时候，要记下前置处理用时多少、刻磨用时多少、修甲形用时多少、上单色和封层用时多少等。记录好以后，综合以上的数据，分析自己在哪个环节用时较多，并有针对性地进行练习，从而提升自己的美甲速度。

3. 提升美甲技法

如果对美甲手法掌握得不够熟练，可以先把该款式的技术和步骤列出来，然后对各种技术独立练习一遍，最后再综合运用。在练习的过程中，要不断总结和分析，这样还可以提升自己的思维能力。

6.3 对学习规划的建议

对于刚接触美甲的学生而言，认真的态度是十分重要的。想要做出高品质的美甲，就要把握好学习的节奏，做好学习规划。

1. 需要充足的时间

学习美甲需要充足的时间。例如，对于很多初学者来说，单是对十指进行修剪死皮、刻磨甲形、塑造弧度、上单色、包边封层等处理就需要 4~6h。

很多人在学习美甲之前低估了美甲的难度，时间预留不够，导致与心理预期产生了严重的偏差，这会影响初学者学习美甲的信心。

2. 认清美甲的难度

技术层面：建议初学者每学一个款式都要再花 3 天时间研究该款式的技术难点，并进行拓展练习。这样可以提升设计和开发的能力。如果只在教学当天练习一些指定的内容，可能无法满足该款式的变化需求。

精准度：例如，一些含波西米亚风线条彩绘的美甲，虽然了解其比例和结构并不难，但做到刻画精准却并不容易。因而，还是需要多做练习，提高精准度，这样画出来的线条才会更漂亮。

3. 实操很重要

很多初学者虽然在假甲片或者自己的指甲上做了大量练习，但是为顾客做美甲时还是会出问题。这是因为每个顾客的手都是有差异的，不同的指甲会存在不同的问题，所以实操很重要。另外，控制顾客的手的姿势也有很多技巧，这些都需要在实践中去体会。

6.4 美甲店的类型

美甲店常见的有以下三种。

1. 美甲工作室

美甲工作室适合追求自由、偏艺术型的美甲师，主要向手工艺方向发展。美甲工作室对质量要求严格，以美甲师对美甲的爱好为动力，基本不受员工、顾客和机制的束缚，一手包办约客、材料管理、出作品、财务、图片整理和宣传工作。

2. 管理型美甲店

管理型美甲店要求美甲师的管理能力较强，能意识到团队的重要性。管理者要分配好员工的工作任务，并跟进进度，适当地进行有目的、有方向的调整和指导，尽量采用数据管理方式。此形式要求员工比较多或是有分店，需要有系统的模式，以方便管理。这种形式的美甲店，商业气息比较重，适合街店和人流量大的商场。

3. 团体合作型美甲店

团体合作型美甲店，与之合作的有嫁接眼睫毛、皮肤管理和半永久等领域的店铺。这些项目都是以服务女性为主题的。合作的目的：一是分摊租金；二是提供多种项目让顾客选择，从而为顾客提供便利。不同的项目之间可以互相推荐，如睫毛师可以向做嫁接睫毛的顾客推荐美甲项目和半永久项目。

团体合作型美甲店可采用合作形式和外包形式。项目外包能让美甲师从琐事中解放出来，以专注于核心业务。

6.5 新手开店的方式

每个人都应该根据个人的性格特点和承受能力选择适合自己的开店方式。新手开店可以采用以下 4 种方式。

自强型：学完美甲，可以在进行市场调研后开设自己的门店或者工作室，不断从美甲实践中发现问题，并改进自己的技法。这种方法适合观察力强、自律性强的人。虽然采用这种方式遇到的问题会多一点，但是成长速度也会相对较快。

保障型：学完美甲后，先留店工作 1~2 年，增加经验，待时机成熟再筹备开设门店或工作室。这种方式比较稳当，有的店主也会因员工表现良好而留人分股。

加盟型：学完美甲后，可以开一家加盟店，借加盟商的资源和声誉起步。注意，不同的加盟商加盟模式可能会不一样。

转让型：接手出于某原因停止经营并将经营权转让的门店。这种门店通常也会将客户和折扣卡一同处理。这种情况有一定的风险，需谨慎一些。

6.6 开美甲店的小技巧

随着社会的发展，女士们开始注重提升个人形象。美甲已经成为女性消费的一部分，属于轻奢消费项目。顾客前往美甲店美甲，不会仅关注价格和效果，也很关注美甲师的服务。因此，从顾客进店开始到美甲结束，整个过程都必须对顾客表现出尊重、友好和专业。而且，目前美甲市场的竞争日渐激烈，口碑管理至关重要，口碑好的店铺更能吸引顾客。要建立好口碑，就要对顾客更重视，态度友好、积极，能提出专业的意见和建议，让顾客有归属感，与顾客长期保持良好关系。

第一，在店铺显眼的地方展示自己创作的几套不同款式的美甲作品，并将这几套作品列为优惠项目，以便让顾客在短时间内指定做这些你驾轻就熟的款式，以免顾客要求美甲师当场设计新款式。同时，呈现最好的美甲作品给顾客，也能在服务和专业上加分，既可以借此做活动，又可以保障活动的价值。

第二，有的顾客没有接触过打磨机，会对其产生强烈的恐惧感。此时，建议美甲师先在自己的手上用轻快的手法帮自己卸除一个光疗美甲，并在不伤甲的情况下让顾客观察，从而让顾客了解到打磨机速度快、不伤甲的特点，这样他们会更放心让美甲师操作。所有新技法和款式都可以从自身开始尝试，再慢慢推荐给顾客。

第三，很多美甲初学者会过度重视对款式的掌握，而忽略了最重要的基本功。美甲师的基本功体现在，美甲完成后至少 3 周不会出现缺角、翘起（轻度受压影响）和断裂（重度受压影响）等情况。可以根据顾客指甲的长度和生活习惯为其打造一个适当的弧度，而不应盲目地提供薄透或厚而不方便的美甲。建议美甲师在自己的手指上做 5 种不同长度和弧度的美甲，给顾客参考选择。

第四，用进度图督促学习，多拍一些美甲前和美甲后的对比图，记录变美的瞬间并且分享出来。

提示

接待：最好能记住熟客的外貌与名字。亲切的笑容、柔和的目光、文明的语言，实行首问负责制（首问负责制是指，公司最开始接收外来人员和客户信息时，个人作为首问负责人，负责解答或指引顾客到相关部门办事，使之快捷地得到满意的服务）。无论顾客是否来光顾，都应该留给顾客一个良好的印象。

操作与沟通：能熟练掌握美甲各项操作，顾客问及美甲方面的问题，要耐心倾听，用专业的美甲知识解答顾客的问题。尽可能做到超越顾客的期望。如不能满足顾客的需求，则建议其做另外的选择。

确定顾客的满意度：可建立顾客资料档案，如顾客遇到各种美甲方面的问题，可根据顾客自身的情况分析原因。定期跟进，可通过微信或电话等与顾客联系。在条件许可的情况下，提供一些小惊喜给顾客，如节日送上一份小礼物等。

6.7 美甲定价建议

店内最好选用 3 个不同等级的产品，可让客户根据自己的消费习惯来选择。消费水平低的顾客通常选择低层次的消费方式，可以先以低消费留住顾客，然后逐步用适当的方式去提升顾客对美甲的认知和了解。有了认知和对比，慢慢地提升其消费水平。毕竟有些新顾客需要通过指导才能了解到美甲产品的确是分档次的。

从技术方面看，美甲服务包括基础光疗美甲、延长美甲、手彩美甲、3D 立体美甲、饰品美甲、护理等。应明确列出各项服务的消费标准（因为美甲款式的难度会影响操作时间，所以有时是根据款式难度来收费的）。

定价需要根据各方面的成本情况确定，如租金、产品成本和人工成本等。

6.8 新店推广建议

新店推广的最好方式是开展“两人同行，打 n 折”的活动，让客户带客户。但是，这种活动做多了之后会很难停止，顾客会默认活动将一直持续下去，这样就会形成反效果。因此，建议一年当中开展不超过 4 次同类型的活动，并且可以考虑将“加量不加价”作为活动的宣传点，因为让顾客享受更专业的服务也是一种优惠。

6.9 处理投诉的注意事项和改善方法

美甲属于需要与顾客进行肢体接触的服务行业，处理投诉是非常重要的。虽然有部分顾客会以不恰当的言语表达他们的意见与建议，内容也许会有点失实，负面的信息会占大部分，但他们提意见就是给美甲师改正并能做得更好的机会。其实，他们大可以选择一次性消费，今后不再光顾。能够表达意见、选择沟通代表他们对美甲师的工作不是完全否定的，他们也许是要求高，也许是希望被尊重，想要与美甲师达成共识等。妥善处理投诉是一项重要的工作，是重新与顾客建立信任的一个必经过程。

处理投诉的途径有当面谈话、电话沟通和微信沟通等。

处理投诉的注意事项如下。

第一，美甲师要保持良好的心态，培养自信心（因为有时投诉的顾客反应是比较激动和负面的）。应建立一套系统的接客流程，从中找出易出错的环节。

第二，实行首问负责制，即使顾客投诉的问题不是本人造成的，也需要耐心倾听他们的陈述，避免顾客复述过多，更不能出现“踢皮球”的情况。了解情况后内部沟通处理。

第三，增强内部工作人员之间的有效交流。

第四，不断吸取经验，提升服务质量。

恰当的做法	不恰当的做法
稳定个人情绪，耐心聆听，厘清事情的原委	情绪激动，打断顾客的陈述
保持微笑，诚恳待人	表现出烦躁、讨厌、不耐烦等负面情绪
言语礼貌、平和，以陈述的语气进行表达	言语不得体，总是以责问的语气进行表达
表现出“乐意帮助解决问题”的态度	推卸责任，频繁说出“不关我的事”“是你个人的问题”“不是我经手的，我帮不了你”等
复述顾客投诉的原因，并告知对方已清楚情况，会尽快处理	立刻指正顾客的“错误”，在没了解清楚事件经过的情况下不断辩解
如有必要，与投诉的顾客单独谈话	给了顾客不切实际的承诺，最后不能兑现
尽快找出原因，并提供解决方案	不做任何让步，只一味地解释（也许顾客只需一句“对不起”）